木竹功能材料科学技术丛

傅 峰 主编

木材微胶囊预处理及功能化制备技术

傅 峰 吕少一 胡 拉 编著

科学出版社

北 京

内 容 简 介

本书是对国家高技术研究发展计划（863 计划）资助项目“木竹材料阻燃与温敏可逆变色技术（2010AA101704）”部分研究成果及应用的总结。通过收集和整理近十年的研究成果，结合相关领域的最新研究进展，力求系统、全面地介绍木质功能材料及微胶囊技术的发展概况，微胶囊在木质材料的应用及功能特性，温致变色微胶囊、阻燃微胶囊及其木质功能复合材料，功能微胶囊的纳米改性技术，以及其他类型功能微胶囊的应用进展。本书致力于将微胶囊技术引入木质材料功能化研究和产品开发，是对现有研究成果的总结及拓展，内容既涵盖温致变色、阻燃等木质功能材料的制备技术，又涉及微胶囊合成、纳米材料改性等界面科学、膜科学和高分子科学领域，这是木材科学与其他学科交叉发展的有力体现。

本书对从事木材加工和利用的企业研发人员、科研工作者及高等院校师生等相关人员具有参考价值，也可为从事微胶囊技术开发与应用的相关人员提供有益借鉴。

图书在版编目（CIP）数据

木材微胶囊预处理及功能化制备技术/傅峰，吕少一，胡拉编著. —北京：科学出版社，2019.3

（木竹功能材料科学技术丛书）

ISBN 978-7-03-060786-7

Ⅰ. ①木… Ⅱ. ①傅… ②吕… ③胡… Ⅲ. ①微胶囊技术–应用–木材–制备 Ⅳ. ①S781

中国版本图书馆 CIP 数据核字（2019）第 044000 号

责任编辑：张会格 / 责任校对：郑金红

责任印制：吴兆东 / 封面设计：刘新新

科 学 出 版 社 出版

北京东黄城根北街 16 号

邮政编码：100717

http://www.sciencep.com

北京虎彩文化传播有限公司 印刷

科学出版社发行 各地新华书店经销

*

2019 年 3 月第 一 版 开本：787×1092 1/16

2019 年 3 月第一次印刷 印张：13

字数：308 000

定价：128.00 元

（如有印装质量问题，我社负责调换）

前　言

我国木材工业的发展已进入转型和升级的关键时期，功能化处理成为增加产品附加值、扩大产品应用领域及提升产业竞争力的重要途径之一。微胶囊技术(microencapsulation)是一类将固态、液态或气态的微量物质包覆在聚合物壁壳内形成微小粒子的包装技术，可以在保留芯材物质原有特性的前提下实现其粉末化、隔离性、缓释控释及稳定保存的目的，在功能材料领域应用广泛。通过微胶囊化处理，将具备电学、磁学、光学、声学、热学、力学、化学及生物医学等功能特性的单元分割成稳定的微小粒子，显著增大了功能单元的比表面积，增强了其功能效应。依据材料对一种或多种功能特性的需求，将这些小尺寸的功能体均匀地导入木质材料内部或者涂覆于其表面，可以显著降低功能单元的使用量，从而得到性能优良、效能稳定的木质功能材料。因此，结合木质材料的特点，开展微胶囊形成机理及其在木质材料功能化中的应用研究，对拓展木质材料应用领域具有重要的理论意义和实际应用价值。

微胶囊技术涉及物理、化学及材料科学等多个学科领域，是一门多学科交叉的综合性应用技术。微胶囊技术的优势在于可以实现各类芯材物质的完全包覆，使其与外界环境隔离，同时仍能保留其原有特性。通过选择合适的壁材及包覆工艺条件，可以满足芯材物质的隔离、微米化、控释及提高稳定性的需求。近年来，防腐、阻燃、释香、温致变色及相变储能等具有特殊功能特性的微胶囊开始应用于木质功能材料的研究与开发中，微胶囊技术在实现木质功能材料特定功能单元的控制释放、提高功能单元与基体相容性等方面表现出极大的应用潜力。然而，目前功能微胶囊在木质材料中的应用尚处于起步阶段，亟须更多的科研工作者和企业人员投身于相关的研究与开发工作中。

本书是对国家高技术研究发展计划(863 计划)资助项目的部分研究成果及应用的总结。本书作者致力于将微胶囊技术引入木质材料功能化研究和产品开发，以期为我国木材资源的功能增值利用提供一种新途径。本书共分为七章，第一、第二章概述了木质功能材料的基本内容，重点阐述了微胶囊技术及其原理；第三章介绍了微胶囊在木质材料的应用及功能特性；第四、第五章着重介绍了温致变色微胶囊、阻燃微胶囊及其木质功能复合材料；第六章介绍了功能微胶囊的纳米改性技术；第七章介绍了其他类型功能微胶囊的应用进展。

感谢团队成员通力协作，确保了本书的顺利出版。感谢中国林业科学研究院木材工业研究所蒋汇川、何盛、韩申杰、刘志佳等研究生为本书完成提供的帮助。感谢江苏高校“林业资源高效加工利用协同创新中心”提供的资助。感谢本书参考文献的所有作者，为本书提供了丰富的资料。

鉴于作者掌握的资料和水平有限，书中不足之处在所难免，恳请广大读者提出宝贵意见。

著　者

2018 年 11 月 15 日

目　　录

第一章 概 述

微胶囊技术是采用天然或合成的聚合物成膜物质，将气体、液体或固体包封形成微小粒子的一种包装技术[1]。一般而言，微小粒子的粒径为 1～1000μm 时被称为微胶囊，粒径在纳米级和毫米级时则分别被称为纳米胶囊和大胶囊。此外，微胶囊有时也被称为微粒或微球。

微胶囊化处理技术不但可以提高功能单元的比表面积、增强功能效应，而且还能够将芯材物质完全包覆，使其与外界环境隔离，同时仍能保留其原有特性，具有一些特殊的优势[2]。功能微胶囊是指具有特殊电学、磁学、光学、声学、热学、力学、化学及生物医学功能的微胶囊产品，是微胶囊技术的重点发展方向。在功能微胶囊的制备过程中，依据需求选择合适的壁材与微胶囊化方法，可以满足芯材物质缓慢释放、瞬间释放或持久保存的需求[3]。对于液体类功能单元而言，经壁材包覆后可转变成固体粉末，方便其运输、使用和储存。微胶囊的壁材可以改变芯材物质的外观和物化性质，屏蔽不良气味，降低毒性，提高耐湿、耐热稳定性。同时，芯材与壁材的紧密结合及多层包覆技术的运用，为多元组分功能体的制备提供了一条高效复合的途径。微胶囊技术经过半个多世纪的快速发展，目前已经广泛应用于医药、化妆品、食品、纺织及先进材料等领域[4]。近年来，防腐、阻燃、释香及温致变色等具有特殊功能特性的微胶囊开始应用于木质功能材料的研究与开发中，表现出极大的应用潜力。

微胶囊技术涵盖的内容非常广泛，且仍在持续地创新和发展。本章主要从木质功能材料和微胶囊技术两个方面进行概述。

第一节 木质功能材料

一、木质功能材料发展历史

功能材料是指具备优良的电学、磁学、光学、声学、热学、力学、化学、生物医学功能，特殊的物理、化学、生物学效应，能完成功能相互转化的一类高新技术材料。1965 年，美国贝尔研究所的 Morton 博士首先提出功能材料的概念。后经日本的大力提倡，很快受到了世界各国材料科学界的重视。20 世纪 90 年代初，傅峰提出了功能人造板的新概念，为木质功能材料概念的提出奠定了理论基础[5]。木质功能材料是基于木质材料的一类功能材料，主要表现在材料的整体功能性上，如对电、磁、光、声、热及水分、火焰、菌类、虫类等表现出特殊功能，属于木材精细加工范畴，直接强调产品的用途。木质功能材料的开发及应用成为提高木质产品附加值和市场竞争力的有效途径之一。

阻燃和防腐处理在很早以前就被用于提高木材的阻燃性能和延长使用期限，一直延续至今。然而，木质功能材料产业是在近几十年才有了迅速的发展，涌现出许多新产品。

市场对木质材料的需求，已经逐渐从物理力学性能为主过渡到物理力学性能和功能特性并重的发展阶段。随着生活水平的提高及科学技术的突飞猛进，具有环保、电磁屏蔽、电发热、温致变色和保健等新型功能特性的木质产品开始进入人们的生产生活中。普通实木质产品和人造板的生产工艺已经步入相对成熟的发展阶段，未来的革新将主要出现在生产设备的连续化和自动化领域。但木质功能材料的发展相对滞后，将成为木材加工行业的重要增长点。

二、木质材料功能化的途径

(一) 木材预处理方法

功能单元以液态导入木材内部是对木材及木质材料进行功能化改性处理的主要方法之一。在木材非机械加工处理过程中，无论将流体注入木材(如防腐、阻燃、树脂增强、染色等处理)，还是将流体自木材内排出(如木材干燥和真空处理)都与木材流体渗透性密切相关。由于木材是一种复杂的各向异性的材料，其纵向渗透性远大于横向渗透性，两者之间相差几百倍。同时木材还存在闭塞纹孔、内含物等对渗透性产生不利影响的因素，因此改善木材的渗透性以实现功能单元的均匀、高效导入，成为制备高品质功能木材的技术关键[6]。

目前，木材功能化处理主要通过将功能处理试剂浸注到木材内部的方式进行，真空-加压浸渍处理是最常用的方法。其处理效果主要取决于木材的渗透性、浸渍压力及时间等工艺参数。对于低渗透性树种木材而言，常规的加压浸渍处理方法难以获得符合要求的浸渍量和浸渍深度，通过预处理提高功能处理试剂在木材中的浸渍效果尤为重要。

木材的渗透性取决于木材内部的孔隙大小及其连通性。为改善低渗透性树种木材的流体浸注性能，应从纹孔着手，采用特定的方法增大或增多纹孔膜微孔半径和数量，降低毛细管张力，提高流体在木材中的流动速度，从而改善木材的渗透性[7]。目前，用于改善木材流体渗透性的预处理方法主要可分为化学法、生物法和物理法三大类[8-10]。

1. 化学法

采用化学药剂抽提、置换木材纹孔膜中的抽提物，或者直接对纹孔膜进行降解，可以使纹孔膜、纹孔塞和纹孔缘之间的开口变大，细胞流动通道也随之扩大，从而在一定程度上改善木材的渗透性[11]。超临界流体技术是进行木材功能性改良的一项高新技术，利用超临界流体的高扩散性及高溶解性，可以溶解纹孔膜中的抽提物质，改善木材的渗透性。目前研究最多的是利用超临界 CO_2 流体处理木材。例如，采用超临界 CO_2 流体处理花旗松木材，在溶解木材部分抽提物的同时，借助超临界 CO_2 流体急剧变化的压力，使心材的闭塞纹孔被破坏，显著改善了处理材的渗透性。此外，在超临界 CO_2 流体中添加夹带剂后可以进一步提高处理效果[12]，以甲醇、乙醇及苯-乙醇为夹带剂，采用超临界 CO_2 流体对杉木、马尾松及檫木进行处理，可抽提出木材内的抽提物，并对纹孔膜产生一定程度的破坏，改善处理材的溶剂渗透性[13,14]。利用化学药剂置换木材内部抽提物也可以达到改善处理材渗透性的目的。例如，长白鱼鳞云杉经乙醇置换处理后，纹孔的闭塞率与生材状态时基本一致，绝大部分纹孔处于开放的中间位置，平均气体渗透性显著增加[15]。利用苯-乙醇溶液对长白鱼鳞云杉进行浸提处理，可以使纹孔膜微孔内的抽提物减少，改善其渗透性[9]。

2. 生物法

生物方法通常是借助酶、细菌及真菌等微生物对木材薄壁组织或纹孔膜进行侵蚀，使木材流体渗透通道得以扩大，从而增强木材的渗透性[11]。木材经酶和菌等处理后，其纹孔塞缘及纹孔塞会产生一定程度的降解或部分破坏[16,17]，这些降解或破坏可以使纹孔膜上的微孔数量增多或孔径增大，从而改善木材的渗透性[18]。通常，细菌处理用于改善边材渗透性效果较好，而对心材的处理效果则不明显[19-21]。例如，利用细菌对长白鱼鳞云杉进行处理，边材和心材的渗透性分别增加 29 倍和 1.52 倍，渗透性的改善主要是由于边材和部分心材受到短芽孢杆菌等细菌的侵蚀，使边材的大部分具缘纹孔被细菌降解后形成孔洞[8]。

真菌处理是通过在木材上接种真菌孢子，使真菌菌丝穿透细胞壁上的纹孔，或利用真菌分泌的酶来降解木材细胞壁纹孔膜，使纹孔膜产生破坏或增大纹孔塞缘上微孔的孔径。常用的真菌主要有木腐菌、变色菌及霉菌。由于木腐菌对木材的侵蚀，不仅会破坏纹孔膜，还会使细胞壁严重降解，降低木材强度。为此，选用真菌处理方法改善木材渗透性时，宜接种霉菌或变色菌[11]。例如，挪威云杉木材经真菌处理后，边材的渗透性得到显著提升，且强度无明显下降[22, 23]。从微观结构分析，处理后木材仅在边材纹孔部位出现破坏，而边材管胞细胞壁及心材部位没有明显的破坏现象，因此该方法主要适用于改善木材边材的渗透性。

3. 物理法

通过物理方式改善木材的渗透性，目前已有报道的处理方式包括激光刻蚀或机械刻痕法、超声波法、冷冻法、蒸汽爆破法及微波处理法等。激光刻蚀或机械刻痕法是利用激光发射仪或刀具在木材表面刻出孔隙或裂缝，切断木材表面的纤维组织，增加木材的流体渗透通道，主要应用于木材防腐处理。超声波法是在处理过程中，利用木材的多孔性在木材内部产生空穴现象，空穴气泡崩溃时对木材纤维形成爆破和超声波的机械作用，使木材纤维表面产生微小破坏，有利于流体在木材中的渗透，一般用于木材染色、阻燃处理[24, 25]。

冷冻法是在低温条件下使木材细胞腔内的自由水形成冰晶，体积产生一定程度的膨胀，对木材细胞壁产生挤压作用，破坏具缘纹孔的纹孔膜，进而改善处理材的渗透性。冷冻法处理过程中，随着处理时间的增加，导管间纹孔膜的破裂、薄壁细胞和木纤维细胞壁的裂纹均会逐渐增多[26]。例如，利用冷冻法对尾巨桉木材处理 48h 后，处理材的大部分射线细胞均已被破坏，而部分木纤维具缘纹孔的纹孔膜上也出现了裂纹，这些微观结构的破坏有利于扩展木材中水分的渗透路径，进而提高其流体渗透性[10]。

蒸汽爆破法通常是利用高温蒸汽对处理材进行软化，通过瞬时降压使木材内外产生蒸汽压力差，破坏木材薄弱的纹孔膜及薄壁组织，改善木材的渗透性[27]。经蒸汽爆破法处理的木材不仅存在闭塞纹孔复位及纹孔膜破坏现象，甚至木材细胞壁也会产生破坏，但处理均匀性较差[28, 29]。利用蒸汽爆破对毛果冷杉湿心材进行处理时发现，不同处理工艺条件下木材的闭塞纹孔可能出现纹孔复位、纹孔膜扭曲及纹孔塞侧向偏离、纹孔塞与纹孔口部分脱离及纹孔缘与细胞壁部分脱离等多种变化，有利于提高处理材的流体渗透性[30]。

与蒸汽爆破法类似，微波处理和高频加热处理同样是利用蒸汽压作用使处理材纹孔等部位的微观构造被破坏，达到开启木材细胞流体通道和提高木材液体渗透性的目的。木材含水率、微波和高频处理功率及处理时间是影响处理效果的主要因素。利用微波处理技术改善木材渗透性，是国内外热点研究内容之一。木材渗透性在微波处理后可以得到改善，主要原因在于微波产生的蒸汽压破坏了木材的部分薄壁细胞(如射线薄壁细胞)及部分厚壁细胞的纹孔膜。木材经微波处理后，渗透性能的改善可以增强功能处理流体的浸渍处理效果，使微波处理成为木材功能化改性的一个重要预处理手段。采用高强度微波对木材进行处理，可以使木材产生宏观可见、分布较为均匀的微小裂纹(图 1-1)，为树脂或功能处理试剂进入木材内部提供了有利条件，适用于制造功能型重组木材。目前，微波处理技术已在防腐、阻燃等功能木材的制备中得到了应用。

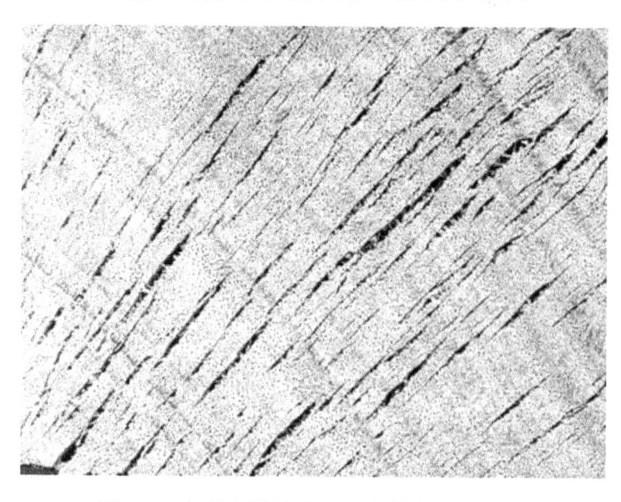

图 1-1　高强度微波处理后木材的宏观状态

(二) 功能化处理方法

木材和木质材料功能化处理方法主要有：木材和木质材料单元重组，木材和木质材料的特殊处理，木材和木质材料与金属、无机非金属、合成高分子、功能微胶囊等材料的复合，木材和木质材料的表面处理等。功能化处理可赋予木质材料优良的电学、磁学、热学、声学等功能特性，显著提升木质材料的应用价值。木材和木质材料功能化处理方法、产品及其特性见表 1-1。其中木材和木质材料与其他材料复合具有工艺便捷、适用性强等优势，应用最为广泛。微胶囊作为木质材料领域的一种新型复合功能单元，具有靶向性、控释性及阻隔性等突出优势[31]，为木质功能材料的发展带来了新的机遇。

表 1-1 木质材料功能化途径及产品特性

功能化方法	主要产品	功能特性
木材和木质材料单元重组	木质穿孔板 轻质人造板 纳米纤维素纸、膜、微球和气凝胶	吸声 吸声、保温 吸附、催化、隔热
木材和木质材料的特殊处理	热处理木材 活性炭、炭粉	尺寸稳定、防腐 吸附、导电
木材和木质材料与其他材料复合	无机胶黏剂人造板 化学改性木材及人造板 木材橡胶复合材料 木材金属复合材料 木质材料/炭材料复合材料 改性纳米纤维素	阻燃、防腐 阻燃、防腐、尺寸稳定 隔声、静音 导电、电磁屏蔽、抗静电 电磁屏蔽、电热、抗静电 催化、传感器、燃料电池、储能
木材和木质材料表面处理	表面涂饰木材 饰面人造板	阻燃、可逆变色 阻燃、防水、耐磨、耐酸碱

依据功能单元和木质基材的结合类型，可以将木质材料的功能化处理工艺分为复合型和反应型两大类。复合型木质功能材料是指功能单元与木材、单板、刨花、纤维及木粉等木质单元，通过分散、层压或成膜等复合方式物理共混而得到的复合材料。功能单元和木材之间一般未形成化学结合，仅形成物理范围内的结合力，因而结合强度和耐久性较差。例如，利用磷酸铵盐溶液对木材进行真空-加压浸渍处理制得的阻燃木材，磷酸铵盐与木材之间未形成化学结合，属于典型的复合型木质功能材料。反应型木质功能材料是指在功能化处理过程中，木材的组成分子与具有特定功能的高分子发生化学结合而获得的复合材料。木材的乙酰化处理便是利用乙酰基(CH_3CO—)取代羟基中的氢原子，实现木材与功能单元之间的稳定化学结合，有效改善木材的尺寸稳定性，是一种典型的反应型木质功能材料。

三、产品及应用

近年来，木质功能材料迅猛发展，木材/合成高聚物、木材/金属、木材/无机非金属及木材/竹材等复合技术日益成熟，具有阻燃、防腐、导电、电热及其他一些特殊功能的木质产品大大拓宽了木质材料的应用领域，提高了木质产品的使用价值和经济效益。

(一)阻燃木质材料

1. 木质材料用阻燃剂

木质材料用阻燃剂的种类很多，但并非所有阻燃剂均适用于各种木质材料的阻燃处理。理想的阻燃剂应具有较高的阻燃效率，对木材和木质复合材料的性能影响较小，阻燃处理工艺简单，生产成本较低。木质材料用阻燃剂一般可分为无机、有机、树脂型和反应型四大类[32]。

(1)无机阻燃剂

无机阻燃剂主要为部分磷系、氮系、硼系及铝、镁的氢氧化物等。无机阻燃剂具有来源广、成本低、阻燃效果好等优势，在产品燃烧时释放的烟及有毒气体较少，目前仍广泛用于木质阻燃材料的制备。其缺点主要是吸湿性强，抗流失效果不理想，无法用于室内高湿度的场合。相关产品表面易起霜、变色，降低外观等级，影响涂饰性能。阻燃剂对金属存在一定的腐蚀性，对板材吸水性及强度均会产生不利影响。

(2)有机阻燃剂

有机阻燃剂的发展起步较晚，但其发展速度较快。主流的阻燃剂为含磷、氮及硼元素的多元复合体系，阻燃产品的综合性能优良。有机阻燃剂的优势是抗流失效果显著，且对板材的物理力学性能无显著影响，缺点是阻燃效果不太稳定，价格较高，燃烧时形成的烟及气体较多。

木材及木质材料用有机阻燃剂的发展大致历经了三个阶段[33]。第一代是以三聚氰胺、双氰胺或尿素替代氨而得到的磷酸盐，与硼酸等含硼化合物复合而成的有机磷-氮或有机磷-氮-硼复合阻燃剂。其主要不足是仍具有一定的吸湿性，尿素和双氰胺等组分迁移性较大、易析出。第二代是利用三聚氰胺、双氰胺或尿素等氨基化合物的羟甲基化而制得的有机磷-氮或有机磷-氮-硼阻燃剂。该类阻燃剂较好地克服了迁移、析出的问题，但存在游离甲醛释放的环保问题。第三代为不含甲醛、吸湿性低及对木质材料物理力学性能影响小的高效阻燃剂。这类产品通常注重一剂多效，通过一次阻燃处理便能够赋予木材良好的阻燃、防霉、防腐和尺寸稳定等多种功能特性。例如，选择分子量相对较大的含氮有机化合物和正磷酸反应，可以形成低吸湿性的正磷酸盐，然后同硼化合物结合生成磷-氮-硼高效阻燃复配体系。

(3)树脂型阻燃剂

树脂型阻燃剂主要是在阻燃剂配方内添加低聚合度的合成树脂，浸渍处理木材后，在干燥时进行树脂的固化，降低阻燃剂的吸湿性，增强阻燃剂的抗流失性和抗迁移性。树脂型阻燃剂对木材的性能影响很小。一般通过在三聚氰胺、双氰胺、尿素和甲醛合成树脂时引入正磷酸或磷-氮类化合物，借助树脂的固化作用生成抗流失的阻燃剂。例如，磷酸-双氰胺-尿素-甲醛树脂型阻燃剂不仅具备抗流失性，且不会给处理材的外观带来不利影响，基本不影响处理材的强度，具有一定的耐腐蚀性。该树脂型阻燃剂的主要缺点是阻燃效力不高，无法比拟某些无机阻燃剂。

(4)反应型阻燃剂

反应型阻燃剂是指通过化学反应，与木材组分分子之间形成稳定的化学键结合的阻燃剂。利用反应型阻燃剂制备的木质阻燃材料，表现出抗流失且耐久的突出优势。同时，阻燃元素实质上是以单分子形式分布于木材内，因此具备非常高的阻燃效力，有利于减少阻燃剂的用量。羟基和苯基是木材中常用的与阻燃剂形成化学结合的官能团，发生的化学反应包括酯化、醚化、酯交换、酸化及卤代等。

2. 阻燃处理方式

木材的阻燃处理通常选用真空-加压浸渍处理的方式。首先配制一定浓度的阻燃剂处理液，利用加压处理罐对木材进行浸注处理，将处理材进行气干或窑干后得到阻燃产品。阻燃剂浓度、木材的含水率及处理压力、真空度和时间等工艺因素，均会对处理材的阻燃效果产生影响。实际生产中，一般通过控制阻燃剂溶液的浓度来调节处理材中阻燃剂的载药率，获得具有不同阻燃等级的产品。另外，在木材表面涂刷防火涂料也是提高木材阻燃性能的有效方式之一。

人造板的阻燃处理主要包括在制板过程中添加阻燃剂及成品板处理两种方法[34]。前者主要涉及以下几种处理方式：对纤维、刨花和单板等木质单元进行浸渍处理，阻燃效果好，但需增加浸渍设备及二次干燥工艺，存在废液污染问题；在胶黏剂中添加阻燃剂，操作方便，需要选用与树脂相适应的阻燃剂，防止阻燃剂影响胶合强度；在施胶过程中添加阻燃剂，工艺简单，可适应固体和液体形态的阻燃剂；铺装过程中添加阻燃剂，工艺简单，可以实现对板坯的某一部分进行选择性阻燃处理，有利于降低阻燃剂用量，但对板材的力学性能影响较大。

成品板的阻燃处理包括以下几种方法：利用涂胶机等在板材表面涂覆一层阻燃剂，干燥后在表面形成阻燃保护层，不改变原有生产工艺，操作简单，但阻燃效率有限，可能影响板材的表面装饰性能；在板材表面贴覆石膏板、金属箔、铁皮及硅酸钙板等耐火材料，阻燃效果好，同时提高板材的表面质量，但生产成本较高；对板材进行真空-加压浸注处理，阻燃效果好，但需要增加二次干燥工艺，板材处理后可能发生变形，力学强度会有所降低。

3. 产品应用

木质阻燃材料是指采用物理或化学方法对木质材料进行处理，使其燃烧性能符合相关标准要求的木质功能材料，市场上的产品主要有阻燃木材、阻燃胶合板、阻燃中密度纤维板、阻燃刨花板、阻燃细木工板及由上述材料为基材而制得的深加工产品。木质阻燃材料及其相关制品主要应用于建筑、家具、室内装饰及车船内饰等领域。

如今市场上的阻燃木质产品主要存在以下问题[35]：①正常生产销售产品和抽检产品采用的工艺不同，产品的质量一致性差，部分产品力学强度低；②阻燃剂使基材的吸湿性增大，环境湿度较高时影响贴面及油漆等二次加工操作；③建筑材料及制品的燃烧等级评价标准 GB 8624—2012 相对应的检测方式所需检测周期较长、成本高，难以用于生产及流通环节中阻燃性能的调控管理。

(二)防腐木质材料

木材主要由纤维素、木质素及半纤维素三大组分构成。在湿度、温度及酸碱度合适的环境中，这些组分易被虫菌侵蚀而腐朽，从而缩短了木材的使用期限。我国木材资源供需矛盾突出，怎样科学、合理、高效地利用木质资源，已成为目前迫切需要解决的问题[36]。依照国内外的相关数据，对木材进行一定的防腐处理后，其使用期限可延长 5～6 倍。为此，防腐处理是延长木质产品使用期限、节约木材资源及提高木材利用水平的重要途径之一。

木材防腐处理历史悠久，常用的木材防腐剂主要有油类(如杂酚油、煤焦油)、油载型(如五氯酚钠、环烷酸铜等)和水载型(如铜铬砷、季铵铜、铜唑等)三大类。油类和油载型防腐剂防腐效果好，抗流失性好，但存在较大的污染和安全问题，逐渐被水载型防腐剂取代。水载型防腐剂中，铜铬砷(chromated copper arsenate，CCA)防腐防虫效果好，在较长一段时期内占据了市场的主导地位。然而，由于CCA中含砷、铬等对环境和生物危害较大的物质，逐渐被低毒、无毒型防腐剂替代。在欧美等部分地区和国家，已明确禁止使用CCA防腐剂。

新型水载型防腐剂季铵铜(ammoniacal copper quat，ACQ)的化学成分中不含砷、铬等对生物有害的有毒物质，富含对环境相对友好的活性成分二价铜离子，且处理材废弃后焚烧形成的气体无毒，逐渐成为CCA的替代品。自2001年起，美国的CCA处理材的市场份额降低了约七成，绝大部分已经被ACQ处理材取代[36]。同时，硼酸、硼砂及四水合八硼酸钠等硼酸盐类防腐剂也得到广泛开发及应用，表现出环境友好、对人畜毒性低、渗透性强、无刺激性气味、防腐防虫效果好、不改变处理材的原有色泽和加工性质及具备一定的阻燃效果等优点。ACQ和硼酸盐类防腐剂已成为市场上最为主要的木质材料用防腐剂。

防腐剂的抗流失性决定了防腐木质产品的功能持久性及应用场合，是产品开发及应用时需要重点关注的问题。防腐剂有效成分的抗流失性同其在处理材中的固着程度息息相关。处理材中未固着的防腐剂成分仍然是水溶性的，易于流失。如果能使其与木材的组分发生化学反应而固着，形成难溶性物质，抗流失性将显著提高。若能实现防腐剂中有效成分的完全固着，不仅可以赋予木材持久的防腐性能，还能有效避免防腐剂流失而给环境和人畜带来危害。

季铵铜类防腐剂中的有效成分可以与木材形成牢固结合，具有较好的抗流失性。其固着率与木材的防腐处理时间及温度密切相关，相对湿度也是影响防腐剂成分固着率的另一重要因素。同时，防腐剂溶液的pH也影响着防腐剂成分在木材中的固着。选用合适的不同类型的防腐剂进行复配，可以有效提高防腐剂的固着率和抗流失性。

硼酸盐类化合物是室内应用最多的木质材料用防腐剂。由于该类防腐剂水溶性较大，其相应防腐产品无法在室外或是同土壤直接接触的场合使用，限制了其应用领域。硼酸盐类化合物不能像ACQ一样直接与木材组分形成牢固结合，目前主要通过改进处理工艺或添加助剂等方法来提高其抗流失性。

总体而言，ACQ是一类综合性能优良的防腐剂，预计在未来较长一段时期内将占据市场主导地位。但已有研究发现，ACQ中对哺乳动物无毒的铜离子会对水生生物产生较大的危害。无毒环保、抗流失性优良、对基材性能无影响的防腐剂仍是未来的主要研发方向。当然，提高防腐效力、降低生产成本也是生产应用中必须重点考虑的问题。

(三)导电木质材料

木材属于电的不良导体，当其用于计算机机房等一些特殊的场所时，在摩擦或压电效应作用下表面会形成静电荷，积累至一定程度后会产生放电现象。因此，有必要提高这类木质产品的导电性，开发抗静电木质产品，使积累的电荷可以及时传导转移，从而提高使用安全性。另外，随着电器产品的广泛使用，人们在生产生活中遭受电磁波辐射的机会显著增加，在长期辐射作用下可能会危害人体的健康。利用导电木质材料开发电磁屏蔽产品，可以有效减少电磁辐射和电磁干扰，在保障人体健康的同时，提高电子系统及设备的电磁兼容性，维护信息安全[37]。

目前，研究和开发较多的导电木质材料主要分为复合型和高温炭化型两大类[38]。复合型又可分为表面导电型和填充型两大类。其中表面导电型木质复合材料一般采用真空喷镀、化学镀金、金属熔射和覆贴金属箔等技术，在木质基材表面覆盖上一层导电层，从而达到防静电和屏蔽电磁波的目的。化学镀金法是唯一不受基材形状及尺寸限制，且能在基材所有表面获得均匀厚度导电层的方法，但该技术存在镀层与基体黏附力较小的问题，需采用去除基材表面杂质、提高表面粗糙度等方式加以解决。利用金属箔、导电膜片和金属网等材料制备导电木质材料时，除了将导电层贴于基材表面外，还可通过层叠处理将其夹在木质材料内部，具有黏接强度大、导电和屏蔽性能好的优点，但也存在形状复杂材料的加工成型问题。

填充型导电木质材料一般是利用胶黏剂使导电材料与木质单元复合，再热压或冷压成产品。其屏蔽效果主要取决于导电材料的性质、形状、用量、分布及复合工艺等。通常，随着导电材料的用量增加，复合材料的体积电阻率先缓慢下降；当导电材料增加至某一临界值(渗滤阈值)时，导电单元之间相互连接而形成“导电通道”，导电材料的任何细微变化均会导致复合材料的导电性发生急剧变化；当用量进一步增加时，复合材料的导电性能不再发生明显的变化。

高温炭化型导电木质材料通常是在无氧(氮气保护)状态下烧制而成的炭材料。由于不同树种木材的结构及化学组分不同，炭化后所得木炭的导电性能也有所差异。随着炭化温度的升高，木炭的电阻率降低，导电性能提高，且炭化温度为600～800℃时电阻率显著降低，炭化温度超过 800℃时电阻率随温度改变的变化趋缓。木炭的电阻率随着炭化时间的延长而下降，炭化时间在 3h 以内，其变化率较大，炭化 3h 后变化趋缓。在木材炭化过程中添加一定量的金属或金属氧化物，可催化木炭中石墨层状结构的形成，提高其导电性能。采用炭化温度 1500℃、炭化时间 1.5h、催化剂(氧化铁)用量 6%的工艺条件制备的导电木炭粉，电阻率仅为 0.0460Ω·cm，具有优良的导电性能。利用电阻率较低的导电木炭粉与酚醛树脂胶黏剂混合压制的木炭基功能薄板，在电磁波频率为 0.1～1500MHz 时，电磁屏蔽效能＞30dB，达到中等屏蔽效果，可作为新型电磁屏蔽材料使用[39]。

抗静电和电磁屏蔽木质功能材料的开发与应用，对于拓宽木质材料应用领域、提高产品附加值具有重要意义。与纯金属材料相比，导电木质材料不仅在价格上具有明显的优势，而且还能提高材料的环保性，具有较好的应用潜力。

(四) 电热木质材料

电热木质材料具有均匀、高效的电热功能，可应用于室内采暖，如墙暖、地暖、自发热小家具及移动式采暖器，还可用于红外杀菌、防霉等方面。采用电取暖，清洁卫生，舒适，节能，易安装维护，还具有远红外保健功能。木质电热复合材料作为采暖和木材加工行业的新型材料和制品，具有广阔的产业化和市场前景。碳纤维木质电热复合材料可用于制造墙暖、地暖等产品，电热转换效率高，以热辐射为主，是今后室内采暖趋势之一，尤其适合南方采暖时间较短、潮湿、气候变化较大的地域，应用前景广阔[40]。

目前，与木质电热复合材料相关的内置电热层电采暖木质地板产品(简称电热地板)，是采用金属或碳素电热材料，或通过在基材(或纸质材料)表面印涂导电油墨层作为电热层，电热层可直接与基材叠层胶合或置于基材上的凹槽再与面板复合制造成一体化的电热地板，通电后可快速升温[41]。电热地板的基材采用金属电热材料、碳素电热材料与实木板、纤维板、多层实木复合板等基材叠层胶压，或将电热材料置于基材上预设的凹槽，或在基材表面通过涂覆及印刷电热层，贴覆铜箔或导电胶等作为电极制成电热材料。电热材料作为电热地板的核心元件，其材质、结构、表面性质等对后期的制备、电安全防护等起着决定性作用。目前，常用电热材料主要有如下几种：金属电热线缆、碳纤维电热线缆、碳纤维纸、水性或油性电热碳墨及碳晶电热片。实际使用时则可以分为以下 5 类：电热线缆及有绝缘塑料包覆的电热线缆、碳纤维纸、印刷油墨电热复合纸、印刷油墨绝缘板或膜、电热纤维毡。

(五) 木质吸声、隔声材料

噪声会影响人的听力，更严重的会对人的心血管系统、神经系统、内分泌系统产生不利影响，给人生理和心理上带来严重的危害。解决噪声问题的主要途径包括吸声及隔声两种，因而降噪材料也多被分为两类。吸声材料大多为疏松多孔的材料，当声音传入材料表面时，声能一部分被反射，一部分在材料的孔隙传播时，受到空气分子摩擦和黏滞阻力，以及使细小纤维做机械振动，使声能转变为热能被损耗，即所谓声音被材料吸收。隔声材料是指将空气中传播的噪声隔绝、隔断、分离的材料。隔声材料与吸声材料有着本质上的差异，无须满足疏松、多孔、具有一定气体渗透性等条件，这类材料本身重且密实[42, 43]。隔声材料主要是利用材料阻挡声能的传播，把噪声限制在局部区域内，或使声源另一侧的透射声能减小[44]。在嘈杂环境中营造一个安静的场所要减弱其透射声能，阻挡声波的传播，使大部分声能被反射回去。但在声源复杂或者声音传播途径复杂的情况下，为了提高降噪效果，需采用兼具吸声和隔声性能的材料或者将两者结合使用来降低噪声。

木质吸声、隔声材料(或结构)被广泛应用于噪声控制及厅堂音质设计，不仅可以提高室内音质、降低室内噪声、提高声音的清晰度，还具有一定的装饰作用，相关产品具有很好的市场应用前景。目前，木质吸声材料主要包括木质穿孔板、木丝板、木纤维/聚酯纤维复合材料等，而木质隔声材料主要由木质基体材料和阻尼材料复合而成。木质穿孔板被广泛用于厅堂、录音棚等场所，用来改善音质、吸声降噪。影响其吸声性能的因素主要包括孔径大小、穿孔率、板厚、空腔的体积、填充材料等。木丝板在 20 世纪 50～60 年代曾被广泛应用于吸声降噪场所，由于装饰性单一渐渐淡出市场。新型木丝板在吸声性能、表面装饰性及品种规格方面均有较大程度的提高，但价格较贵，应用有限。木纤维/聚酯纤维复合材料吸声特性满足一般纤维吸声材料的吸声要求，即在低频吸声系数很低，随着频率的增加吸声系数增大。但是木纤维属于易燃材料，该复合材料作为室内或者室外吸声材料时要满足一定的阻燃性能要求。

(六) 尺寸稳定型木质材料

1. 木材的化学改性

木材化学改性方法种类很多，其中工业化应用最为成功的是乙酰化处理。乙酰化是利用乙酸酐与木材发生化学反应，使木材细胞壁中的部分羟基发生酯化而提高木材尺寸稳定性。乙酰化过程中仅发生单一反应，即一个乙酰基仅和一个羟基反应，不会有聚合交联反应。木材乙酰化的一般工艺流程如下[45]：①将木材干燥至含水率为3%～7%，并对木材进行汽蒸预处理，改善其渗透性；②将木材放入添加有乙酸酐的反应罐，在100～140℃条件下进行一定时间的浸泡处理；③反应完成后，可通过加热-真空或清水漂洗的方式，回收反应罐中的残留乙酸酐和副产品乙酸，再对木材进行干燥处理得到乙酰化产品。在木材的乙酰化处理过程中，浸泡和反应时间越长，木材的增重率越大，尺寸稳定性改善也越显著。

乙酰化木材主要应用于甲板、外墙板、民用建筑构件和重载木结构桥梁等对材料尺寸稳定有着较高要求的领域。乙酰化处理工艺较复杂，生产成本偏高，同时处理材会残留一定的酸味，尚未实现大规模推广及应用。除乙酸酐外，羧酸、马来酸酐、异氰酸、烷基卤化物、环氧化物和醛类化合物等均可以用于木材的化学改性处理，但实用价值不高。

2. 木材高温热处理

热处理是工业化最为成功的木材改性方法。木材高温热处理是在高温低含氧量环境下对木材持续处理一定时间，使木材中的半纤维素和纤维素无定形区发生降解，减少细胞壁的羟基数量，降低吸湿性，从而达到提高木材尺寸稳定性的目的[46]。与化学改性相比，热处理具有工艺及设备简单、环境友好等优点，经济效益更为显著。

木材热处理的工业化应用开始于欧洲，目前已形成了分别以蒸汽、氮气和植物油为热介质的三类处理工艺。其中，以蒸汽处理最为常用。近年来，还出现了仅使木材表面出现轻微炭化的热处理工艺。热处理产品在我国的市场中已经非常普遍，在室内主要用于生产地板(尤其是地热地板)、门窗、家具、壁板和百叶窗帘等，在室外应用于露天地板、庭院家具、外墙板、甲板、台阶和园林建筑等。热处理木材应用于室外场所时，需要在表面涂刷耐候性好的涂料，防止木材端裂、褪色或霉变，同时不宜用于与土壤或海水直接接触的场合。

3. 浸渍处理

(1)糠醇改性

近年来，糠醇改性处理成为工业化最成功的木材浸渍改性技术。糠醇分子在浸渍过程中进入木材细胞壁，聚合生成呋喃树脂聚合物，使木材细胞壁充胀，吸湿性降低，有效改善其尺寸稳定性。同时，糠醇改性处理木材还具有优良的防腐、防虫性能。典型的糠醇改性处理工艺流程如下[47]：将糠醇、催化剂(马来酸酐等)、乙醇和水加入储液罐，混合均匀制得浸渍处理液；将处理液注入压力罐中，适度升温，采用真空-加压工艺浸渍处理木材，处理完成后排出并回收剩余处理液；对浸渍处理材进行干燥处理，使木材中的糠醇分子固化形成树脂；对木材进行喷蒸处理，调节含水率，得到改性产品。

欧洲是研究木材糠醇改性技术较多的地区。2008年，挪威的Kebony ASA公司建成了第一家工厂，主要进行欧洲赤松、欧洲山毛榉、美国南方松和白蜡木等树种的改性处理。糠醇改性木材目前主要应用在地板、甲板、外墙板、盖板、栏杆、楼梯及特殊建筑零构件等领域。糠醇是由糠醛加氢制得，而糠醛又来源于麦麸、锯木屑等农副产品，糠醇固化后形成的树脂安全环保，因此糠醇改性处理是一种具有很大应用潜力的木材改性处理方式。但其生产成本偏高，工艺及设备较复杂，且处理过程中对环境有一定影响，因而尚未大规模推广。随着生物质资源的加速开发和利用，木材糠醇改性技术将迎来新的发展机遇。

(2)树脂浸渍改性

木材的树脂浸渍改性处理通常采用水溶性低分子量树脂溶液对木材进行浸渍处理，树脂进入木材细胞壁后在高温条件下发生聚合，或与木材中的羟基形成氢键结合或化学结合，在细胞壁内生成不溶性聚合物，致使木材中的羟基数量减少，降低了木材的亲水性，从而抵制细胞壁对水分的吸附。同时树脂聚合物可使细胞壁充胀增容，达到抵制细胞壁收缩的作用。另外，处理材的密度也得到提高。因此，进行浸渍处理后的木材的尺寸稳定性、阻湿作用、力学强度均得到显著改善。目前木材改性常用酚醛树脂、三聚氰胺-甲醛树脂、脲醛树脂等醛类树脂。其中使用最成功的是酚醛树脂，用于杨木增强、层积塑料、重组竹和重组木生产，浸渍木材的酚醛树脂通常为A阶段树脂(甲阶酚醛树脂)。树脂浸渍改性处理可以显著提高木材的尺寸稳定性和部分物理力学性能，酚醛树脂处理还可以提高木材的耐腐性。树脂浸渍改性处理技术一般包括预聚物合成、加压-浸渍处理及干燥固化三个过程[48-50]。

树脂浸渍改性木材的生产成本较高，醛类树脂会释放游离甲醛，废液存在环境污染问题，树脂浸渍液的适用期较短是应用过程中需要解决的问题。

(3)石蜡油浸渍改性

石蜡油浸渍改性是通过真空-加压处理将石蜡油注入木材内部，使石蜡油填充于木材细胞腔内，增加木材密度，显著降低吸湿性，提高尺寸稳定性[51]。同时，木材的力学强度和耐腐性也有所提高。

石蜡油浸渍改性处理多应用于家具产品，特别是室外地板和平台、红木家具面板等。在生产应用中，应重点考虑如何降低石蜡油消耗量，减少改性处理成本。另外，如何提高此类改性材的阻燃性能也是一大难点。

4. 组合改性技术

组合改性技术是综合运用多种改性方法处理木材，可以兼具不同方法的优点。例如，采用密实化与热处理相结合的方式，可以克服密实化处理时回弹及热处理导致木材强度降低的问题，改性材的尺寸稳定性、力学强度及耐久性均有显著提高。结合密实化与树脂浸渍处理技术，也可以制备综合性能有显著提升的改性木材。组合改性技术可以使木材在获得尺寸稳定性的同时，在其他性能方面也有进一步提高，具有独特优势。然而，其生产成本高，设备复杂，目前应用很少。未来随着产品性能需求和生产技术水平的不断提高，组合改性技术会得到更多的推广和应用。

(七)新型木质功能材料

1. 可逆温致变色木质材料

可逆温致变色木质材料是一种新型的木质功能材料，当其表面温度升高时，表面颜色随之发生改变，温度降低后则恢复至原来的颜色。在不同的时段与季节，通过颜色的变化，温致变色木质材料能够对热产生不同的吸收或反射效果，在低温下吸收环境热量，在高温下反射环境热量，达到冬暖夏凉的节能效果。既能满足人们的视觉享受，又能满足消费者对装修装饰材料的个性化需求，在木地板、建筑墙体材料、家具等领域具有广阔的发展空间[52]。

利用变色剂浸渍处理木材是制备温致变色木质材料的方式之一。浸渍处理的对象可以是块状的板材或片状的薄木。由于变色体系为有机类物质，在浸渍过程中通常通过加热和超声波辅助处理，提高变色剂在木材中的渗透性。变色过程中对变色温度起决定作用的溶剂会发生固-液相转变，易产生流失，造成可逆温致变色材料的稳定性较差，给材料的实际生产应用带来了极大的不便。通过微胶囊包覆处理，在变色剂表面形成一层有效的保护层，是提高变色体系稳定性的有效途径之一。利用变色微胶囊，浸渍处理木材所制备的温致变色木质材料具有更好的稳定性和耐久性。表面涂覆温致变色涂料是一种工艺简单、成本较低、变色效果好的方式，可以直接选用市场上已有的温致变色涂料，也可在木质材料常用涂料中依据需求加入变色微胶囊产品。此外，还可以将温致变色微胶囊加入胶黏剂中，依据常规工艺制备温致变色人造板。例如，在木塑成型过程中，加入温致变色微胶囊可以制得温致变色木塑复合材料。

2. 纳米纤维素基功能材料

天然纤维素是一类来源丰富、易生物降解、生物相容性好的环境友好型材料。开发纤维素基功能材料及产品，将显著提高林业采伐剩余物及农林废弃物等生物质材料的使用价值，减少秸秆等生物质材料焚烧对环境造成的危害，符合材料的绿色发展趋势。纳米纤维素具有长径比大、比表面积大及生物降解性好等特性，是理想的纳米增强相，在绿色功能材料领域具有广阔的应用前景[53, 54]。

纳米纤维素的制备技术已趋于成熟。2010 年，Inventia 公司在瑞典斯德哥尔摩率先实现了纳米纤维素的大型中试生产。纳米纤维素在水溶液中分散性好，反应活性较高，可以制备出各种具有特殊光学、磁学、声学、热学及力学特性的功能材料。利用氢氧化钠/尿素水溶液，在低温条件下溶解纤维素并再生获得多孔纤维素微球，以其为骨架吸附聚乙二醇可制得纳米纤维素复合相变储能材料[55]。基于纳米纤维素的纳米尺度特性，通过层层自组装可得到纳米纤维素复合膜及纳米纤维素聚氨酯泡沫等功能材料[54]。以纳米纤维素为模板剂，还可以制备具有高光催化活性的介孔二氧化钛[56]。利用纳米纤维素气凝胶制得的超轻质材料，在催化、吸附等领域应用潜力很大[57]。

第二节 微胶囊技术

一、微胶囊技术发展历史

早在人们开发和利用微胶囊技术以前，自然界中就出现了多种多样的天然胶囊。在生物体的形成和生长过程中，为保护某些物质而在其表面生成一层保护膜，形成了具有壳-核结构的天然胶囊。天然胶囊的粒径分布范围很广，包含了微米级的细胞、毫米级的种子和蛋类等。这些胶囊的外壳结构(又称为壁材)发挥了维持胶囊形态及保护芯材物质的重要作用。

微胶囊技术在人们生产生活中的开发和应用可以追溯至 19 世纪[58]。制药企业利用喷雾冷冻、流化床等方法率先开发出明胶大胶囊，用作药物的一种特殊剂型。覆盖在药物表面的壁材将其与外界环境暂时隔离，可以掩盖药物的异味，有效地延长药物储存期限，在药物使用过程中还能实现芯材物质的延缓释放。1932 年，荷兰化学家 Bungenberg de Jong 利用凝聚法制备了明胶微胶囊，并提出了微胶囊的概念[59]。在 20 世纪 40～50 年代，小粒径胶囊的市场需求增加，且要求进一步提高芯材含量及对液体芯材的保护性能，促进了微胶囊制备技术的发展。

在 20 世纪 50 年代，美国 NCR (National Cash Registe) 公司采用压敏型油墨微胶囊产品，研发出新型无碳复写纸，成功实现了微胶囊技术在商业领域的应用[60]。同时，油墨微胶囊的合成首次完成了液体芯材的微胶囊化，在微胶囊技术的发展历史中具有划时代意义。到 20 世纪 70 年代中期，微胶囊技术迅速发展，涌现出众多的新型微胶囊工艺及产品。时至今日，微胶囊技术已广泛应用于食品、医药、化妆品、纺织和先进复合材料等领域[31]。

二、微胶囊的组成和结构

微胶囊一般由壁材(包裹材料)和芯材(被包裹材料)组成。由于制备方法及产品需求的差异，微胶囊呈现出多种结构，图 1-2 给出了常见微胶囊的剖面结构示意图。图中连续的芯材被连续的壁材环绕包覆的称为单核微胶囊，是最常见的微胶囊结构。芯材被分成若干部分，嵌在连续的壁材中可形成多核、多核无定形结构。当芯材依次被多层连续壁材所包覆时，可以得到双壁或多壁微胶囊。微胶囊之间相互粘连呈现聚集状态，称为微胶囊簇。用连续的壁材包覆多个微胶囊则形成了复合微胶囊。此外，包覆挥发性或可溶性芯材的微胶囊，其芯材物质可以在微胶囊合成后被去除，形成空心结构的微胶囊。微胶囊结构的多样化使其可以同时复合多种芯材和壁材，满足不同的使用需求。

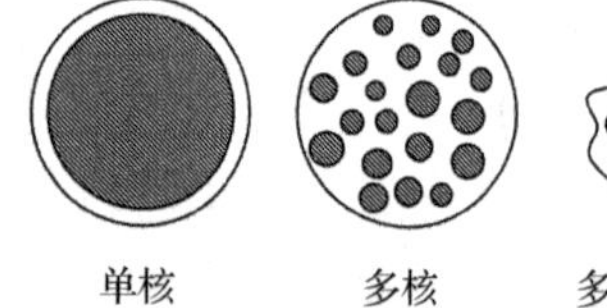

图 1-2　微胶囊结构示意图

微胶囊中被包覆的芯材可以是油溶性、水溶性化合物或混合物，其状态可为固体、液体或气体。目前的研究和应用中，所用到的芯材主要为固态和液态物质，鲜有关于气态芯材微胶囊的报道。一般而言，固体芯材微胶囊的形状主要取决于芯材本身的形状，而液体芯材微胶囊一般呈球形。在微胶囊合成过程中，低沸点的固体芯材物质如果在加热条件下熔化转变为液态，同样可以制备出呈规则球形的微胶囊产品。常用于微胶囊包覆的芯材类型及代表性物质见表 1-2[58, 61]。

表 1-2　微胶囊芯材物质分类

类别	芯材物质示例
溶剂	醚类，酯类，醇类，石蜡类，苯，甲苯，环己烷，甘油和水等
增塑剂	邻苯二甲酸酯类，己二酸酯类，磷酸酯类，硅烷类，氯代联苯和氯化石蜡等
酸和碱	发烟硝酸，硼酸，苛性碱和胺类等
助剂	固化剂类，阻燃剂类，发泡剂，氧化剂类，还原剂类，自由基引发剂类等
胶黏剂	多硫化物类，热敏胶黏剂的各种组分，胺类，环氧树脂类和异氰酸酯类
色素	染料和颜料
香料	薄荷油、香精和其他专用组分等
食品	油，脂肪，调味品，香料和味素等
药物	阿司匹林，维生素和氨基酸等
农用化学品	杀虫剂，除草剂和肥料等
记录材料	复印色粉，墨水类，定影剂，耦合剂，显色剂，卤化银，磁性粉末，固化剂，光变色物质和液晶等
生物材料类	细菌类，酶类，酵母类，血红蛋白，病毒类和动物胶
燃料类	核燃料，火箭燃料，汽油和照明油
防锈剂	铬酸锌和其他物质
其他	清洗剂，鞋油，银，磷漂白剂，化学防火剂，黏土和纤维素

壁材物质决定了微胶囊的强度、缓释型芯材的释放特性及微胶囊的耐久性等，对微胶囊的性能具有重要的影响。壁材的使用应依照相关产品的实际需求来进行，最基本的要求为，成壁物质可以在芯材周围形成一层存在黏附力的薄膜，在微胶囊产品的储存和使用过程中将芯材物质与外界环境有效地隔离。同时，在微胶囊合成过程中，要求壁材与芯材之间不会发生反应，避免影响芯材原有的特性。此外，还需要考虑产品的渗透性、稳定性、吸湿性、溶解性及澄清度等因素。生产成本和工艺复杂程度也是选取壁材时的重要参考依据。

随着微胶囊技术的不断发展，可供人们选择的壁材种类日益增加，依据原料来源及性质可分为天然高分子聚合物、半合成高分子聚合物、合成高分子聚合物和无机材料四大类。海藻酸钠、壳聚糖和明胶是常用的天然高分子材料壁材，其对生物无毒、传质性能和成膜性能好，因而在食品、医药行业应用最多[62]。此类壁材强度较低，通常需要几种壁材混合使用，弥补各自的不足。半合成高分子材料主要为天然纤维素材料的衍生物，包括纤维素醚类(甲基纤维素、乙基纤维素、羟丙甲基纤维素、羧甲基纤维素等)，以及纤维素酯类(乙酸纤维素和邻苯二甲酸乙酸纤维素)等。其中乙基纤维素具有优良的成膜和抗湿性，化学惰性好，无 pH 依赖性，被广泛应用于医药辅料的生产[63]。合成高分子材料主要有聚苯乙烯、聚丁二烯、聚乙烯醇、聚醚、聚脲、聚氨酯、聚乙烯、聚丙烯、聚异戊二烯、聚酯、聚酰胺、氨基树脂等[64]。这类材料一般化学稳定性高，力学性能较好，成膜性好，但其生物相容性差，因而一般用于印刷、纺织和化工等领域。无机壁材主要包括硅酸盐、钙盐、铝化合物等，目前尚处于实验室研究阶段。其中硅类化合物耐腐蚀、力学性能优良、耐热性好、生物相容性好、易于进行化学修饰，具有诱人的应用前景[65]。与硅类化合物相比，磷酸钙、碳酸钙等钙类化合物在人体内具有更好的生物降解性，在医药领域引起了大家的关注[66]。碳酸钙壁材的使用还为无机/有机复合壁材微胶囊[67]及高导热性、耐久性相变微胶囊[68]的制备提供了新的途径。

三、微胶囊的合成及性能评价

（一）微胶囊合成方法分类

微胶囊技术在实际开发与应用中涵盖了众多学科，涉及材料科学、高分子化学与物理、物理与胶体化学、分散及干燥、微胶囊应用技术（如制药、造纸等）。在实际应用过程中，各个领域之间也是相互关联和影响的。

微胶囊化方法的系统分类，对于微胶囊技术的推广和应用是必要的，不仅便于人们去了解和学习微胶囊合成原理，还可以为微胶囊技术的选用提供依据。微胶囊合成方法的种类很多，目前已见报道的有200余种，不同方法在细节上各不相同[64]。目前，用于微胶囊技术的分类依据主要包括合成原理、悬浮介质性质及壁材原料类别。

1. 依据合成原理分类

根据微胶囊的合成原理，可以将微胶囊的合成方法划分成物理法、化学法及物理化学法三大类，对应的典型微胶囊合成技术见表1-3。每类方法对应的合成技术和原理将在第二章进行详细介绍。

表1-3 微胶囊常用制备方法分类

类别	具体方法
物理法	喷雾干燥法、喷雾冷却法、空气悬浮法、包络结合法、挤压法、超临界流体法、多孔离心法、静电结合法、溶剂蒸发法、旋转分离法
化学法	界面聚合法、原位聚合法、锐孔-凝固法
物理化学法	单凝聚法、复凝聚法、相分离法、干燥浴法、粉末床法、熔化分散冷凝法、囊芯交换法

2. 依据悬浮介质性质分类

微胶囊合成方法在发展早期一般被分为物理法和化学法，但该分类方法有一定局限性。许多被称为化学法的微胶囊合成技术中涉及物理变化，而有些被称为物理法的合成技术也涉及化学变化或反应。因此，出现了以悬浮介质性质为依据的分类方法，将微胶囊合成方法分为液态悬浮介质型和气态悬浮介质型两大类[58]。

液态悬浮介质型合成法是指以液体作为悬浮介质，通过将两个及以上的不相容相，进行乳化或分散后制备微胶囊的方法，如复凝聚法、液-液界面或固-液界面处的界面聚合法、原位聚合法、溶剂挥发法、凝胶法及加压挤压法等。利用此类方法合成微胶囊的关键在于不相容相形成的乳状液（或悬浮液）的稳定性。

气态悬浮介质型合成法是指以气体为悬浮介质，一般通过液相雾化的方式来形成微胶囊的方法。在微胶囊形成的过程中，可以将成壁物质以雾化的形式沉积至悬浮于气相（或真空）中芯材的表面上，也可以将壁材-芯材复合溶液雾化后喷入气相中，固化形成微胶囊。对于此类合成方法而言，液相的雾化和微胶囊的固化是关键步骤。同时，乳液和分散液的稳定性也是关键影响因素。气态悬浮介质型合成法主要有喷雾干燥法、流化床法、在固-气界面或液-气界面处界面聚合法、离心挤出法、真空涂层法、旋转悬浮分离法和静电沉淀法等。

许多液态悬浮介质型工艺和气态悬浮介质型工艺是类似的。例如，溶剂的挥发是大多数喷雾干燥工艺(气态悬浮介质型工艺)中的关键步骤，而在液态悬浮介质型工艺中也包括溶液中溶剂挥发的方法。其主要不同之处在于：在气态悬浮介质型工艺中，液体直接蒸发到气相；在液态悬浮介质型工艺中，易挥发液体从分散相先过渡到连续液相，然后再从连续液相挥发。凝胶法同样如此，在液态悬浮介质型工艺中，液滴在液相中分散并凝胶；在气态悬浮介质型工艺中，通过向气相中雾化或挤出形成液滴，然后将液滴在气相或液态凝胶浴中凝胶。

3. 依据壁材原料类别分类

对于特定的单体或聚合物成壁物质而言，往往可以选用多种方法和工艺来合成微胶囊。其中以单体为成壁物质的微胶囊合成技术主要包括乳液聚合、悬浮聚合、分散聚合、沉淀聚合和界面聚合等，而以聚合物为成壁物质的微胶囊合成技术主要有溶剂蒸发萃取、凝聚相分离、悬浮交联、聚合物沉淀、聚合物凝胶、聚合物熔融固化及流化床法等。

实际生产过程中，通过适当组合原料及制备工艺，能够制备出具有不同组成和形态特点的微胶囊产品。有时还可以利用多种方法来获得性能基本一致的同一种微胶囊产品。对于某一种特定的合成方法，通过调整工艺条件也可以生产出具有不同外形的微胶囊产品。一般而言，制备微胶囊时主要依据成壁物质的特性来选用工艺条件，如合成聚酰胺微胶囊时多采用界面缩聚的方法。

(二)合成工艺及性能影响因素

1. 工艺流程

合成微胶囊的基本工艺流程如图 1-3 所示：将芯材均匀分散于微胶囊化介质中；在分散体系中加入成壁物质；借助特定的方法使壁材沉积、聚集或包覆于芯材微粒周围形成微胶囊；在许多合成方法中，形成的微胶囊初始壁材并不稳定，需要利用物理或化学的方法进行固化处理，使壁材具有满足应用需求的力学强度。

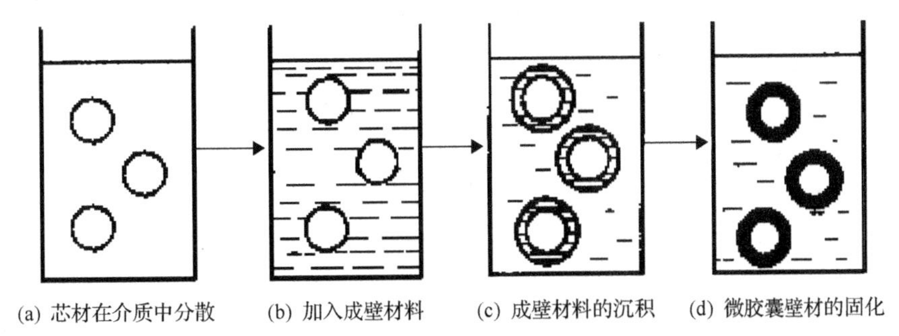

图 1-3 合成微胶囊的工艺流程

在将芯材分散于微胶囊化介质的过程中，可依据芯材形态的不同选用相应的工艺。对于液态芯材，当介质也为液态时可选用机械搅拌、超声波处理等乳化方法获得稳定的分散体系，当介质为气体时则可利用喷雾法、流化床法、重力法或离心力法等细分芯材物质。对于固体芯材，一般需要先将其研磨成细小粉末再过筛处理，加入介质中后在分散剂和机械搅拌的作用下形成分散体系。

2. 微胶囊合成工艺的选择

确定微胶囊合成工艺时需全面地考虑芯材性质、壁材强度和致密性及原料利用率等整体要求。如前所述，合成微胶囊的方法多种多样。不同方法在微胶囊粒径、芯/壁材溶解性、壁材厚度、壁材渗透性、芯材释放类型和速率及生产成本等方面存在着差异，实际生产应用时须依据产品需求做出恰当的选择。

当针对某一产品选择微胶囊化所需反应体系时，需要考虑下述问题：产品作为芯材时的稳定性，以及与产品溶解性相匹配的分散介质；产品微胶囊化后需要达到的性能要求；微胶囊化产品的生产成本。具体而言，选用微胶囊化工艺时需先确定成壁物质，因为壁材往往对微胶囊产品的整体性能发挥决定性作用。产品应用场合不同，对微胶囊壁材的要求一般也不同。微胶囊壁材物质的选择主要是基于芯材性质、产品的性能要求、壁材与芯材的匹配性及壁材的渗透性、强度、溶解性、熔点和玻璃化转变温度等。

在产品的微胶囊化过程中，选用的壁材必须能够“固化”而形成有效的保护层。对于无碳复写纸及自修复材料等某些特定的应用场合而言，微胶囊的壁材需要在一定压力作用下破裂而释放出芯材物质。壁材的渗透性影响着芯材的释放特性及产品的储存期。壁材的安全性和生物相容性也是需要考虑的因素，对于医药、食品和化妆品等应用领域而言，壁材必须安全无毒且具有良好的生物相容性。

每类微胶囊合成方法所制备的产品均有其相应的特点。一般而言，利用界面化学反应所合成的脲醛树脂、三聚氰胺-甲醛树脂、聚酯、聚氨酯、聚酰胺、聚脲和聚丙烯酸酯等微胶囊壁材具有良好的致密性，对芯材可发挥有效的隔离保护作用；利用喷雾干燥法、流动床法等物理法制备的微胶囊产品粒径相对较大，壁材致密性较差；利用相分离法等物理化学法合成的微胶囊产品机械强度较差，表现出一定的缓释特性，如以明胶为壁材的微胶囊。

除了对壁材和微胶囊化方法进行优选外，微胶囊合成工艺参数的控制也尤为重要。为了获得满意的微胶囊产品，必须结合生产实际对各个工艺因子进行系统性优化，获得生产成本低、生产效率高及产品性能好的技术条件。

3. 微胶囊尺寸和质量的影响因素

微胶囊的尺寸和质量受很多因素的影响。其中一些因素还可能对芯材物质的原有特性产生影响。因此，在微胶囊结构设计和工艺选择时必须充分考虑芯材性质及微胶囊的整体性能要求。

在微胶囊合成过程中影响产品尺寸的主要因素包括乳化剂类型及浓度、乳化工艺、成壁物质的浓度及化学结构、连续相和分散相比例、反应体系黏度、反应容器和搅拌器结构等。影响微胶囊产品质量的因素主要有成壁物质的类型及分子量、成壁工艺条件、壁材固化处理工艺、溶剂的性质及芯材物质的溶解性等。

微胶囊的壁材是否完整、连续是影响其产品质量的关键因素。可以利用化学方法或现代分析仪器进行评价，其中化学方法最为简单。一般预先将含变色基团的物质加入微胶囊芯材中。在微胶囊合成工艺完成后，通过检测变色物质的含量，间接判断微胶囊对芯材是否完全包覆。例如，在胶黏剂芯材中加入结晶紫内酯作为变色物质，进行微胶囊工艺处理之后，用对苯基苯酚-甲苯溶液（质量分数 30%）来处理合成产物，若无颜色变化现象则表明芯材已经被完全包覆。

（三）微胶囊性能评价指标

1. 粒径及分布

粒径通常指的是粒子在一维尺度的几何尺寸，对于理想的球形粒子，粒径等同于其直径；而对于非球形粒子，其粒径通常采用等效球体的直径来表述。实际生产中的微胶囊产品，其粒径波动范围较大，一般需要结合平均粒径和粒径分布两个指标来进行评价。评价微胶囊粒径最常用的方法为，首先通过光学显微镜或电子显微镜观察样品获得微胶囊图像，然后结合显微镜附带的刻度线或计算机图像处理软件对图像中单个微胶囊的直径进行测量。这种测量方式适用于规则球形微胶囊，一般需要测量 200 个以上的微胶囊样品，依据结果计算平均粒径及粒径分布。

激光粒度仪测试法是用于评价微胶囊粒径的一种更先进的方式。激光粒度仪诞生于 1968 年，主要依据 Fraunhofer 衍射和 Mie 散射两种光学理论获得颗粒粒径信息[69]。与显微观测法相比，激光粒度仪测试法具有测量速度快、操作方便及重现性好等优势，可以直接获得微胶囊的平均粒径及粒径分布曲线。同时，激光粒度仪测试法不仅适用于球形微胶囊样品的测量，还可用于获取不规则微胶囊样品的等效直径参数，适用性更广泛。

2. 形态特征

微胶囊的形态主要包括表面形态和内部形态。其中表面形态与产品的机械强度及储存稳定性有重要联系。光滑平整、完整性好的壁材对芯材物质的保护作用往往优于表面凹凸起伏甚至出现裂隙的壁材。同样，表面形态良好的微胶囊，往往具备较优的机械强度。在保证微胶囊完整性和强度的前提下，适当增加微胶囊表面的粗糙程度，可以增大微胶囊与基体物质的有效结合面积，有利于形成牢固的结合。

微胶囊的表面形态一般通过光学显微镜或扫描电子显微镜（scanning electron microscope，SEM）进行观察。光学显微镜由于放大倍数有限，一般仅用来观察微胶囊的整体形态（图 1-4）。SEM 具有更高的放大倍数和分辨率，是表征微胶囊表面形态最常用的仪器。常用的样品制备方法如下：在样品台表面黏附一层双面导电胶，将少量待测微胶囊样品粉末撒到双面导电胶上，用吸耳球吹去未粘牢的多余粉末，最后在样品上喷金后供 SEM 观察。从 SEM 图中可以清楚地观察到微胶囊的表面结构和形貌（图 1-5）。SEM 仅适用于表征固态微胶囊粉末的表面形态，而通过原子力显微镜（atomic force microscope，AFM）还可以观察到分散于液体介质中微胶囊的表面形态，为微胶囊的研究提供更多便利。随着扫描隧道电子显微镜（scanning tunneling microscope，STM）等其他新型先进表征技术的发展，微胶囊表面形态的表征将会越来越精细。

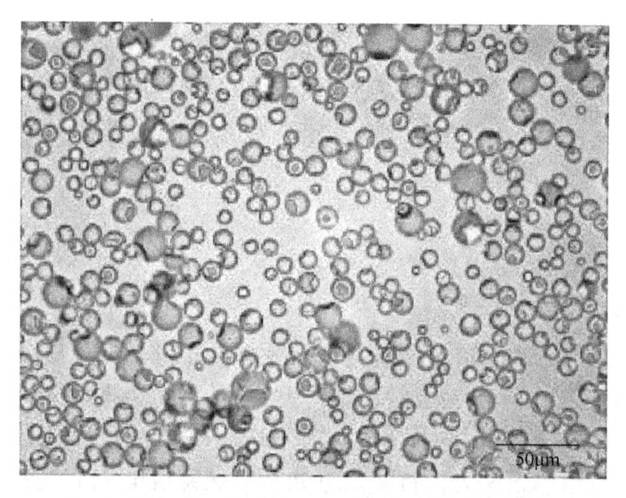

图 1-4　微胶囊的光学显微形貌图

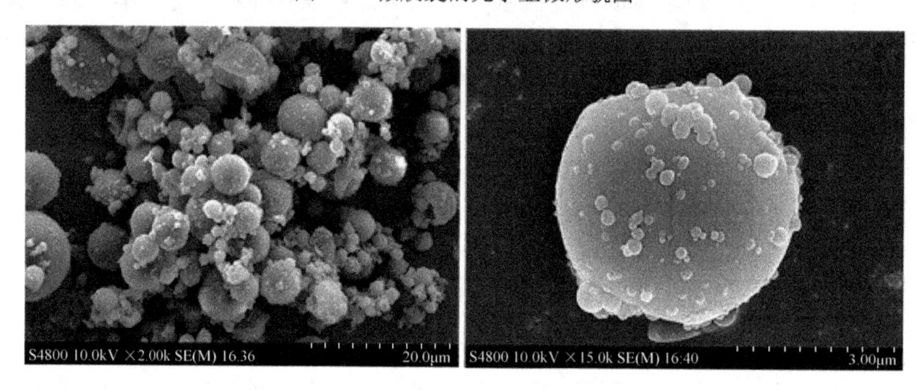

图 1-5　原位聚合法合成的相变石蜡微胶囊的扫描电镜形貌图

微胶囊内部形态的观察需要先对样品进行破坏处理，裸露出内部结构。通常可以将环氧树脂等包埋材料与微胶囊样品以一定比例混合，固化后制得包埋块。利用切片机将样品切开，获得平整截面，喷金后用 SEM 观察。此外，通过透射电镜(transmission electron microscope，TEM)可直接观察纳米级胶囊的形态和内部结构。对于具有荧光特性的芯材物质，利用荧光显微镜和激光共聚焦扫描显微镜能够直接观察到微胶囊的内部形态及变化。

3. 芯材含量与微胶囊化产率

芯材含量一般是指芯材质量占微胶囊总质量的比例，是体现微胶囊应用价值的一个直观的指标。从应用角度讲，微胶囊的芯材含量越高越好，但是在实际生产中会受到合成工艺、壁材强度等因素的限制。测定芯材含量常用的方法是通过机械破碎、溶剂萃取等处理方式提取出芯材后进行测定。对于芯材具有相变特性的微胶囊而言，可以通过差示扫描量热仪法(differential scanning calorimeter，DSC)测定微胶囊产品和芯材物质的相变焓值，两者焓值之比即为芯材含量。

微胶囊化产率一般用微胶囊产品质量占原料总质量的比例来表示，是衡量微胶囊化效率的重要指标。微胶囊化产率越高，产品生产成本相对越低。提高芯材包覆率、优选芯/壁材原料配比、减少过滤和干燥过程中微胶囊产品损失量，是提高微胶囊化产率的有效途径。

4. 壁材厚度及渗透性

微胶囊的壁材厚度一般为0.1～200μm，其影响因素涉及微胶囊的合成方法、成壁物质的化学结构及芯材含量等。一般而言，利用物理化学法合成的微胶囊壁材厚度大于利用化学法合成的微胶囊壁材厚度。微胶囊经包埋切片后，利用SEM观察微胶囊的内部结构和形貌时，可同步测定微胶囊的壁厚。对于壁材厚度小于100nm的微胶囊，需要将包埋样品块经超薄切片后用分辨率更高的TEM进行观察和测定。在壁材中引入荧光物质后，无须切片处理，利用激光共聚焦扫描显微镜可直接获得微胶囊任意剖面内的壁材平面轮廓，进而可计算出壁材平均厚度、壁材厚度标准偏差等定量信息。另外，也可以利用光学显微镜直接观察和测量微胶囊的壁厚，但测量精度不高，适用于定性地研究壁厚的变化。

壁材的渗透性是微胶囊产品的重要评价指标，是影响微胶囊芯材释放特性的关键因素。对于相变石蜡、变色剂等持久留存的芯材而言，需要尽量降低壁材的渗透性，以提高壁材对芯材的保护作用。而对于香精、农药等释放型芯材，壁材需要具备一定的渗透性，使芯材可以缓慢释放而发挥长效功能效应。微胶囊壁材的渗透性主要与壁材厚度、壁材种类、壁材孔隙度、芯材性质及微胶囊粒径等因素相关。

壁材渗透性的测定常用溶剂提取法：将微胶囊置于可以溶解芯材的溶剂中，隔一段时间取出一部分溶剂，利用分光光度计等分析方法测定溶剂中提取出的芯材含量，计算芯材的释放速率，进而评价微胶囊壁材的渗透性。

5. 力学性能

微胶囊的力学强度代表其抵抗外力作用的能力。微胶囊力学性能的需求因应用场合不同而异。当微胶囊应用于纺织、塑料等领域时，在浸轧处理、挤出成型等加工过程中，微胶囊将受到较大的挤压破坏力，因此要求微胶囊产品具备较高的力学强度。当微胶囊作为修复剂应用于自修复材料时，对其力学性能有特殊的要求：既能承受材料加工过程中产生的压力，又能在裂纹产生后及时破裂释放出芯材而发挥修复效应[70]。在食品、化妆品等领域应用的微胶囊，一般仅要求其在储存过程中能维持良好形态，对力学强度的要求相对较低。

微胶囊力学性能的表征方法众多，依据测试对象的不同可分为整体测试和单个微胶囊测试两类。前一种方法是同时测试多个微胶囊获得平均力学强度，后一种方法则是直接测试得出单个微胶囊的力学强度。整体测试法主要包括剪切力测试(如涡轮反应器法)和渗透压测试两类。与整体测试法所得平均值相比，单个微胶囊测试结果更接近微胶囊的真实力学强度，应用更为广泛。常见的单个微胶囊力学测试表征技术如图1-6所示。

6. 化学特性

目前，微胶囊的表征以形态、物理力学性能为主，化学表征主要起辅助作用。傅里叶红外光谱仪是最常用的化学表征仪器。通过对比芯材、壁材及微胶囊的红外光谱图，可以从化学官能团的角度佐证微胶囊产品中同时含有壁材和芯材两种物质。如果芯材或壁材中含有某些特有元素，利用扫描电镜结合能谱分析装置表征芯材包覆前后表面化学

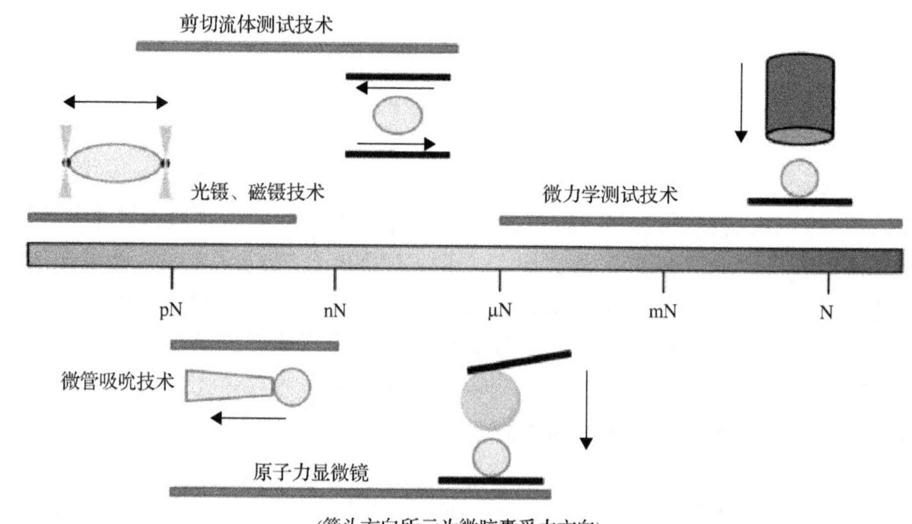

图 1-6　单个微胶囊力学测试表征技术示意图[90]

元素的变化，可以判断芯材表面是否包覆有壁材，分析壁材的完整性。X 射线光电子能谱技术(X-ray photoelectron spectroscopy，XPS)可以分析微胶囊粉末样品的表层元素种类及比例。在利用纳米蒙脱土等具有结晶特性的物质改性微胶囊壁材的研究中，X 射线衍射仪(X-ray diffraction，XRD)可用于表征壁材的结晶度变化，判断壁材中是否成功引入了改性单元。近年来，具有纳米级表征精度的纳米红外技术成为深入研究界面化学特性的有效手段，非常适用于研究微胶囊芯/壁材界面的化学结构及化学反应。

7. 稳定性

微胶囊在储存和使用过程中可能受到温度、压力、光照和水分等因素的作用。芯材性质产生变化或者芯材从壁材中渗出，均会降低微胶囊产品的使用价值，甚至使微胶囊失去芯材原有的特性。因此，必须依据应用场合的特点选择合适的壁材及制备工艺，使微胶囊具有持久的稳定性。以木质材料为例，其在加工和使用过程中会受到较大外力的作用，因此需要选用氨基树脂等力学性能较优的壁材物质。芯材对光、氧气等环境因子敏感的微胶囊，在储存过程中需要进行遮光、密封等保护处理。因为光可以透过透明的壁材作用于芯材，而氧气也能通过壁材上的微孔进入微胶囊内部影响芯材特性。

评价微胶囊产品储存稳定性最常用的指标是芯材保留率，可以通过测定储存温度条件下微胶囊样品在不同储存时间的芯材保留率进行评价。为了缩短测试时间提高效率，也可采用提高温度的方法加速储存试验。另外，热重分析仪常用于评价微胶囊产品的热稳定性。

8. 功能特性

微胶囊的功能特性是指其具有的特殊电、磁、光、热、声、生物医学等性质，一般来源于芯材物质。然而，在某些特殊的微胶囊中，壁材会与芯材一同发挥功能效应。例如，聚磷酸铵膨胀型阻燃微胶囊中，壁材也可以充当炭源和气源，发挥阻燃效应。微胶囊功能特性的评价需要参考不同功能材料的评价标准和方法。对于变色、储能等微胶囊而言，可以直接对微胶囊进行功能特性的评价。然而，对于阻燃微胶囊而言，需要先利用微胶囊制备阻燃材料，然后再表征复合材料的阻燃性能来评价其功能特性。

四、产品及应用

(一) 微胶囊技术的优点

微胶囊技术作为一种包覆技术，其优势在于可以实现对芯材物质的完全包覆，同时仍能保留芯材原有特性。总体而言，微胶囊技术可以改善芯材物质的外观，提高芯材物质的稳定性。通过优选适宜的成壁物质和工艺条件，可以将芯材物质分散并储存于独立的微小空间内，并能满足其瞬间释放、缓慢释放或持久保存的需求。

1. 改善物质的物理性质

(1) 改变形态

液体芯材物质经微胶囊包覆处理后，转变为粉末状产品。这类物质在使用时表现出固体特性，但其内部相仍为液体，称为“拟固体”。液体芯材在微胶囊中仍表现出原有的反应活性，这特别适用于一些特定应用场合，如在压敏复写纸制造中用于包覆无色染料、在彩色摄影技术中用于包覆显色药品及在聚合物合成时用于包覆交联助剂。上述三种液态芯材物质经微胶囊包覆后，转变为干燥的固体状态，且稳定性显著提高，为其利用带来诸多便利。在压力等因素作用下，微胶囊壁材破裂，液态芯材及时释放发挥原有功效。

(2) 改变密度

物质经微胶囊包覆后，与壁材形成复合体系。壁材的密度会影响微胶囊的整体密度。例如，石蜡的密度小于水，而利用密度较大的三聚氰胺-甲醛树脂对其进行包覆可以获得密度大于水的微胶囊产品。相反，利用密度小于芯材的壁材物质对其进行包覆，可以获得密度相对减小的微胶囊产品。此外，利用微胶囊技术还可以制备出内部中空的产品，使物质的体积相对增加，整体密度变小。

(3) 良好的分离状态

微胶囊产品的细分特性有利于其在许多场合的应用。物质转变为非常细小的粉末后，可减少粒子之间的聚集。与相同固体含量的乳状液相比，微胶囊悬浮液的表观黏度显著降低。例如，在涂料工业中，微胶囊产品表现出在相同浓度条件下黏度较低的优点。此外，相变石蜡等块状功能单元经微胶囊包覆后形成细小颗粒，其与外界环境的接触面积显著增加，有利于改善功能单元的传热效率等性能。

(4) 改变表面特性

芯材物质经微胶囊包覆后，其表面特性主要由壁材物质决定。因此，可以依据需求选择合适的壁材物质来改变芯材的表面特性。例如，通过微胶囊化处理用亲水性壁材包覆疏水性药物，使其变得亲水，可以克服儿童服用时易引起咳呛的缺点。无机化合物经树脂包覆后，表面呈现出有机聚合物的性质。微胶囊技术还可以改变芯材的表面颜色，如红磷经氨基树脂包覆后，外观颜色由红色变为白色。

2. 控制释放

实现芯材的控制释放是微胶囊技术的重要优势。一般而言，微胶囊具有较小的体积及较大的比表面积，有利于提高芯材物质的释放效率。微胶囊内部的芯材物质可瞬间释放，也可在较长一段时间内逐渐释放。一般采用机械方法(如挤压、摩擦)或化学方法(如酶解、溶剂溶解)使芯材物质依据需求瞬间释放。此外，在芯材中添加膨胀剂，以及利用放电或磁力作用的方法，也可以使芯材物质瞬间释放。

缓释型产品在医药、农药及化肥领域尤为重要。利用非水溶性壁材包覆水溶性芯材形成的微胶囊产品，其芯材向外部水相的释放特性将取决于溶解速率及壁材的渗透性。通过选用不同类型的壁材、调节微胶囊尺寸及改变壁材的厚度和结构，也可以调控芯材物质的释放速率。微胶囊的壁材一般仅为几个微米，其渗透性类似于半透膜。单个微胶囊的粒径非常小，因而单位质量的微胶囊具有很大的表面积。对于大部分药物微胶囊而言，芯材中的有效成分一般是利用具有半渗透性的壁材进行释放，因此可以通过调节壁材渗透性来控制药物芯材的释放特性。

3. 有效隔离和保护芯材

微胶囊包覆处理可以使内部的活性芯材与外界环境完全隔离，避免芯材受环境因素的影响或者与其他成分发生作用。对于维生素 A、棕榈酸酯、高蛋白高脂肪饲料等易于氧化的芯材物质，微胶囊化可以有效提高其抗氧化性和储存稳定性。微胶囊技术还可以显著降低磷酸铵、硝酸铵等无机盐类的吸湿性，改善抗流失性，提高稳定性。利用结晶紫内酯、双酚 A 和多元醇复配而成的温致变色剂，在高温下会熔化流动，同时在强酸、乙醇等作用下易于失去变色特性，对其进行微胶囊包覆可以获得耐高温、耐强酸和耐有机溶剂的变色微胶囊产品。利用微胶囊技术在易挥发物质表面形成一层致密的壁材，能够有效抑制芯材物质的挥发，显著延长储存期。

某些对环境或人体有危害的物质经微胶囊化处理后，与外界环境有效地隔离开来，为其储存、运输及应用等带来诸多便利。例如，微胶囊化处理可以减少颜料中有害杂质对皮肤产生的副作用，以及降低某些药物的毒副作用。利用微胶囊壁材的隔离作用，还可以掩饰芯材物质(如药物)的不良气味或味道。

对于两种易于发生反应的活性成分，将其中一种进行微胶囊包覆后，再与另一种混合可以获得稳定共存的复合体系。在特定条件下破坏微胶囊壁材，释放的芯材即与另一种活性成分接触而发生反应。上述处理方式非常适用于自修复材料、胶黏剂等特殊产品。例如，以过氧化苯甲酰(作为自由基引发剂)为芯材制备微胶囊，将其加入聚酯树脂后得到复配胶黏剂。该胶黏剂在一般储存条件下不会发生固化，仅当微胶囊破裂后，释放的引发剂才会使聚酯树脂固化。

(二)应用

自从 20 世纪 50 年代首个微胶囊化商品无碳复写纸被成功研制以来，微胶囊技术逐渐成为一种应用广泛的重要商品化手段。尤其是在造纸、医药、食品、化妆品、纺织、农药、涂料和先进材料等领域应用最广。

1. 造纸业

造纸业是微胶囊技术应用最早和最为广泛的领域之一。无碳复写纸是开发最早的产品，由上页纸、中页纸及下页纸构成[71]。在上页纸和中页纸的背面涂布由发色剂、缓冲剂和黏合剂组成的发色剂层，其中发色剂即为微胶囊。而在中页纸和下页纸正面涂布显色剂层。无碳复写纸的基本显色原理如下：复写过程中，笔尖的压力作用使微胶囊的壁材破裂，释放出的芯材发色剂与显色剂接触后迅速发生显色化学反应，得到复写的文件。微胶囊化发色剂是无碳复写纸的关键组分，直接影响着复写字迹的清晰度及副本联数。微胶囊的粒径一般为3～8μm，且要求粒径分布均匀。粒径过大时，微胶囊壁材太薄而易于破裂，在运输中可能提前显色；粒径过小则需要较大的破坏压力，影响复写质量和副本联数[72]。微胶囊的壁厚是影响无碳复写纸质量的关键因子，需要选用合适的方法及工艺来获得合格的微胶囊化发色剂产品。

热敏纸是专用于热敏打印机及热敏传真机的纸张，是通过在原纸上涂布一层热敏涂料而制得。当打印机或传真机开始打印时，热头瞬间形成电脉冲后对热敏涂层加热，使显色剂和无色染料熔化而产生化学显色反应，在纸张上显示出图文。热敏纸的基本原理和无碳复写纸相似，不同之处在于前者的显色剂和无色染料涂布于同一表面。当两种成分未通过微胶囊化予以隔开时，复合体系易于受外界干扰而提前显色。对其中某一组分进行微胶囊包覆处理后，可以使两者有效分离，防止热敏纸在储存和运输中发生自动显色。

防伪纸也是微胶囊技术的应用领域之一。将微胶囊化染料与涂料混合后涂覆于纸张表面，压光后微胶囊破裂，释放出的染料上染至纸张而生成色点。微胶囊技术可以将不同颜色的染料相互隔离开，从而实现在一次染色处理中形成具有多种颜色的雪花点。由于微胶囊染料可依据用户的需求进行配制，所制备的纸张表现出防伪效果，在证件、护照、学位证书、商标及股票中得到广泛利用[73]。将温致变色微胶囊或光敏变色微胶囊加入纸张中，可以使纸张在特定的温度或光照条件下发生颜色变化，具有防伪特性，可以应用于纸币、发票和标签等产品中。

利用微胶囊技术还可以开发具有香味的纸张产品。微胶囊化香料的香味可持久释放，所得复合纸的香味可维持数月，而利用普通香料制得的复合纸的香味仅能维持几天[74]。微胶囊化香料产品可用于壁纸、标签纸、商标用纸、包装用纸和餐巾纸等。另外，利用微胶囊化香味油墨制备的纸张产品，在外界摩擦作用下微胶囊发生破裂而释放出香味，可应用于明信片、商标和书本等领域。将微胶囊化香味油墨印刷于儿童读物上，可以让孩童在了解水果、植物等的形状、颜色和功能的同时，还能通过触摸画面闻到相应味道，可加深印象[75]。

此外，将除臭剂和卸妆用溶剂等活性成分进行微胶囊包覆后再加入纸巾中，可以使活性成分在纸巾中长期保存。在使用过程中，微胶囊在摩擦作用下破裂，释放出活性成分，发挥杀菌除臭和溶解化妆品等作用。

2. 医药领域

微胶囊技术可以掩盖不良气味、隔离活性组分、实现控制释放和靶向性运载，对于一些具有生物活性却无法形成产品的药物特别适用。药物经微胶囊包覆后，毒副作用降低，不良味道或气味消失，在肠胃中的稳定性提高；选用合适的壁材能赋予药物控制释放的特性，而利用壁材物质与人体组织之间的相容性还可以使微胶囊药物具有组织靶向性；在微胶囊药物中引入磁性材料后，利用外磁场的作用可以使药物定向集中于肿瘤部位，从而实现专一靶向性[76]。在生物医学行业，微胶囊技术广泛应用于微生物的规模化培养、细胞的固定化及蛋白质的分离。在 1994 年，Morris 等[77]提出了微胶囊化疫苗的思路，以增加抗原在人体中吸收和运输时的稳定性，还可以减少接种的次数，强化免疫应答的效果。

3. 食品工业

在食品工业中，微胶囊技术最早和最广泛的应用是改变食品的形态。微胶囊化处理可以使液态食品转变为可流动的微细粉末，不仅方便其储存、运输和使用，还可以简化生产工艺、开发新产品[78]。例如，微胶囊化油脂的出现促成了维生素强化奶粉、咖啡伴侣等许多方便食品的开发。微胶囊技术可以用于提高香精、香料等易挥发物料的稳定性，以及维生素、高度不饱和油脂等敏感性物料的抗氧化性等。微胶囊技术的控释特性可以应用于食品膨松剂、保鲜剂等具有缓释需求的领域。对于具有不良气味或味道的食品，微胶囊技术是有效的掩盖途径之一。利用微胶囊技术制备“跳跳糖”产品，是其在食品领域的特殊用途之一。

4. 化妆品行业

在化妆品生产过程中，通过对某些添加剂进行微胶囊包覆处理，可以使产品性能更为优越。将薄荷醇、茶多酚等活性成分进行微胶囊包覆后再加入化妆品中，可以实现活性成分的控制释放，使产品性能更持久[79]。用水溶性高分子聚合物将除臭剂包覆成微胶囊，在应用时人体渗出的汗液会使微胶囊的壁材破坏，释放除臭成分，其释放速率与出汗程度紧密相关，因而具有高效的除臭功能。染发剂一般包括两个组分，分别经微胶囊包覆处理后可稳定地共存于同一体系内，使用时借助摩擦作用使微胶囊破裂，两组分发生反应而达到染色目的。此外，微胶囊技术还可用于减少添加剂对人体皮肤的刺激性，以及遮盖添加剂的不良气味和颜色[80]。

5. 纺织工业

微胶囊技术可应用于织物的染色、印花处理。染料的微胶囊化是关键技术。染色时，将微胶囊化染料投入染浴中，在纤维、染浴和微胶囊中染料浓度差的作用下，染料不断释放、吸附及上染纤维。利用微胶囊化染料进行染色，不仅可以生产色彩斑斓的纺织品，还能有效提高染料利用率、降低生产成本及实现无助剂、免水洗染色等[81]。将微胶囊技术与传统印花工艺相结合，可以开发出新型的转移印花、发泡印花、涂料印花和热敏变色印花等工艺技术。

在纺织品的整理工艺中，微胶囊技术可提高整理剂的稳定性和耐久性。例如，对香料、抗菌剂和驱虫剂进行微胶囊包覆后，可以改善纺织品的整体质量，显著延长释香、抗菌和防虫时效，获得安全、耐洗的功能型纺织品。对相变材料、变色剂等整理剂进行密闭式微胶囊包覆处理，可以有效提高使用过程中整理剂的稳定性，制备出具有持久储能、变色功能特性的纺织品。

6. 农业

在农业领域，微胶囊技术主要应用于农药、化肥及饲料等产品。目前，农药微胶囊已经实现了批量化工业生产，如以甲基对硫磷、杀螟松、辛硫磷、氯菊酯及拟除虫菊酯为芯材的微胶囊化杀虫剂、灭鼠剂产品。微胶囊化处理可以显著降低农药的毒性，延长药效。将微胶囊技术用于磷酸铵、硫酸铵等化肥产品，可以有效防止化肥的吸潮结块，实现化肥的缓慢释放，从而延长肥效期，减少施肥次数。使用微胶囊化化肥产品时，也不会出现因施用过量而致使农作物被“烧死”的现象。牛羊等反刍动物的胃具备强大的消化功能，当给其喂食特殊的饲料添加剂时，添加剂容易在胃酸的作用下分解而失效，吸收利用效果差。若利用微胶囊技术对饲料添加剂进行适宜的保护处理，可以避免其在胃中发生提前分解，顺利进入肠道而实现有效吸收利用[82]。

7. 涂料

微胶囊技术可以用于涂料中成膜物质的包覆处理。为了使涂料在储存、加工及使用期间维持其良好的流变特性，传统的方法是分装处理相互之间会发生反应的成膜物质，制得双组分(或多组分)涂料。这类涂料在加工和使用阶段工序较为烦琐，存在效率低、浪费大和成本高的不足。若选用非反应性成壁物质，利用微胶囊技术对涂料中的某个(或某几个)成膜组分进行包覆处理，使其暂时失去反应活性，与未经处理的另一组分混合后可获得单组分涂料产品。在涂布涂料时，通过施加压力或升高温度等使微胶囊的壁材破裂而释放出芯材组分，各组分相互接触反应固化成膜[83]。

微胶囊技术还可以用于涂料中颜料的表面改性处理，包括降低界面张力、改变表面极性及提高化学稳定性等。微胶囊包覆处理可以降低紫外线吸收剂纳米二氧化钛的表面张力，改善其在涂料中的分散性[84]。铝粉化学反应活性高，在水性涂料中不稳定，微胶囊技术是提高其稳定性的有效途径[85]。有机颜料具有着色力强的优点，但存在润湿分散性和耐热性较差的不足，而微胶囊化可有效改善其分散性和耐热性[86]。

此外，利用微胶囊技术可以改善氯化石蜡、氢氧化铝和相变石蜡等功能助剂与成膜物质的相容性，提高其在涂料中的分散性，从而改善涂层的综合性能。在涂料中加入微胶囊化修复剂可制得具有自修复特性的涂层，当涂层内部出现微裂纹时可自行修复，延长涂层的使用期限[87]。

8. 先进材料领域

微胶囊技术在自修复材料及相变储能材料领域具有较大的应用潜力。在聚合物材料合成过程中加入含有修复剂的微胶囊，当其内部由于材料受损而出现裂纹时，裂纹端面的应力集中可以引发微胶囊破裂，在受损处释放出修复剂，与基体材料中添加的催化剂接触后反应固化，在裂纹处生成新的聚合物，从而实现自修复功能[88]。自修复微胶囊可以显著延长聚合物材料的使用寿命。将相变微胶囊加入水泥等建筑材料中，可以赋予其相变储能特性，表现出“冬暖夏凉”的特点，有利于维持适宜的室内温度环境，达到节约能源的目的[89]。

参 考 文 献

[1] 许时婴, 夏书芹, 张文斌. 微胶囊技术——原理与应用[M]. 北京: 化学工业出版社, 2006.

[2] Azagheswari B K, Padma S, Priya S P. A review on microcapsules[J]. Global Journal of Pharmacology, 2015, 9(1): 28-39.

[3] 胡拉, 吕少一, 傅峰, 等. 微胶囊技术在木质功能材料中的应用及展望[J]. 林业科学, 2016, 52(7): 148-157.

[4] Kwon O S, Jang J, Bae J. A review of fabrication methods and applications of novel tailored microcapsules[J]. Current Organic Chemistry, 2013,. 17(1): 3-13.

[5] 傅峰. 功能人造板的新概念[J]. 建筑人造板, 1994, (2): 19-23.

[6] 何盛, 傅峰, 林兰英, 等. 微波处理技术在木材功能化改性研究中的应用[J]. 世界林业研究, 2014, 27(1): 62-67.

[7] 何盛. 微波处理改善木材浸注性及其机理研究[D]. 中国林业科学研究院博士学位论文, 2014.

[8] 鲍甫成, 吕建雄. 微生物对长白鱼鳞云杉木材渗透性的影响[J]. 林业科学, 1991, 27(6): 615-621.

[9] 鲍甫成, 吕建雄. 长白鱼鳞云杉木材渗透性及苯-乙醇浸提对其影响的研究[J]. 木材工业, 1991, 5(4): 28-32.

[10] 张耀丽, 苗平, 庄寿增, 等. 微波、冷冻预处理对改善尾巨桉木材干燥性能的影响[J]. 南京林业大学学报(自然科学版), 2011, 35(2): 61-64.

[11] 张耀丽, 夏金尉, 王军锋. 开启木材细胞通道的途径[J]. 安徽农业大学学报, 2011, 38(6): 867-871.

[12] Demessie E S, Hassan A, Levien K L, et al. Supercritical carbon dioxide treatment: effect on permeability of Douglas-fir heartwood[J]. Wood and Fiber Science, 2007, 27(3): 296-300.

[13] 肖忠平. 超临界 CO_2 流体改善木材渗透性及夹带物物理表征的研究[D]. 南京林业大学博士学位论文, 2006.

[14] 肖忠平, 卢晓宁, 陆继圣. 超临界 CO_2 流体的夹带剂对木材渗透性的影响[J]. 福建林学院学报, 2009, 29(2): 178-182.

[15] 吕建雄, 鲍甫成, 姜笑梅, 等. 3 种不同处理方法对木材渗透性影响的研究[J]. 林业科学, 2000, 36(4): 67-76.

[16] Meyer R W. Effect of enzyme treatment on bordered-pit ultrastructure, permeability, and toughness of sapwood of three western conifers[J]. Wood Science, 1974, 6(3): 220-230.

[17] De Groot R C, Sachs I B. Permeability, enzyme activity, and pit membrane structure of stored southern pines[J]. Woodence, 1976, 9(2): 89-96.

[18] Militz H. Changes in the micro structure of spruce wood (*Picea abies* L. Karst) through treatment with enzyme preparations, alkali and oxalate[J]. Holzforschung & Holzverwertung, 1993, 45: 50-53.

[19] Dunleavy J A, Moroney J P, Rossell S E. The association of bacteria with the increased permeability of water-stored spruce wood[C]//British Wood Preserving Association Annual Convention Report. British Wood Preserving Association, 1973: 127-148.

[20] Johnson B R. Permeability changes induced in three western conifers by selective bacterial inoculation[J]. Wood and Fiber, 1979, 11(1): 10-21.

[21] 张耀丽, 蔡力平, 徐永吉. 毛果冷杉湿心材的闭塞纹孔及细菌对木材结构的降解[J]. 南京林业大学学报 (自然科学版), 2006, 30(1): 53-56.

[22] Pánek M, Reinprecht L, Mamoňová M. Trichoderma viride for improving spruce wood impregnability[J]. BioResources, 2013, 8(2): 1731-1746.

[23] Lehringer C, Richter K, Schwarze F W M R, et al. A review on promising approaches for liquid permeability improvement in softwoods[J]. Wood and Fiber Science, 2009, 41(4): 373-385.

[24] 常佳. 木材微波预处理与超声波辅助染色的研究[D]. 中国林业科学研究院博士学位论文, 2009.

[25] 李晓东. 微波超声波技术在阻燃剂浸渍处理木材中的应用[J]. 化工进展, 2005, 24(12): 1422-1425.

[26] 王喜明, 刘晓丽, 薛振华, 等. 预冻处理减少木材皱缩的研究[J]. 林业科学, 2003, 39(5): 96-99.

[27] 李永峰, 刘一星, 王逢瑚, 等. 木材渗透性的控制因素及改善措施[J]. 林业科学, 2011, 47(5): 131-139.

[28] Zhang Y, Cai L. Effects of steam explosion on wood appearance and structure of sub-alpine fir[J]. Wood Science and Technology, 2006, 40(5): 427-436.

[29] Zhang Y, Cai L. Mechanism for de-aspirating pits in subalpine fir by steam explosion prior to drying[J]. Drying Technology, 2009, 27(1): 84-88.

[30] 张耀丽. 毛果冷杉湿心材无损探测及其蒸汽爆破对木材性能的影响[D]. 南京林业大学博士学位论文, 2006.

[31] Campos E, Branquinho J, Carreira A S, et al. Designing polymeric microparticles for biomedical and industrial applications[J]. European Polymer Journal, 2013, 49(8): 2005-2021.

[32] 江进学, 李建章, 梅超群, 等. 木质材料阻燃改性研究进展[J]. 应用化工, 2009, 38(8): 1203-1206.

[33] 王清文. 木材阻燃剂技术进展[J]. 东北林业大学学报, 1999, 27(6): 85-90.

[34] 陈星艳, 向仕龙, 陶涛, 等. 木质材料阻燃处理方法的应用研究进展[J]. 林产工业, 2012, 39(5): 8-11.

[35] 罗文圣. 阻燃木质材料检测标准与产业发展探讨[J]. 中国人造板, 2012, (2): 28-32.

[36] 蒋明衡, 陈奶荣, 林巧佳. 木材防腐的研究进展[J]. 福建林业科技, 2013, (1): 207-213.

[37] 肖忠平, 卢晓宁. 木质复合功能材料的研制开发现状[J]. 林业科技开发, 2003, 17(2): 9-12.

[38] 卢克阳, 傅峰. 电磁屏蔽木基复合材料的研究现状和发展趋势[J]. 木材工业, 2007, 21(3): 1-3.

[39] 胡娜娜. 导电木炭粉的制备及应用研究[D]. 中国林业科学研究院博士学位论文, 2011.

[40] 袁全平. 木质电热复合材料的电热响应机理及性能研究[D]. 中国林业科学研究院博士学位论文, 2015.

[41] 袁全平, 梁善庆, 曾宇, 等. 内置电热层电采暖木竹地板技术现状[J]. 林产工业, 2015, 42(8):6-9.

[42] 王军锋, 黄海英, 彭立民, 等. 木质吸声材料的研究进展[J]. 木材加工机械, 2015, (4): 49-52.

[43] 刘美宏, 彭立民, 傅峰, 等. 木质阻尼复合结构隔声性能的研究现状[J]. 林产工业, 2016, 43(6):5-9.

[44] 宋博骐, 彭立民, 傅峰, 等. 木质材料隔声性能研究[J]. 木材工业, 2016, 30(3):33-37.

[45] 顾炼百. 木材改性技术发展现状及应用前景[J]. 木材工业, 2012, 26(3): 1-6.

[46] Esteves B, Pereira H. Wood modification by heat treatment: a review[J]. BioResources, 2008, 4(1): 370-404.

[47] Esteves B, Nunes L, Pereira H. Properties of furfurylated wood (*Pinus pinaster*)[J]. European Journal of Wood & Wood Products, 2011, 69(4): 521-525.

[48] Stamm A J, Baechler R H. Decay resistance and dimensional stability of five modified woods[J]. Forest Products Journal, 1960, 10(1): 22-26.

[49] Sudiyani Y, Takahashi M, Imamura Y, et al. Physical and biological properties of chemically modified wood before and after weathering[J]. Wood Research, 1999, 86: 1-6.

[50] Deka M, Saikia C N. Chemical modification of wood with thermosetting resin: effect on dimensional stability and strength property[J]. Bioresource Technology, 2000, 73(2): 179-181.

[51] Brischke C, Melcher E. Performance of wax-impregnated timber out of ground contact: results from long-term field testing[J]. Wood Science & Technology, 2015, 49(1): 189-204.

[52] 蒋汇川, 傅峰, 卢克阳. 温致变色木质材料的研究进展[J]. 木材工业, 2013, 27(4): 9-12.

[53] Abdul Khalil H P S, Bhat A H, Ireana Yusra A F. Green composites from sustainable cellulose nanofibrils: a review[J]. Carbohydrate Polymers, 2012, 87(2): 963-979.

[54] 刘志明. 纳米纤维素功能材料研究进展[J]. 功能材料信息, 2013, 10(5): 35-42.

[55] Feng L, Zheng J, Yang H, et al. Preparation and characterization of polyethylene glycol/active carbon composites as shape-stabilized phase change materials[J]. Solar Energy Materials and Solar Cells, 2011, 95(2): 644-650.

[56] 刘志明, 谢成, 王海英, 等. 微晶纤维素模板法制备纳米二氧化钛及表征[J]. 现代化工, 2012, 32(5): 82-85.

[57] 刘志明, 谢成, 王海英. 纳米纤维素/磁性纳米球的原位合成及表征[J]. 功能材料, 2012, 43(12): 1627-1631.

[58] 宋健, 陈磊, 李效军. 微胶囊化技术及应用[M]. 北京: 化学工业出版社, 2001.

[59] Bungenberg de Jong H. Coacervation and its meaning for biology[J]. Protoplasma, 1932, 15: 110-173.

[60] 郝红, 梁国正. 微胶囊技术及其应用[J]. 现代化工, 2002, 22(3): 60-62.

[61] 苏峻峰, 任丽, 王立新. 微胶囊技术及其最新研究进展[J]. 材料导报, 2003, 17(9): 141-144.

[62] 李莹, 靳烨, 黄少磊, 等. 微胶囊技术的应用及其常用壁材[J]. 农产品加工, 2008, (1): 65-68.

[63] 孟锐, 李晓刚, 周小毛, 等. 药物微胶囊壁材研究进展[J]. 高分子通报, 2012, (3): 28-37.

[64] 刘婷, 但卫华, 但年华, 等. 微胶囊的制备及其表征方法[J]. 材料导报, 2013, 27(11): 81-84.

[65] Bean K, Black C F, Govan N, et al. Preparation of aqueous core/silica shell microcapsules[J]. Journal of Colloid and Interface Science, 2012, 366(1): 16-22.

[66] Fujiwara M, Shiokawa K, Morigaki K, et al. Calcium carbonate microcapsules encapsulating biomacromolecules[J]. Chemical Engineering Journal, 2008, 137(1): 14-22.

[67] Long Y, Vincent B, York D, et al. Organic-inorganic double shell composite microcapsules [J]. Chemical Communications, 2010, 46(10): 1718-1720.

[68] Yu S, Wang X, Wu D. Microencapsulation of n-octadecane phase change material with calcium carbonate shell for enhancement of thermal conductivity and serving durability: synthesis, microstructure, and performance evaluation [J]. Applied Energy, 2014, 114(2): 632-643.

[69] Boer G B J D, Weerd C D, Thoenes D, et al. Laser diffraction spectrometry: fraunhofer diffraction versus Mie scattering[J]. Particle & Particle Systems Characterization, 1987, 4(1-4): 14-19.

[70] 倪卓, 杜学晓, 邢锋, 等. 表面活性剂对自修复环氧树脂微胶囊的影响[J]. 深圳大学学报(理工版), 2008, 25(4): 25-31.

[71] 吴焕泉, 阎素斋. 国内无碳复写纸概况[J]. 中国印刷与包装研究, 1998, (10): 3-5.

[72] 董翠华, 龙柱, 庞志强. 微胶囊技术及其在功能纸中的应用[J]. 中国造纸, 2008, 27(4): 53-56.

[73] 刘映尧, 陈港. 在微胶囊囊芯中加荧光防伪材料增强无碳复写纸防伪性能的探讨[J]. 造纸科学与技术, 2013, 32(3): 26-28.

[74] 曹晓瑶. 微胶囊技术在造纸及其相关领域的应用[J]. 中国造纸, 2014, 33(8): 62-65.

[75] 甄朝晖, 陈中豪, 林德森. 微胶囊制备技术及其在造纸工业中的应用[J]. 纸和造纸, 2006, 25(6): 73-76.

[76] Medeiros S F, Santos A M, Fessi H, et al. Stimuli-responsive magnetic particles for biomedical applications[J]. International Journal of Pharmaceutics, 2011, 403(1-2):139.

[77] Morris W, Steinhoff M C, Russell P K. Potential of polymer microencapsulation technology for vaccine innovation.[J]. Vaccine, 1994, 12(12): 5-11.

[78] 鲍鲁生. 食品工业中应用的微胶囊技术[J]. 食品科学, 1999, 20(9): 6-9.

[79] 叶琳, 肖作兵. 纳米微胶囊技术与纳米化妆品研究进展[J]. 香料香精化妆品, 2006, (4): 22-26.

[80] 张宏利. 微胶囊化妆品与脂质体化妆品[J]. 辽东学院学报(自然科学版), 2002, 9(1): 21- 22.

[81] 朱建康, 姬巧玲, 陈燚涛. 微胶囊技术及其在纺织领域中的应用进展[J]. 天津工业大学学报, 2012, 31(4): 44-49.

[82] 洪梅, 史宝军. 微胶囊技术在饲料添加剂方面应用的研究进展[J]. 饲料广角, 2016, (4): 37-40.

[83] 崔锦峰, 周应萍. 微胶囊技术在涂料中的应用[J]. 涂料工业, 2003, 33(11): 54-56.

[84] 李森, 程江, 文秀芳, 等. 聚合物包覆改性纳米二氧化钛的研究进展[J]. 日用化学工业, 2007, 37(2): 116-119.

[85] 刘辉, 叶红齐, 张赢超. 丙烯酸-苯乙烯原位共聚包覆颜料铝粉[J]. 中国粉体技术, 2007, 13(3): 18-20.

[86] Lelu S, Novat C, Graillat C, et al. Encapsulation of an organic phthalocyanine blue pigment into polystyrene latex particles using a miniemulsion polymerization process[J]. Polymer International, 2003, 52(4): 542-547.

[87] 谢建强, 梁国正, 袁莉, 等. 聚苯乙烯包覆环氧树脂微胶囊的研制[J]. 塑料工业, 2007, 35(3): 64-67.

[88] 李海燕. 脲醛树脂微胶囊表面改性及对环氧树脂的自修复性能研究[D]. 哈尔滨工业大学博士学位论文, 2010.

[89] 吴泽玲, 龙惟定. 相变储热微胶囊技术在建筑节能中的应用[J]. 建筑热能通风空调, 2006, 25(6): 20-23.

[90] Neubauer M P, Poehlmann M, Fery A. Microcapsule mechanics: From stability to function[J]. Advances in colloid and interface science, 2014, 207: 65-80.

第二章　微胶囊技术及其原理

微胶囊技术是将极少量的物质包覆在一层连续薄膜中的技术，可以说是一种包覆固体、液体、气体物质的微型包装技术。微胶囊的形成涉及界面科学、膜科学及高分子科学等多个学科领域的物理化学反应原理，因而是复杂的、多样性的变化过程。

从理论上来讲，一切可以分散为微小粒子的固体、液体或气体物质均可以作为微胶囊的芯材。实际应用中，用于微胶囊包覆的芯材主要为固体和液体。在微胶囊制备过程中，芯材物质的形态、亲疏水性、密度、熔点、稳定性和反应活性等对微胶囊工艺的选择具有重要的影响。微胶囊的最终形态主要取决于芯材物质，固体类芯材经包覆后形态基本保持不变，液体类芯材经乳化或机械分散后形成球状(或接近球状)微胶囊。

微胶囊形成的实质是通过物理或化学的作用，在稳定分散的芯材颗粒的表面形成一层均匀稳定壁材的过程。微胶囊的制备技术始于 20 世纪 30 年代，在 70 年代得到迅猛发展，一般依据其壁材形成机制及成壁条件可划分为物理法、化学法和物理化学法三大类。每种微胶囊化方法均有自己的特点，合成原理、反应设备和工艺条件变化很大，但其涉及的微胶囊形成过程基本都可分为芯材乳化(分散)、壁材生成及后处理三个阶段。其中成壁阶段是最为复杂的阶段，也是影响微胶囊产品性能的最重要阶段。本章分别介绍了微胶囊形成各个阶段的技术及原理。

第一节　芯材种类及特点

一、固体芯材

本章中的固体芯材是指在微胶囊合成过程中一直维持其原有固体形态的芯材。这类芯材物质在壁材的形成过程中可以提供稳定的包覆界面，其微胶囊包覆的难度相对较小。固体芯材的形态也基本决定了微胶囊产品的最终形态。固体芯材分散成微粒时很难形成规则的球状颗粒，因此制备的微胶囊一般呈不规则颗粒状，其壁厚的均匀性也较差。

固体芯材微胶囊化过程中，需要通过添加表面活性剂、控制工艺条件等来维持芯材颗粒之间的良好分散性，避免颗粒之间相互粘连。固体芯材密度通常大于其壁材溶液的密度，搅拌转速较低时会逐渐沉于溶液底部，因而需要保证一定的搅拌转速使芯材微粒较好地悬浮于壁材溶液中，为实现芯材微粒表面的良好包覆提供有利条件。

固体芯材物质表面的亲、疏水程度对于壁材的形成有着重要的影响。对于水溶性成壁物质，具有较高疏水性的芯材表面有利于壁材物质的沉积，进而形成致密、完整的壁材；对于油溶性壁材物质，具有较高亲水性的芯材表面将更有利于生成壁材。因此，包覆亲水性芯材物质时一般使用油溶性成壁物质，而包覆亲油性芯材物质时则常用水溶性成壁物质。

固体芯材微胶囊合成工艺示例：

聚磷酸铵微胶囊(原位聚合法)。将三聚氰胺、聚乙二醇和蒸馏水在 pH 为 4～5 条件下加热(90℃)反应 1.5h，再加入三聚氰胺和甲醛溶液在弱碱性条件下反应 1h，制得预聚体。将预聚体、蒸馏水和乙醇混合均匀，调节 pH 至 5.0，加入聚磷酸铵搅拌分散 10min，升温至 70℃反应 2h，抽滤、洗涤、干燥后得到微胶囊化聚磷酸铵产品。微胶囊化处理可以明显降低聚磷酸铵的吸湿性，改善其与高分子聚合物的相容性。

氯化钠微胶囊(油相分离法)[1]。将乙基纤维素、聚乙烯和环己烷混合，在恒温水浴中加热至 80℃回流，使乙基纤维素和聚乙烯完全溶解；向混合均匀的体系中加入经研磨的氯化钠，控制搅拌速率，继续搅拌回流 30min，使芯材的微细颗粒均匀分散；缓慢降温，使乙基纤维素的溶解度下降，逐渐在氯化钠表面凝聚析出，形成微胶囊；冷却至室温使微胶囊固化，过滤干燥后获得粉末状产品。微胶囊化的氯化钠表现出缓释特性。

玉米黄色素微胶囊(喷雾干燥法)[2]。配制阿拉伯胶和麦芽糊精的水溶液，分别加入玉米黄色素、单甘酯和蔗糖酯，混合均匀后，高压(30MPa)均质 10min；经喷雾干燥(进料量 5～30mL/min，进风温度 70～150℃)得到粉末状微胶囊产品。微胶囊化处理提高了玉米黄色素的稳定性和水溶性。

二、液体芯材

液体芯材是指微胶囊合成过程中呈液体状态的芯材物质。具体可以分成两类：一类熔点较低，在微胶囊包覆前就已经呈液体状态，如环己烷、水和植物精油等；另一类熔点较高，微胶囊合成过程中在加热的条件下熔化变成液态，如石蜡、正十六醇和正十六烷等。液体芯材物质既可以为单一化学物质，也可以是多种物质混合形成的溶液。某些熔点较高的物质通过溶解在溶剂中可以由固态芯材转变成液态芯材，如氢氧化钠水溶液、磷酸二氢铵水溶液及结晶紫内酯/十四醇/双酚 A 复配而成的可逆温致变色剂。

与固体芯材表现出的良好形态稳定性不同，液体芯材在微胶囊形成过程中具有流动性，导致微胶囊的形貌多种多样。合成液体芯材微胶囊时，壁材在芯材表面的沉积界面可能随着周围物理化学环境的变化而改变，因而其成壁过程更为复杂，合成难度也较大。因此，制备液体芯材微胶囊时，如何使芯材变为稳定、分散的微小液滴是关键技术之一。液体芯材微胶囊的理想形态为粒径均一的规则球形。

液体芯材物质的表面张力、亲疏水性、酸碱性和密度等特性是选用壁材物质及微胶囊合成工艺的重要依据。合成液体芯材微胶囊时，壁材物质不仅可以位于芯材周围，还能溶于芯材内部，这为微胶囊工艺的开发提供了更多的可能性。与固体芯材类似，油溶性液体芯材一般选用水溶性成壁物质，而水溶性液体芯材则常选用油溶性成壁物质。在某些特殊的工艺中(如复相乳液法)，可以实现水溶性(或油溶性)成壁物质包覆水溶性(或油溶性)芯材。液体芯材经包覆后转变为固体形态，而芯材的基本性质则保持不变，这为液体芯材物质的储存和应用提供了新的思路。

液体芯材微胶囊合成工艺示例：

原位聚合法制备百里香精油微胶囊[3]。将三聚氰胺、甲醛溶液和蒸馏水混合，调节 pH 至 8.8～9.0，在 70℃条件下反应 10min，制得预聚物溶液；将 7g 百里香精油加入 100mL 十二烷基硫酸钠溶液中，用均质机在 11 000r/min 转速下乳化 3min；将乳液加入预聚物溶液中，调节 pH 至 5.0～5.2，在 70℃条件下反应 2h，反应过程中逐渐加入 0.15%的聚乙烯醇溶液；反应结束后，将悬浮液过滤、洗涤、干燥，获得粉末状微胶囊产品。微胶囊包覆处理显著提高了百里香精油的稳定性，延长释放时间。

界面聚合法制备磷酸氢二铵微胶囊[4]。聚氧乙烯二油酸酯和失水山梨醇三油酸酯(Span 85)加入甲苯溶液得油相 1，二苯基甲烷二异氰酸酯、二月桂酸二丁基锡和油相 1 溶液混合制成油相 2，磷酸氢二铵的水溶液作为水相；将油相 1 和水相溶液混合，用均质机在 8000r/min 转速下乳化 5min；将油相 2 加入乳液中，700r/min 转速下搅拌 10min，形成初始壁材；将转速降低至 300r/min，在 63℃条件下反应 4h，过滤、洗涤、干燥后得到粉末状微胶囊产品。微胶囊包覆处理降低了磷酸氢二铵的水溶性，壁材与芯材协同构成了膨胀型阻燃体系。

水包油包水(W/O/W)相中相乳化法制备氯化钴微胶囊[5]。将戊二醛、聚氧乙烯脱水山梨醇单油酸酯(Tween 80)、盐酸加入氯化钴水溶液中，搅拌形成均匀内水相；将失水山梨醇单油酸酯(Span 80)溶于环己烷中，形成油相；将内水相滴加到油相中，搅拌 30min，形成稳定的 W_1/O 内乳液；再将 W_1/O 乳液分散到质量分数为 0.8%的聚乙烯醇水溶液中，形成稳定的 $W_1/O/W_2$ 混合乳液；搅拌反应 1h，抽滤、洗涤、干燥得到氯化钴可逆热敏示温微胶囊。微胶囊包覆处理提高了氯化钴的稳定性和耐久性。

三、气体芯材

用于微胶囊包覆的芯材主要为液体或固体，气体较少。气体形态不定且易于流动，对微胶囊技术提出了更高的要求。由于难以获得分散且稳定的微小气泡，气体芯材微胶囊通常为多核无定形结构。一般将气体以微小气泡的方式通入成壁物质中，在气体溢出之前形成稳定的壁材制得微胶囊。选用致密性优良的壁材方能使气体芯材长期留存于壳体内。食品中的跳跳糖便是以二氧化碳气体为芯材的一种多核无定形微胶囊，其制备工艺为，在热的糖浆中通入高压的二氧化碳气体形成细小的高压气泡，然后冷却使糖硬化。

在药物转运、物质储存及微反应器等方面具有很大应用潜力的中空微胶囊，是一类结构特殊的微胶囊。这类微胶囊的合成分为两个步骤：首先利用层层自组装等技术制备实心微胶囊；然后通过特定的处理手段除去芯材物质，得到中空结构的微胶囊。第一步中选择的芯材需要易于去除，如微交联的三聚氰胺-甲醛树脂(可在强酸条件下溶解)、线型聚二甲基硅氧烷(溶于四氢呋喃)；形成的壁材需要具有较好的渗透性，以利于去除芯材。中空微胶囊的壁材具有通透性，可以依据需求填充气体或液体物质。

发泡微胶囊是另外一类具有特殊结构的微胶囊，主要用于纺织物立体印花。其壁材为热塑性聚合物，芯材为低沸点烃类等物质。微胶囊合成后，在高于芯材沸点温度和壁材软化温度的条件下芯材物质沸腾汽化，在微胶囊内部产生较大的气压使软化的壁材膨胀；迅速冷却后，壁材重新硬化，微胶囊的体积可增大至原来的数十倍以上。发泡微胶囊合成的关键是选择适宜的壁材和芯材物质，使壁材软化温度、芯材沸点和发泡温度互相匹配，达到最佳发泡效果。

四、芯材与合成工艺的匹配性

微胶囊的制备方法有很多，壁材多种多样，因而对于某一特定芯材而言很可能有多种工艺可供选择，芯材与合成工艺的匹配性也就变得尤为重要。就微胶囊合成角度而言，我们需要选择操作便捷、可控性好、包覆效率高的合成工艺；从工业化生产角度考虑，我们应选择投资小、效率高、成本低的合成工艺。

芯材的特性是选用微胶囊合成工艺最基本的依据。依据芯材在微胶囊中的储存和释放状况可以将其用途分为三类：一类是芯材一直稳定存在于壁材内部，壁材发挥隔离保护芯材、掩盖芯材不良理化特性等作用，如相变微胶囊、可逆变色微胶囊；另一类是芯材在一段时间内稳定存在于壁材内部，但会在特定条件下迅速释放出来，如油墨微胶囊、阻燃微胶囊、自修复型微胶囊；最后一类是芯材物质缓慢、持续地从内部释放至外部环境中，发挥长效作用，如农药缓释微胶囊、香精微胶囊、防腐微胶囊。

第一类芯材需要选用结构致密的壁材，必要时可以进行双层或多层壁材包覆；若芯材在使用过程中可能受到外力、高温等的作用(如人造板热压过程)，还需要保证壁材具有较高的力学强度和热稳定性，避免壁材破坏而导致芯材溢出或暴露于外部环境中。第二类芯材所需的壁材性能比较特殊，一方面应有较好的强度，在储存阶段起到有效保护作用；另一方面在外力、热量或溶剂等激发因子的作用下，壁材会破裂释放出芯材。第三类芯材则要求壁材存在一定的孔隙结构或具有渗透性，以供芯材从内部扩散至外界；壁材孔隙率越高、渗透性越好、厚度越小，芯材释放速率越大。

芯材的应用场合也需要重点考虑。应用于医药、食品、化妆品等领域的微胶囊产品会进入人体内，因此其安全性是至关重要的，选用的壁材必须与人体有良好的相容性，其生产成本一般较高。纺织、造纸及建筑等领域应用的微胶囊一般不会进入人体内，其壁材的选择性更广，生产成本也相对较低。三聚氰胺-甲醛、尿素-甲醛等氨基类树脂是一类对于芯材适用性广、强度较高、价格较低的壁材，在木质材料领域具有较大的应用潜力。在这类微胶囊的合成过程中，必须严格控制壁材的游离甲醛释放量，避免影响人体健康。

芯材的稳定性对于合成工艺的选择有着重要的影响。某些具有生物活性的芯材物质，在温度较高的条件下易失去活性，因此要选用低温工艺条件。有的芯材对酸碱性敏感，需要选用在一定 pH 范围内进行的合成反应。有的芯材在空气中易于氧化、变质，则需选取具有氮气等惰性保护气体的合成工艺。对于易挥发的芯材，需要尽量选择反应温度较低、反应时间短的合成工艺，减少制备过程中芯材的损失。与固体芯材相比，液体芯材稳定性较差，需要选用强度较高的壁材。

总之，芯材物质的形态、物理化学性质、稳定性及用途等共同影响着合成工艺的选取。在满足产品质量要求的前提下，效率高且成本低的微胶囊技术具有更强的市场竞争力，而绿色环保、节能的微胶囊技术将是未来的发展方向。

五、原位聚合工艺对芯材的适用性

原位聚合法作为微胶囊最重要的制备方法之一，适用于合成多种高质量及具有特殊功能特性的微胶囊产品[6,7]，在木质材料领域应用前景广阔。微胶囊原位聚合法最常用的壁材为尿素-甲醛、三聚氰胺-甲醛等氨基树脂，广泛应用于阻燃剂、相变材料、油性颜料和自修复材料等领域，表现出包覆工艺简单、微胶囊力学性能优良及生产成本较低等优势[8]。与尿素-甲醛树脂相比，三聚氰胺-甲醛树脂力学性能和耐水耐热性较优[9,10]，但成本偏高。而三聚氰胺-尿素-甲醛树脂则可以兼顾性能和成本，具有较好的工业化应用前景。

三聚氰胺-尿素-甲醛树脂理论上可以包覆所有非水溶性的液体和固体，适用于包覆多种功能试剂。不同芯材物质其物理化学性质存在差异，可能会影响壁材物质在芯/壁材界面的吸附和沉积。微胶囊的研究和开发中往往只针对某一种芯材优选工艺。而开发出可以同时包覆多种功能试剂的原位聚合工艺，对于功能微胶囊的生产和应用具有重要意义。

下面介绍以三聚氰胺-尿素-甲醛树脂为壁材，适用于包覆多种不同类型芯材的原位聚合工艺技术。选用聚磷酸铵(代表固体芯材)、可逆温致变色复配物(代表极性液体芯材)及相变石蜡(代表非极性液体芯材)三类功能试剂作为芯材。复配型可逆温致变色剂、相变石蜡是开发变色、储能新型木质功能材料的重要功能单元。然而，复配型变色剂和相变石蜡在发挥功能效应时，均会发生固-液相转变，直接应用时易于流动、稳定性较差。利用微胶囊技术在变色剂和相变石蜡表面形成一层致密的保护膜，是提高其稳定性的有效途径之一[10,11]。聚磷酸铵常用于人造板的阻燃处理，但也存在具有一定水溶性、与胶黏剂相容性差等缺点。微胶囊包覆处理可以有效降低聚磷酸铵的水溶性，改善其与树脂基材的相容性，减少其对人造板物理力学性能的不利影响[12]。

具体合成工艺及微胶囊形貌如下所述。

(一)变色微胶囊

变色复配物的制备：将结晶紫内酯、双酚 A 和十四醇以质量比 1∶4∶70 加入三口烧瓶，逐渐升温至 90℃，300r/min 搅拌条件下保温反应 1h，降温至 50℃备用。

烧杯中加入 5.25g 变色复配物、10.00g 苯乙烯-马来酸酐溶液、40.00g 三聚氰胺-尿素-甲醛预聚物(质量分数 10.0%)，50℃水浴恒温，用高速分散机乳化 20min。将乳液转移至三口烧瓶中，加入 5.00g 邻苯二甲酸氢钾溶液(质量分数 12.5%)。50℃条件下保温反应 30min 后，升温至 80℃继续反应 2h，制得微胶囊悬浮液。将悬浮液用 300mL 蒸馏水稀释置于烧杯中，自然沉降 12h 后，过滤收集上层微胶囊产品。

合成的变色微胶囊形貌如图 2-1 所示。从图中可以看出，变色微胶囊呈规则的球形，表面平整，粒径分布较为均匀。经 SPOT 测量软件统计计算，微胶囊平均粒径为 20.58μm±3.54μm。

图 2-1　变色微胶囊的光学显微形貌和扫描电镜微观形貌

（二）阻燃微胶囊

在三口烧瓶中加入 15.00g 聚磷酸铵、10.00g 苯乙烯-马来酸酐溶液、40.00g 三聚氰胺-尿素-甲醛预聚物，50℃水浴恒温，在 500r/min 的搅拌速率下分散 20min。加入 5.00g 邻苯二甲酸氢钾溶液，50℃保温 30min 后，升温至 80℃继续反应 2h，制得微胶囊悬浮液。将悬浮液用 300mL 蒸馏水稀释置于烧杯中，自然沉降 12h 后，过滤收集下层微胶囊产品。

聚磷酸铵微胶囊的表面微观形貌如图 2-2 所示。从图中可以看出，聚磷酸铵表面光滑，而经微胶囊包覆处理后的试样表面形成了一层较为粗糙的树脂层。此外，在光学显微镜下观察发现，微胶囊包覆处理试样未出现明显团聚现象、分散性好。

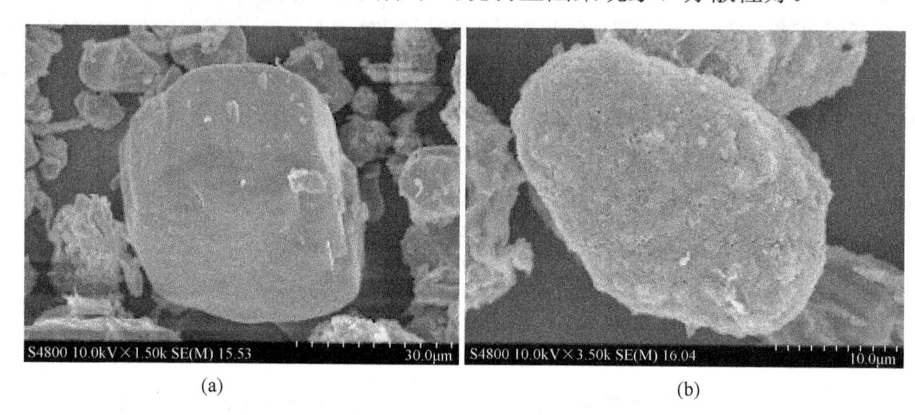

图 2-2　聚磷酸铵(a)和聚磷酸铵微胶囊(b)的微观形貌

（三）相变微胶囊

烧杯中加入 5.63g 相变石蜡、10.00g 苯乙烯-马来酸酐溶液、40.00g 三聚氰胺-尿素-甲醛预聚物，50℃水浴恒温，用高速分散机乳化 20min。将乳液转移至三口烧瓶中，加入 5.00g 邻苯二甲酸氢钾溶液。50℃条件下保温反应 30min 后，升温至 80℃继续反应 2h，制得微胶囊悬浮液。将悬浮液用 300mL 蒸馏水稀释置于烧杯中，自然沉降 12h 后，过滤收集下层微胶囊产品。

相变微胶囊的形貌如图 2-3 所示。与极性的复配变色剂相比，非极性的相变石蜡更

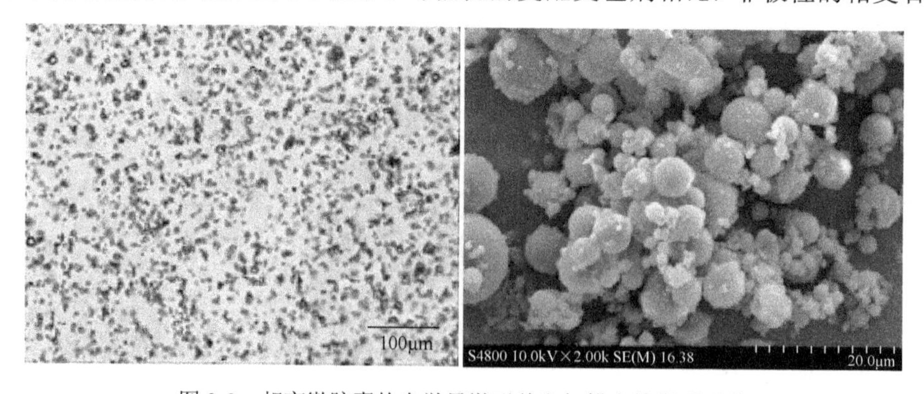

图 2-3　相变微胶囊的光学显微形貌和扫描电镜微观形貌

易于乳化，因而在相同乳化条件下相变微胶囊的平均粒径仅为 2.94μm±1.07μm，远小于变色微胶囊的粒径。从扫描电镜图片中可以看出，微胶囊呈较规则的球形。由于粒径较小，干燥后部分微胶囊之间出现粘连现象[13]。

第二节　乳化分散原理

一、固体芯材分散

（一）分散体系的形成原理

固体芯材在成壁物质中形成良好的分散体系是制备高质量微胶囊的重要前提。首先需要将固体芯材分割成微粒，一般采用粉碎、研磨的方式，依据研磨过程中是否添加液体介质分为干磨法和湿磨法两类。干磨法制得的粒子最小尺寸约为 10μm。湿磨法可以制备粒径更小的微粒，还能批量化生产浓胶体产品，应用更为广泛。湿磨法形成分散体系的过程可分为三个阶段：润湿粉末，粒子的粉碎和分散，粒子的稳定[14]。这三个阶段并不是完全独立的，往往存在相互重叠。

1. 润湿粉末

在利用粉末制备分散体系时，必须使粉末完全润湿才能达到理想的分散效果。将粉末直接加入液体中很难实现完全润湿，往往需要加入合适的分散剂。好的分散剂要有快速达到平衡的能力，在低浓度时发生完全润湿（接触角 θ=0°），而不会明显降低表面张力（γ_L）。另外，如果分散剂可以吸附在粒子表面，可以进一步使 γ_L 降低、θ 减小，润湿效果更佳。

分散剂的浓度通常依据临界胶束浓度（critical micelle concentration，CMC）范围而定。常用分散剂十二烷基硫酸钠的 CMC 约为 0.2%。二萘甲烷二磺酸钠（β-萘磺酸和甲醛的缩合物）是一种非常理想的分散剂。其相对分子质量与聚合程度相关，在 500～2000 变动。二萘甲烷二磺酸钠属于高分子电解质，仅能略微降低水的表面张力，但其可以吸附在各种各样的固体表面而表现出良好的分散能力。一般而言，高分子电解质可以使团聚粉末得到良好润湿。

2. 粒子的粉碎和分散

物质在研磨过程中，最终会达到一种平衡，即研磨产生的细粒由于表面能的增加而聚集在一起形成团块或絮凝物（图 2-4）。因此，研磨过程中一般需要加入抗絮凝剂（或分散剂），以防止形成的粒子或碎片重新团聚或絮凝。高分子量的抗絮凝剂（如木质素磺酸盐）可同时起分散剂的作用。研磨时，需要注意区分结晶材料和成团材料。结晶材料通常难于研磨成粉，需要添加聚丙烯酸酯、丙烯酰胺或聚苯乙烯磺酸盐等助磨料。成团材料容易研磨成粉，研磨过程实质上是成团粒子分离的过程。

抗絮凝剂一般是带电荷的表面活性剂，吸附在粒子上，引起粒子之间的相互排斥作用。抗絮凝剂和粒子需要带同种电荷，在静电作用下实现粒子的分散。典型的抗絮凝剂分为阴离子型（如十二烷基苯磺酸钠、异丙基萘磺酸盐和琥珀酸二戊酯磺酸盐）和阳离子型(如十二烷基三甲基氯化铵、十六烷基三甲基氯化铵)两大类。研磨过程中，新形成的粒子会立即重新团聚。因此，抗絮凝剂的浓度必须大于覆盖粒子新鲜表面所需浓度，以保证形成的新表面能迅速得到充足的抗絮凝剂，有效防止粒子的重新团聚。抗絮凝剂的添加浓度一般为粒子质量的10%～20%。

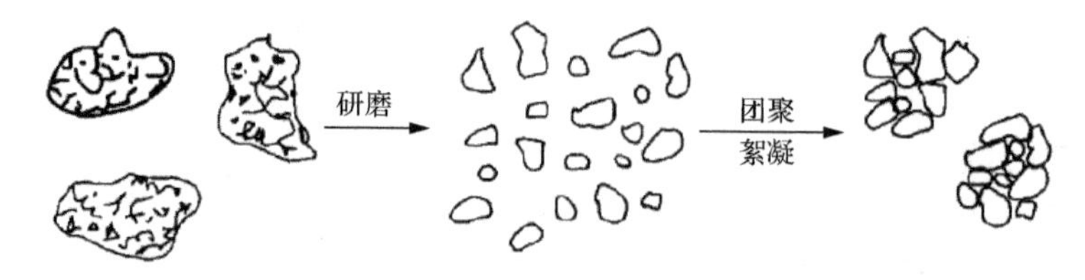

图 2-4　研磨平衡[14]

湿磨法的粉碎机制如图 2-5 所示，包括挤压和剪切碰撞、冲击及液体中的剪切。黏性介质中的剪切力一般足以将团块打碎(如在熔融聚合物中的颜料)，介质的黏度会影响挤压粉碎的效果。

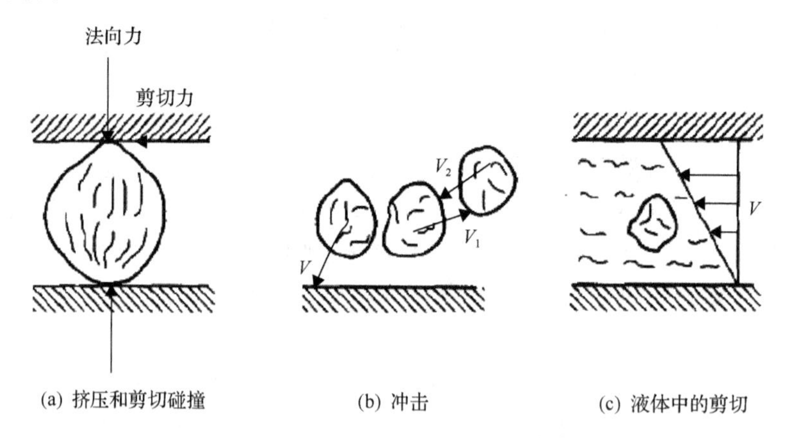

图 2-5　湿磨法粉碎机制示意图[15]

在切变流体中，粒子的分割与释放的能量成正比。该能量可由切变应力(τ)和切变速率(D)的乘积得到，见图 2-6。由黏度(η)的定义[公式(2-1)]可推出一个重要方程[公式(2-2)]。能量释放速率(E)为单位时间(s)、单位体积(m^3)中释放的能量，或单位体积中的功率。对于指定的切变速率(与机器的转速及其设计有关)，可以通过增加黏度改善粉碎效果，如挤压机和辊式破碎机。此类设备在高黏度下分散效果最佳。对于转速变化范围很大的机械(如球磨机)，即使在低黏度下也可以通过增大转速实现有效的粉碎。

$$\eta = \tau/D \tag{2-1}$$

式中，η 为黏度，$(N\cdot s)/m^2$；τ 为切变应力，N/m^2；D 为切变速率，1/s。

$$E = \tau \times D = \eta \times D^2 \tag{2-2}$$

式中，E 为能量释放速率，W/m^3；τ 为切变应力，N/m^2；D 为切变速率，1/s；η 为黏度，$(N\cdot s)/m^2$。

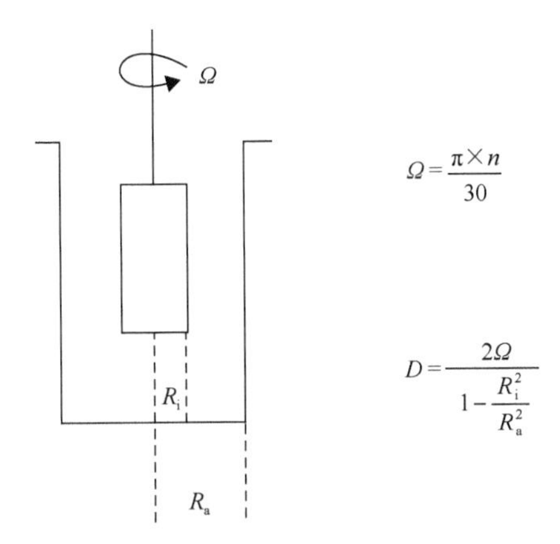

图 2-6　研磨过程中的能量转换[14]

Ω. 角速度，1/s；n. 转速，r/min；D. 切变速率，1/s

湿磨法研磨中，随着分割固体的能量增加，粉末细度不一定成比例减小。因为在粉碎过程中，绝大部分的机械能会由于摩擦而转变成热能。尽管如此，湿磨法仍是制备分散体系最有效的方法。利用干磨法制备最小分散粒子(鼓风喷射式磨粉机，粒子粒径约10μm)的成本大约是湿磨法的 2 倍。

研磨效果主要取决于研磨过程的持续时间及搅拌机的转速。研磨时需要定期监测粒子的粒径分布状态，以便于及时调整研磨工艺。研磨过程中，摩擦生热会导致物料温度升高，升温过程取决于被研磨材料的种类。温度的升高会导致物料黏度发生变化，尤其在涂料产品中特别明显。

3. 粒子的稳定

“稳定分散体系”是指体系中颗粒的数量和尺寸均不随时间变化发生改变的分散体系。在静置条件下，悬浮液中的微粒会逐渐聚集、沉降。在微胶囊合成过程中，通过机械搅拌及分散剂的作用，可以有效防止黏性介质中的颗粒出现团聚、沉降，从而获得稳定分散体系。从理论上而言，可以通过三种途径获得稳定分散体系：基于 DLVO(Derjaguin-Landau-Verwey-Overbeek)理论的静电排斥作用，基于 HVO(Hesselink-Vrij-Overbeek)理论的空间排斥作用，以及静电和空间排斥的混合作用。

适用于稳定分散体系的分散剂种类很多，主要分为天然高分子聚合物(如阿拉伯树胶)、半合成高分子聚合物(如纤维素醚)及合成高分子聚合物(如聚乙二醇、聚苯乙烯磺酸盐)三大类。生产实际中主要依据颗粒种类、颗粒荷电情况及液体介质种类来筛选分散剂。

颗粒表面的电荷对于其分散是非常有利的。对于自身不带电荷的非极性固体而言，通常也会由于接触极性介质(如水)发生电离或吸附作用而带有表面电荷。电离作用会受到悬浮液 pH 的影响。例如，蛋白质分子同时带有羧基和氨基，在 pH 较低时带正电，而在 pH 较高时带负电。对于吸附作用而言，吸附在界面上的多电荷离子或表面活性离子决定了界面的电荷。因此，为了判断某种分散剂适用于何种分散体系，我们需要测定颗粒表面电荷，一般使用电势(ζ)进行定量评价。利用电动效应(如电泳、电渗、流动电势和沉降电势)可测定出电势(ζ)，其中显微电泳最为常用。

分散剂吸附在固体颗粒表面时，往往具有更好的分散效果。图 2-7 所示为分散剂在固体颗粒表面的吸附机理。表面吸附有分散剂的颗粒之间会形成防止相互吸引的势垒。短链分散剂所产生的势垒一般不足以有效地保持分散体系的长期稳定。为了实现带电粒子的稳定分散，需要存在可以产生空间排斥作用的保护层(如碳氢链层)。因此，较好的分散剂是带有电荷和各种憎水基的表面活性剂，如高分子电解质。憎水基会优先吸附在水悬浮液中的固体表面。在有机介质的分散体系中，存在特殊情况，将在后面进行讨论。

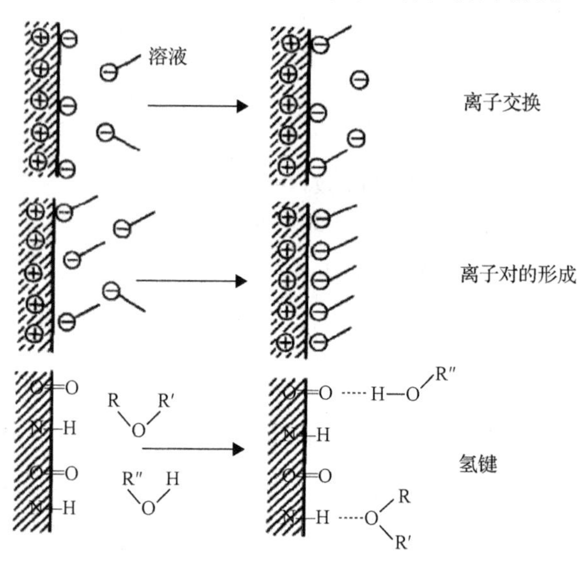

图 2-7　表面活性剂在固体表面的吸附机理[16]

(1) 水介质悬浮液的稳定

对于水介质中的分散体系而言，一般利用离子型表面活性剂形成静电势垒，从而防止絮凝现象产生。表面活性剂同时包含极性和非极性基团，其中极性基团指向水相中，而非极性基团则吸附于不带电粒子表面。因此，分散体系中的所有粒子均带有同种电荷，在静电作用下相互排斥。同时，非极性基团在粒子表面的吸附作用会降低界面张力。一般而言，表面活性剂的分子链越长，其吸附作用越强烈，分散效果越好。

常见的表面活性剂一般不适用于稳定带电粒子。如果粒子和表面活性剂带有相反的电荷，则发生絮凝。此时粒子表面电荷被中和，在其表面上又吸附了第二层表面活性剂。但这是无效的稳定作用，因为吸附的第二层表面活性剂很容易脱除。如果粒子和表面活性剂带有同种电荷，那么表面活性剂的极性端在粒子表面的吸附会受到静电斥力的阻碍，只有当表面活性剂浓度较高时才可能发挥稳定粒子的作用。因此，对水介质中极性和非极性固体粒子而言，有较好稳定作用的离子型分散剂应具备以下的典型结构：分散剂含多个离子基(多电荷)，离子基分布于整个分子上，且憎水基中含有可极化的结构(如芳香环)及代替碳氢链的醚基。可极化的憎水基能更好地吸附于带电粒子上，定向排列朝向粒子表面。具体而言，离子基可以发挥以下三个方面的作用[17]。

第一，离子基可以阻止分散剂以憎水基朝向水相的方式吸附，避免引起絮凝。多个离子基中，有一个带有和粒子表面电荷相反的电荷，而其他离子基定向排列朝向水相，使分散剂不能以憎水基定向排列朝向水相的方式吸附。

第二，多个离子基的存在加强了静电势垒的排斥作用。每个分散剂分子中带有同种电荷的离子基越多，吸附在带相同电荷粒子表面上的每个分子的静电势垒越大，分散粒子之间的排斥力也越大。

第三，在不增加体系自由能的前提下，离子基允许分散剂分子伸展至水相中，形成一个絮凝的空间势垒。憎水基和水溶液介质的接触程度增大，自由能增加，可以补偿因亲水离子基水合作用而减少的自由能。

常用的含有多离子基和芳香憎水基的分散剂是β-磺酸萘和甲醛的缩合物、木质素磺酸盐、马来酸酐及用碱中和的丙烯酸共聚物。

除静电势垒的作用以外，水介质中的粒子还能在空间稳定作用下实现分散稳定。分散剂可以选用离子型或非离子型表面活性剂。表面活性剂的非极性基团吸附在粒子表面，而极性基团伸入水相产生空间势垒，阻止粒子之间的紧密接触，防止絮凝现象产生。长链型表面活性剂的分散效果往往优于短链型表面活性剂。例如，聚氧乙烯型的非离子型表面活性剂是一种多用途的优良分散剂。具有高水合性的聚氧乙烯分子链像线团一样伸展在水相中，可以形成有效防止絮凝的空间势垒，且能降低粒子之间的范德华力。环氧丙烷和环氧乙烷的嵌段共聚物也是适用于水溶液介质的高效非离子型分散剂。

保护胶体是最早用于水溶液体系的分散剂，是具有亲水性的天然高分子聚合物，如阿拉伯树胶、褐藻酸、酪蛋白、卵磷脂和明胶。保护胶体对粒子的稳定化作用属于空间稳定作用。另外，可在水介质悬浮液中发挥空间稳定作用的合成高分子聚合物包括聚乙烯醇、聚乙烯吡咯烷酮、聚丙烯酰胺、聚(苯乙烯-氧乙烯)和聚(乙烯醇-乙酸乙烯酯)等。

(2) 非水介质悬浮液的稳定

静电排斥在非水介质中可以起到稳定悬浮液的作用。当非水介质分散体系的介电常数较低时，在悬浮粒子和介质的界面处会形成厚度约为200nm的扩散双电层。即使在非离子型溶剂中，由于表面基团的离解及离子型表面活性剂的吸附，也可能使悬浮粒子表面携带电荷。石油带静电时会有爆炸的危险，是非水介质体系中存在电荷的典型例证。在油相中加入酸性或碱性分散剂时能产生高电势(ζ)。粒子表面的酸碱性是决定静电排斥是否对稳定作用有贡献的一个重要因素。

如果静电作用产生的势垒不足以防止非极性介质中分散体系的絮凝，则还可通过空间位阻来达到分散粒子的目的，即形成一种合适的高分子吸附层。对于空间排斥作用而言，粒子间距较小时电势具有快速升高的特性(图2-8)。从图中可以看出，对于一个空间稳定的分散体系而言，无论有双电层还是无双电层，电势都不太可能下降至第一极小点深度。空间排斥和静电排斥的混合作用为有机介质分散体系的稳定提供了更多可能性。

在有机介质的分散体系中，粒子大小对体系的稳定有显著的影响，这与水介质体系的情形不同。在水介质中接近絮凝点时，静电力的作用范围相对粒子尺寸逐渐变小，因而决定性的力和能量将在两个粒子最靠近的区域开始起作用，平均粒子大小仅发挥次要作用。在非极性介质中，可以认为静电排斥作用遍布于一个巨大的空间内。当粒子间距

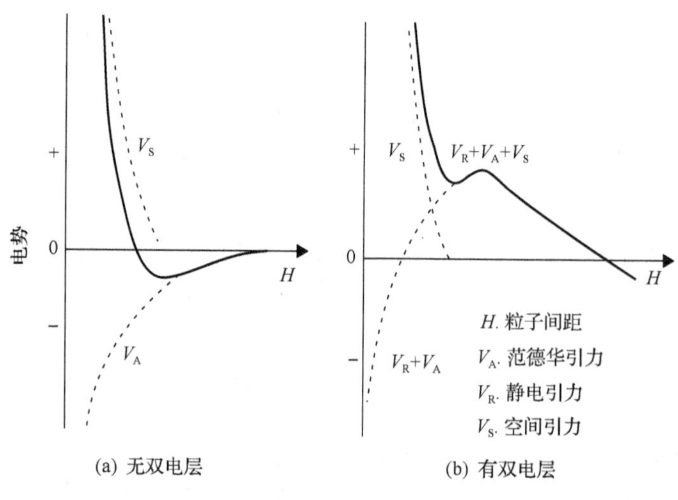

图 2-8　球形粒子空间稳定的电势曲线[18]

较小时，空间排斥作用急剧增大。静电排斥力大致与粒子所带电荷的平方成正比。表面电势恒定时，静电排斥力随粒子尺寸减小而变小，因此对于小粒子而言一般不足以克服范德华力。空间排斥作用维持粒子之间分开的距离有限，而范德华力会随粒子尺寸的增大而增加。当分散体系中的粒子为微米级的粗粒子时，静电排斥作用对分散稳定性的贡献大于空间排斥作用；当粒子粒径小至亚微米级时，空间排斥作用比静电排斥作用更有效。

用于非极性介质的分散剂一般仅对某一特定体系有效，鲜有适用于分散稳定多种不同类型固体的普适性分散剂。而对于水介质体系而言，木质素磺酸盐或亚甲基二萘磺酸盐可作为普适性分散剂。此外，许多非水介质(如涂料、乳胶和打印机油墨)自身具有分散剂的特性。总体而言，非水介质体系中使用的高效分散剂应能牢固地吸附在粒子表面上，且易溶于溶剂中。为此，分散剂必须带有能吸附在固体上的“锚式基团”及环式(或拖尾式)的溶剂化基团。溶剂化基团需要产生足够厚的膜，以防止粒子间的相互吸引。有机介质分散体系使用的分散剂包括各种各样的表面活性剂和高聚物，可依据固体芯材的特性进行选择。当需要分散剂具有较为广泛的适用性时，可考虑使用经烷基改性的聚乙烯吡咯烷酮、环氧乙烷和环氧丙烷的嵌段共聚物等。

（二）分散方法简介

1. 球磨法

球磨法是科学研究和实际生产中最为常用的固体研磨分散方法。球磨法的主要原理是利用筒体转动产生的离心力，以钢制(或玛瑙)圆球为研磨体对物料进行重击和研磨。利用球磨法可以制备出粒子尺寸达亚微米级的分散体系，而粒子的最终细度取决于物料悬浮液特性和研磨工艺参数。研磨过程中通常需要添加研磨助剂来提高分散效果。在未添加研磨助剂的条件下，结晶材料难以被粉碎分散为粒径小于 0.5μm 的粒子。研磨时添加剂在粒子的表面形成薄薄的包覆层，避免粉碎过但仍然成团的晶体颗粒出现聚集。有机颜料常用的研磨添加剂为四氢松香酸，研磨时的添加量必须充足。用量不足时，则无论研磨多久，颜料粒子也不会变得很细。

2. 高压均化作用法

高压均化作用法是将悬浮液用活塞压缩至 5～70MPa 后，通过均化器阀使其快速膨胀，在空化、湍流、扭力和切变力等作用下产生巨大的粉碎力而达到优良的分散效果。高压均化作用法通常不能粉碎单个晶体，但能粉碎坚硬的团块和聚集体。使用过程中喷嘴的磨损严重，因此一般选用坚硬材料（如碳化钨）制造喷嘴。在工业上利用 Manton-Gaulin 高压匀浆器，可生产出大量的精细分散体系（粒径约 1μm）。该设备在低压下还可用于制备乳状液。

3. 超声波分散法

超声波分散法是利用超声波在液体中产生的空化效应进行粒子分散的方法。超声波使用的频率一般大于 20kHz，其来源为声谱显示仪、超声哨等机械声发生器。此类设备主要在较低频率范围内起作用。当使用压电声源和磁致伸缩声源时，则可以达到 200kHz 及更高的频率。超声波分散法对静置悬浮液的处理效果有限，而对于循环流动的悬浮液则能实现大规模的均匀分散。超声波的粉碎效果主要取决于其频率，实际应用中可以通过调节频率满足不同的分散需求。

4. 辊式破碎机和分散捏合机

利用辊式破碎机和分散捏合机可以将高黏度混合物规模化加工成精细分散体系。此类设备在印刷油墨的生产及聚合物的分散中是最常用的设备。其生产出的产品不会出现太大的颗粒，也不会发生喷丝头阻塞的问题。分散捏合机具有搅拌均匀、无死角、捏合效率高等优点。

二、液体芯材乳化

（一）乳状液的形成机理

1. 乳化过程的能量转换

乳化是指两种原本互不相溶的液体相互分散于另一方中而成为均匀混合状态的过程，形成的混合液体称为乳状液或乳液。乳状液通常不会由两种混合液体自发形成，而是需要借助乳化剂的作用。假定芯材为油相，成壁物质为水相，乳化过程中油相在水相中分散形成微小油滴。再假定油滴和油相具有相同的界面张力（γ_{12}），则可以利用公式（2-3）来计算乳状液形成所需能量（ΔG）[19]：

$$\Delta G = \Delta A \gamma_{12} - T\Delta S \tag{2-3}$$

式中，G 为吉布斯自由能，J/mol；A 为表面积，m^2；γ_{12} 为界面张力，N/m；T 为热力学温度，K；S 为熵，J/K。

公式（2-3）中“$\Delta A\gamma_{12}$”代表界面扩大所需能量。ΔA 为界面区的扩增量，γ_{12} 在未添加乳化剂时为 30～500mN/m。为了降低乳液形成时所需的能量，γ_{12} 至少需要减小一个数量级，可通过在油水界面吸附乳化剂来实现。式中“$-T\Delta S$”代表立体构型熵，来源于乳液中大量液滴产生的可能的立体构型增长。该项为负，实质上有利于乳液形成。然而 $\Delta A\gamma_{12}$ 通常大于 $T\Delta S$，使 ΔG 为正。这表明乳液的形成并非自发的，必须借助一种能量屏障来防止破乳。

乳状液的形成实质上可设想为在分散液滴表面形成连续相膜的过程。表面活性剂不存在时，连续相膜不稳定，在重力作用下乳滴由于排液完全而很快破裂；表面活性剂吸附于界面时，产生张力梯度，从而使连续相膜稳定存在一段时间。在实际乳化过程中，有很大部分能量需要用于克服形成高度弯曲面时产生的拉普拉斯压力，因此所耗费的能量往往会比 $\Delta A\gamma_{12}$ 高出几个数量级。可见，乳化过程中的能量转换效率很低，一般需借助超声波、均质机和静电混合器等特殊方法来制备乳滴粒径很小的分散体系。

2. 乳状液的类型

乳化分散过程中，被分散的液体芯材称为分散相，芯材周围的成壁物质称为连续相。分散相为油性液体时，乳化后一般形成水包油(O/W)型乳液；分散相为水性液体时，乳化后一般形成油包水(W/O)型乳液。一堆等径圆球做最紧密堆积时，圆球占总体积的74%；余下26%的体积相当于乳状液的连续相(图2-9)。根据F. W. Ostwald理论，当分散相体积分数大于74%时，混合体系中芯材液滴会堆积过密而发生变形或破坏，不能形成乳液。对于特定的分散体系，分散相体积分数为26%～74%时，可乳化形成水包油型或油包水型乳状液。分散相体积分数小于26%或大于74%时，在芯材液滴大小均一条件下仅能形成一种类型的乳状液；如果芯材液滴大小不均，小液滴则可填充于大液滴之间，最终形成的乳状液中分散相体积分数可能远大于74%(图2-9)。此外，如果液滴可以发生变形，那么乳液中分散相可以占据更大的体积分数。

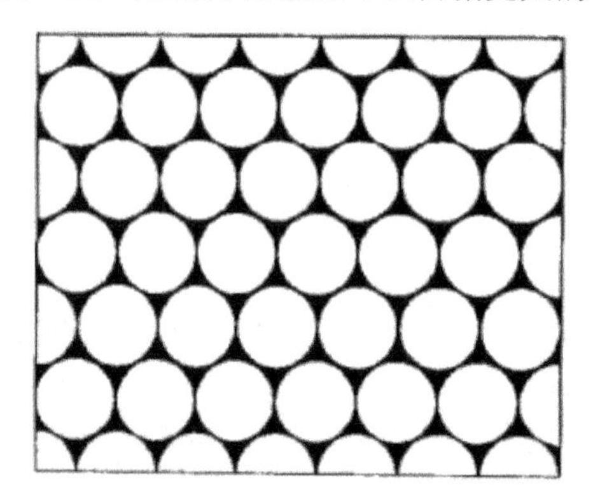

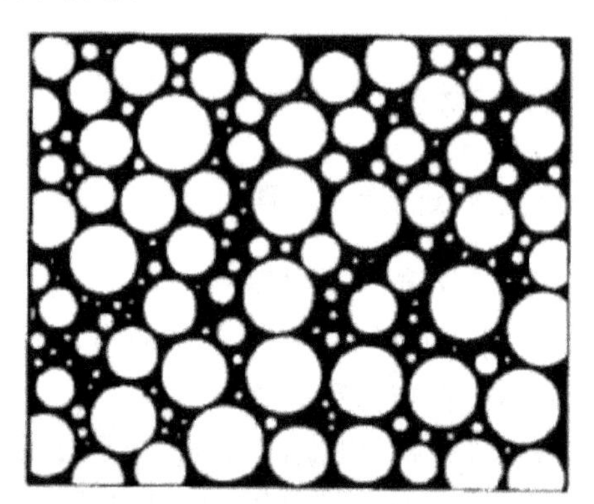

图2-9　圆球占总体积74%(左图)和占总体积>74%(右图)的堆积示意图[20]

3. 乳状液的黏度

如果乳状液的内相所占体积小于总体积的30%，那么单个液滴之间很少相互干涉。乳状液的黏度(η)与分散相体积分数的关系可近似地用Einstein公式表示，见公式(2-4)。在该条件下制备高黏度乳状液时，需要选择高黏度的连续相。此外，可以将增稠剂溶解于连续相中，依据需求改变黏度，这对于应用于化妆品的乳状液特别重要。

$$\eta = \eta_0(1+2.5\varphi) \tag{2-4}$$

式中，η 为乳状液的黏度，Pa·s；η_0 为连续相的黏度，Pa·s；φ 为分散相的体积分数。

当分散相所占体积 φ 超过 30%时，液滴彼此间开始相互影响，随着 φ 值的增加，黏度逐渐增大。φ 值增加至约 50%时，黏度开始快速增加，并伴随非牛顿流体行为。在 φ 值约为 68%时，加入球形乳化剂才能制备出稳定的乳状液。该体积分数为一个转化点。当分散相体积分数继续增加时，液滴要么呈现一种更紧密的堆积方式(如蜂窝状)，要么变平。

(二)乳化剂和乳化助剂

1. 乳化剂的作用及种类

用作乳化剂的表面活性剂通常具有下述特点[14]：同时具有亲水基和憎水基，表面活性高，可有效降低界面表面张力；可以吸附在界面上单独(或连同其他吸附分子)形成一层压缩的界面膜；在乳状液形成时能迅速迁移至油水界面，使界面张力下降至较低的值。亲水性的乳化剂通常易于形成水包油型乳状液，而亲油性的乳化剂则易于形成油包水型乳状液。对于水包油型分散体系而言，分散相的极性较大时应选用亲水性较强的乳化剂，反之亦然。由亲水性表面活性剂和亲油性表面活性剂复配而成的混合乳化剂，其所得乳状液的稳定性优于单一组分的乳化剂。

乳化过程中，乳化剂分子定向排列于两相边界，憎水基伸入油相中，而亲水基伸入水相中。虽然降低界面张力对乳化分散过程(尤其是低界面张力下的自发乳化过程)是非常重要的，但它并非是影响乳状液稳定性的决定性因素。目前已发现的最为有效的乳化剂，在界面膜上仅占很小的空间。乳化剂在两相界面的吸附量可用 Gibbs 方程计算[公式(2-5)]：

$$\Gamma = -c/(RT) \times (\mathrm{d}\gamma/\mathrm{d}c) \tag{2-5}$$

式中，Γ 为乳化剂的吸附量，mol/m^2；c 为乳化剂的浓度，mol/L；R 为热力学常数，8.314J/(mol·K)；T 为热力学温度，K；γ 为表面张力，N/m。

如前所述，乳化剂在乳液制备和稳定中发挥着非常重要的作用。归纳起来，乳化剂主要发挥以下作用：①降低界面张力，显著降低制备乳液时所需能量，提高乳液的稳定性；②乳化剂的亲水-亲油平衡值(hydrophile lipophilic balance，HLB 值)是乳状液类型的根本决定性因素；③乳化剂溶于连续相时会产生界面张力梯度，进而产生 Gibbs-Marangoni 效应，赋予乳状液良好的分散稳定性；④离子型乳化剂可以使芯材液滴荷电在界面形成双电层而产生静电排斥效应，而非离子型乳化剂在界面形成的吸附膜可产生位阻排斥效应，静电和位阻排斥效应将有效防止乳状液发生絮凝或聚结；⑤增加界面黏度，形成液晶相和刚性界面膜，提高乳状液的稳定性；⑥部分混合型乳化剂体系还可用于调节乳状液的稠度，即自稠化作用。

依据乳化剂在溶剂中的解离及荷电情况，可将其分为阴离子型、阳离子型及非离子型三大类。阴离子型乳化剂主要有烷基硫酸钠、烷基磺酸钠、肥皂、二甲苯磺酸钠、萘磺酸钠、琥珀酸酯磺酸钠和天然磺化油等。阳离子型乳化剂包括十二烷基吡啶盐酸盐、十二烷基三甲基氯化铵和三甲基溴化铵等。非离子型乳化剂有聚氧乙烯脂肪醇醚和聚氧乙烯脂肪酸酯等。当成壁物质为带电荷的分子时，同样荷电的乳化剂分子会与成壁物质之间产生静电作用，影响乳化效果及微胶囊壁材的形成。

依据乳化剂的分子特性，可将其分为亲水性、亲油性及无明显亲水亲油特性三大类。亲水性的乳化剂一般用于水包油型乳状液，如硫酸钠盐和磺酸钠盐等。亲油性的乳化剂一般用于油包水型乳状液，如硬脂酸盐、油酸盐、脂肪酸/多元醇双酯和胆固醇等。无明显亲水亲油特性的乳化剂在乳化过程中主要发挥稳定分散相液滴的作用，一般需要与亲水性或亲油性乳化剂配合使用才能达到较优的乳化效果，如聚氧乙烯脂肪酸酯、聚氧乙烯脂肪醇醚、卵磷脂等低分子量化合物及阿拉伯树胶、聚乙烯醇、纤维素醚、纤维素酯等高分子化合物。

2. 乳化剂的选择方法

乳化剂最实用的选择方法是由 Griffin 提出的，主要基于 HLB 值。每一种非离子型乳化剂都对应一个处于 0～20 的无量纲数。将仅含有饱和烷烃基的石蜡(疏水性最大)对应的 HLB 值确定为 0，将仅含有亲水性氧乙烯基的聚氧乙烯(亲水性最大)对应的 HLB 值确定为 20，而其他乳化剂的 HLB 值则介于 0 至 20。一般而言，HLB 值在 0～9 的乳化剂适用于油包水型分散体系，而 HLB 值在 11～20 的乳化剂则适用于水包油型分散体系。

乳化剂的 HLB 值为 10 时，其亲水性和亲油性达到平衡。乳化剂的定向排列使其憎水的烃基伸入油相，而亲水基伸入水相。对于离子型乳化剂而言，由于附加离解效应的存在，其 HLB 值可能会大于 20，如十二烷基硫酸钠的 HLB 值为 40。表 2-1 给出了一些常用乳化剂的 HLB 值。

表 2-1　部分常用乳化剂的 HLB 值[14]

商品名称	化学名称	类型[a]	HLB
Span 85	失水山梨醇三油酸酯	N	1.8
Tegin 0	甘油单/双油酸酯	N	3.3
Span 80	失水山梨醇单油酸酯	N	4.3
Brij 72	聚氧乙烯十八烷醇醚(2 mol[b])	N	4.9
Carinex KB-10	聚氧乙烯壬烷基酚醚	N	6.6
Triton X-35	聚氧乙烯辛基酚醚	N	7.8
Atlox 4861 B	烷基苯磺酸盐	N	8.6
Eumulgin RT20	乙氧基化人工聚氧乙烯	N	9.6
Tween 85	聚氧乙烯失水山梨醇三油酸酯	N	11
Igepal CA 630	聚氧乙烯壬烷基酚醚(9 mol)	N	12.8
Atlox 4851 B	非离子型和阴离子型的混合物	N/A	13.2
Synperonic OP11	聚氧乙烯辛基酚醚(11 mol)	N	14
Synperonic NP15	聚氧乙烯壬烷基酚醚(15 mol)	N	15
Renex 720	聚氧乙烯 C_{12}～C_{15} 醇醚	N	16.2
	油酸钠	A	18
Myrj 59	聚氧乙烯乙醇(100)硬脂酸酯	N	18.8
Ethomeen T//25	聚氧乙烯硬脂酰胺	C	19.3
	十二烷基硫酸钠	A	40

注：a. N 为非离子型，A 为阴离子型，C 为阳离子型；b. 每单位物质的量表面活性剂中氧乙烯基的量

混合乳化剂的 HLB 值(记为 HLB_{Mi})，可通过各组分的加和计算得到[公式(2-6)]：

$$HLB_{Mi} = HLB_1 \times g_1 + HLB_2 \times g_2 + \cdots + HLB_i \times g_i \tag{2-6}$$

式中，HLB_{Mi} 为混合乳化剂的 HLB 值；HLB_1，HLB_2，…，HLB_i 为各组分的 HLB 值；g_1，g_2，…，g_i 为各组分的质量分数。

HLB 值的重要意义在于每一种待乳化的物质都有与其相对应的特定较优值。在制备乳状液时，乳化剂(或乳化剂混合物)的 HLB 值与分散相物质相适应时往往可以达到较优的乳化效果。分散相物质的较优 HLB 值可参考以下方法确定：选用两种化学类型相同且分别具有亲油性和亲水性的乳化剂，如失水山梨醇单硬脂酸酯(Span 60)和聚氧乙烯失水山梨醇单硬脂酸酯(Tween 60)；调整两种乳化剂之间的配比，获得具有一系列不同 HLB 值的混合乳化剂，Span 60/Tween 60 混合乳化剂的 HLB 值范围为 4.7～14.9(表 2-2)；利用配制好的混合乳化剂，采用完全相同的方法制备一系列乳状液，在相同条件下静置，每隔一段时间观察乳状液的透明度、分层和沉降等特性，直至不同体系之间出现明显差别。如果乳状液之间没有出现明显的差别，则减少乳化剂用量重复上述一系列试验；如果所有乳状液乳化效果均很差，且相互之间差别很小，则增加乳化剂用量重复上述一系列试验。当试验中优选出了一种最适宜的混合乳化剂(如 HLB 值为 9.8)，则可以继续在较窄的 HLB 范围内(如 HLB 值 8.8～10.8)进行混合乳化剂的筛选试验，确定一个更精确的较优 HLB 值。

表 2-2　Span 60/Tween 60 混合乳化剂的 HLB 值

编号	乳化剂混合物		计算得到的 HLB 值
	Span 60/%	Tween 60/%	
1	100	0	4.7
2	90	10	5.7
3	80	20	6.7
4	70	30	7.8
5	60	40	8.8
6	50	50	9.8
7	40	60	10.8
8	30	70	11.8
9	20	80	12.9
10	10	90	13.9
11	0	100	14.9

实际生产中经常要乳化的一些物质所需的 HLB 值如表 2-3 所示，可作为选用乳化剂的重要依据。某一特定的 HLB 值对应的乳化剂及其组合可能有多种，此时乳化剂的化学结构类型也是重要的选择依据。乳化剂的化学结构与分散相的化学结构越相似，其乳化效果越好。通常利用油酸酯可以有效提高乳状液的柔滑性，而利用硬脂酸酯则能有效调节乳状液的稠度。对于同一分散体系而言，利用月桂酸酯在低乳化剂浓度条件下制备的

乳状液仍可能表现出优异的稳定性，因此选用月桂酸酯作为复配组分往往可以获得成本较低的混合乳化剂。

表 2-3　乳状液常用分散相物质所需的 HLB 值[14]

物质	HLB 值	物质	HLB 值	物质	HLB 值
苯乙酮	14	苯甲酸乙酯	13	石油	14
酸，二聚物	14	乙基苯胺	13	松油	16
异硬脂酸	15～16	葑酮	12	聚乙烯蜡	15
月桂酸	16	甘油单硬脂肪酸	13	聚丙烯，四聚体	14
亚油酸	16	重汽油	14	油菜籽油	6
油酸	17	羊毛蜡酸异丙酯	14	硅油(挥发的)	7～8
蓖麻油酸	16	十四酸异丙酯	11～12	豆油	6
十六醇	12～16	棕榈酸异丙酯	11～12	苯乙烯	15
癸醇	15	西蒙得木油	6-7	甲苯	15
十六烯醇	11～12	羊毛脂，无水	9	三氯三氟乙烷	14
异癸醇	14	羊毛脂，液体	9	三甲苯基磷酸盐	17
异十六醇	11～12	十二胺	12	凡士林	7～8
十二醇	14	鲱鱼油	12	石油溶剂油	14
油醇	13～14	甲基苯基硅氧烷	11	二甲苯	14
十八醇	15～16	甲基硅氧烷	11	巴西棕榈蜡	15
十三醇	14	石蜡基矿物油	9～11	蓖麻油	14
丙酸甘酯	7	环烷矿物油(轻)	11～12	地蜡	8
牛油	5	貂油	5	氯苯	13
蜂蜡	9	硝基苯	13	氯化石蜡	12～14
苯	15	壬基酚	14	可可油	6
苯基氰	14	邻二氯苯	13	玉米油	10
溴苯	13	棕榈油	10	棉籽油	5～6
硬脂酸丁酯	11	花生油(氢化)	6～7	环己烷	15
石蜡	10	邻苯二甲酸二异辛酯	13	十氢化萘	15
四氯化碳	16	己二酸二异辛酯	9	乙酸癸酯	11
二异丙苯	15	二甲基硅烷	9	二乙苯胺	14

3. 乳化助剂

乳化助剂是指有助于乳状液达到并保持其所需稳定性的化学试剂，在乳化前或乳化过程中进行添加。最常用的乳化助剂包括增稠剂、增塑剂、增溶剂、保护胶体和消泡剂等。

增稠剂。在乳状液中添加增稠剂是为了增加乳状液连续相的黏度。增稠剂具有一定的乳化作用，因此也被称为“准乳化剂”。用作增稠剂的物质主要有甲基纤维素、藻酸钠、蜡、蛋白质、树胶、多糖、糊精和胶质等。仅通过提高黏度不足以稳定一种乳状液，但较高的黏度有助于阻止乳液絮凝和聚结。黏稠的乳状液比流动的乳状液具有更好的稳定性。然而，在水包油型乳状液中，黏度仅发挥很小的稳定作用。

增塑剂。在一些特殊场合，乳状液中还需要添加增塑剂来降低体系的黏度。例如，将增塑剂添加至人造黄油中，即使在冰箱中储存后仍能很好地分散。常用增塑剂包括脂肪酸的甘油酯、胆甾醇、改性脂肪和改性油等。

增溶剂。增溶剂是一类能够提高乳状液中乳化剂溶解性的助剂。例如，在农药中使用的可乳化浓缩液，向其中加入少量的脂肪族醇可以促进自发乳化过程。增溶剂也可用于调节两相的密度和黏度。从理论上讲，任何与外相能混溶的溶剂都可以用作增溶剂，成本往往是起决定性作用的因素。

保护胶体。保护胶体是在连续相中阻止液滴聚结的一类乳化助剂。保护胶体加入连续相后，会像乳化剂一样包围在乳滴周围，起到稳定乳滴的作用。例如，家用洗衣粉中通常含有的羟甲基纤维素，可以将污垢从纤维上脱离下来分散到溶液中，并防止污垢重新吸附到衣物上。其他保护胶体有卵磷脂、蛋白质、酪蛋白、树胶、皂角苷和磺酸木质素等。

消泡剂。消泡剂是在乳化过程中抑制气泡产生或消除已有气泡的乳化助剂。消泡剂多为液体复配产品，主要分为矿物油类、有机硅类和聚醚类三大类。大多数消泡剂产品均适用于乳状液。在选取乳化剂和乳化工艺时一般会尽可能地防止泡沫产生，只是偶尔需要加入消泡剂。常用的消泡剂有磷酸三丁酯、高碳醇和有机硅消泡剂等。

(三)乳化方法简介

乳化过程既可通过搅拌器(定子-转子原理)的机械搅拌力实现，也可通过压缩压力流产生的剪切力实现。据此可将乳化设备分为两类：一种为“胶体磨”(定子-转子)，适用的介质黏度范围较宽；另一种是均化器(压力流)，适用于黏度较低的介质。

常用于制备乳状液的设备包括简单混合器、汽轮混合机、胶体磨、均化器、球磨、搅拌球磨、多孔圆盘磨、高压均化器和超声波乳化器等。在选用乳化设备时，不仅要基于乳状液的特定性质和黏度，还需要重点考虑产物的平均粒子尺寸。胶体磨、球磨和均化器三种不同类型乳化设备的特点如表 2-4 所示。

表 2-4　不同乳化设备的特点[14]

项目	胶体磨		球磨	均化器
	25m/s	50m/s		
黏度范围/(mPa·s)	10^3～10^5	1～5 000	300～8 000	1～20 000
较优黏度/(mPa·s)	15 000	2 000	600～2 400	1～200
粒子尺寸/μm	2～100	1～100	0.5～100	0.5～20
较优粒子尺寸/μm	2～4	1～3	1	1～2
功率/kW	2～150	2～150	—	2～220
是否需要预混合	是	是	否	是
是否可使用挥发性溶剂	是	是	是	是

除了物理机械作用以外，通过使用表面活性剂降低两相间的界面张力也有利于乳化

分散。物料经机械分散乳化后，还必须加入表面活性剂保护细小液滴，防止其发生聚结。因此，为了获得稳定的乳状液，选择适宜配比的表面活性剂与机械粉碎作用是同等重要的。界面张力非常低时(如 $\gamma_{O/W}<1mN/m$)，体系甚至可能发生自发乳化。

第三节　微胶囊形成原理

微胶囊的制备方法多种多样，但其形成过程在实质上可归纳为利用成壁物质的物理变化或化学反应，在芯材表面包覆形成完整壁材的过程。壁材的形成机理是微胶囊合成过程中最为重要的理论基础。微胶囊壁材的形成原理因包覆方法的不同而有所差异，下面分别阐述物理法、化学法及物理化学法三大类微胶囊化方法的成壁原理。

一、物理法

物理法是指基于成壁物质的物理变化来合成微胶囊的方法。微胶囊壁材的形成主要依赖于加热(或冷却)条件下物质相态的转变、溶剂挥发过程中物质溶解度的降低等。利用物理法制备微胶囊往往具有生产成本低、设备简单、易于规模化连续生产等优点，在医药、食品等工业领域应用非常广泛。

(一)空气悬浮法

空气悬浮法是最早出现的微胶囊合成方法之一，由美国威斯康星大学的 D. E. Wurster 教授最先发明，因而也将该方法称为 Wurster 法。利用空气悬浮法合成微胶囊的原理如下：芯材固体粉末经流化床的作用而悬浮于空气中，以喷雾的形式将壁材溶液通入流化床，在连续的悬浮滚动作用下芯材表面逐渐形成完整壁材，最终干燥而获得微胶囊产品。空气悬浮法经历数十年的发展，在设备和工艺上均有了较大改进。

空气悬浮法的基本装置结构如图 2-10 所示，主要由流化空气床、直立柱体及喷雾器三部分组成[21]。直立柱体依据功能的不同可分为上、下两部分。其中下半部分是包覆芯材微粒的场所，柱体口径由下至上逐渐变宽；而上半部分是微粒沉降的场所，柱体口径显著增大。空气悬浮法的主要生产过程如下：固体芯材颗粒在流化空气床产生的湍流空气中处于滚动悬浮状态，从喷雾器喷射出的壁材溶液使芯材的表面润湿；在热风的烘干作用下，黏附于芯材表面的壁材溶液逐渐干燥而形成一定厚度的薄膜；在流化空气床喷射的气流作用下，芯材颗粒被吹向柱体的顶端；柱体上部横截面面积加大，空气流速降低，产生的浮力不足以支持芯材颗粒继续保持向上运动，在重力作用下芯材颗粒向柱体底部沉降；颗粒进入柱体下部后又受到气流向上的推动作用，再次悬浮向上运动；颗粒发生上升—降落—上升的循环往复运动，不断被喷射进入的壁材溶液润湿和包覆，直至形成一定厚度的薄膜壁材；停止喷雾，从底部收集得到微胶囊产品。

利用空气悬浮法制备微胶囊时，流化空气床产生的气流是产品质量最为重要的影响因素。流化空气床的关键部件是一个开有空气喷嘴的多孔旋转圆盘，且空气喷嘴具有不同朝向。工作时，圆盘转动，由空气喷嘴向柱体中喷出压缩空气，并形成不断变向的空气湍流。通入加热的空气可以加快壁材溶液的干燥速率。为了获得满意的包覆效果，需要注意解决以下几个问题。

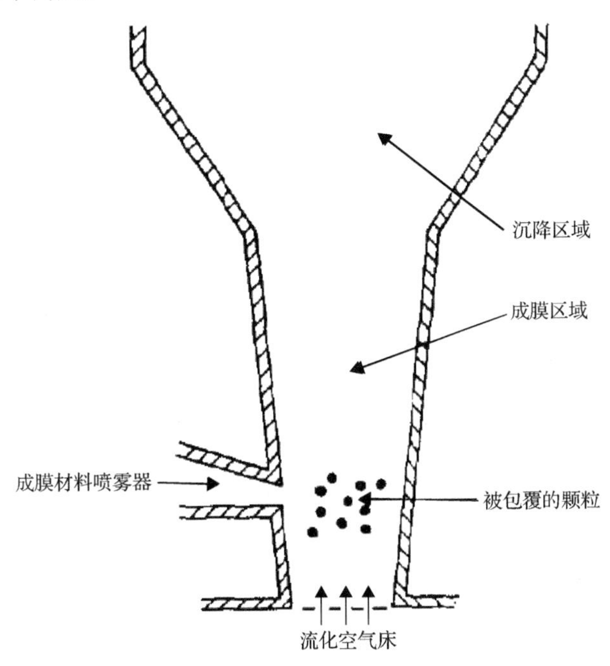

图 2-10　空气悬浮法的基本装置结构[21]

1) 调节好容器中气流运动的速度，使芯材颗粒能从装置的底部上升，到顶部后下降，在悬浮往复运动过程中与壁材溶液充分接触。

2) 控制好壁材用量、壁材溶液喷雾时间和间隔，以保证形成具有一定厚度的均匀壁材。采用气动喷嘴可使壁材溶液雾化形成更小的液滴，对芯材表面的润湿效果更佳。壁材溶液浓度较低时，有利于形成均匀的微胶囊壁材。微胶囊产品要求形成较薄的壁材时，一般选用低浓度壁材溶液进行包覆。

3) 选择合适的溶剂。在选择溶剂时应重点考虑其对壁材物质的溶解性能。在壁材溶液中有时还需要加入着色剂使制备的微胶囊产品具有不同颜色，有利于相互区别。此时，溶剂对该着色剂也应有较好的溶解性。另外一个需要考虑的因素是溶剂的相对挥发性。溶剂的沸点并不能作为评价挥发性的唯一指标，而应考虑溶剂的相对挥发率。壁材溶液挥发过慢，残留在芯材表面的溶剂会导致颗粒之间互相黏结；壁材溶液挥发过快，会导致壁材过于干燥，缺乏必要的韧性，在运动中易被磨损而形成粗糙表面。另外，溶剂的毒性和可燃爆炸的危险性也须加以考虑。

4) 选用形状及大小适宜的芯材颗粒。对于壁材厚度相同的微胶囊，芯材颗粒的粒径越小，所耗壁材相对越多。例如，同样形成厚 0.1mm 的壁材，当芯材颗粒的粒径由 1.0mm 减小至 0.5mm 时，所需壁材量将增加至 3.3 倍。包覆不定型芯材颗粒所需的壁材量通常高于规则球形颗粒，同时也难以形成均匀的微胶囊壁材。

空气悬浮法使用的壁材多种多样，包括阿拉伯树胶、明胶、褐藻酸钠、虫胶、植物胶、多糖类化合物、石蜡和硬化油脂等天然成壁物质，甲基纤维素、羧甲基纤维素、乙基纤维素、羟乙基纤维素、羟丙基纤维素、羟丙基甲基纤维素、乙酸丁酸纤维素酯和邻苯二甲酸乙酸纤维素酯等纤维素化学改性产品，以及聚乙烯醇、甲基丙烯酸甲酯、聚氯乙烯和聚偏二氯乙烯等合成高分子材料。

（二）喷雾干燥法

喷雾干燥法是合成微胶囊的另外一类重要的物理法。其基本原理为，将芯材乳状液以微小液滴形态喷入热空气中，在热量作用下溶剂蒸发，分散于液滴中的成壁物质干燥形成固体壁材，获得接近球形的粉末状微胶囊产品。喷雾干燥法是工业上常用的微胶囊合成方法之一，具有操作简单、生产效率高等优点。液体经雾化作用形成粒径很小的液滴，表面积显著增大，干燥过程中的热交换效率显著提高，短时间内溶剂便可完全蒸发。

喷雾干燥法制备微胶囊的常用设备如图 2-11 所示，主要由喷雾干燥室和旋风分离器组成。主要生产流程如下：配制具备良好稳定性的芯材乳状液，不能出现破乳、过早干燥或固化等现象；利用喷雾装置使芯材乳状液分散形成微小液滴，在重力作用下液滴迅速变为球形状态；液滴在干燥室中与逆流的热空气接触并干燥，芯材周围的成壁物质固化形成微胶囊；微胶囊随气流进入旋风分离器而分离，从收集器中获得粉末状产品。

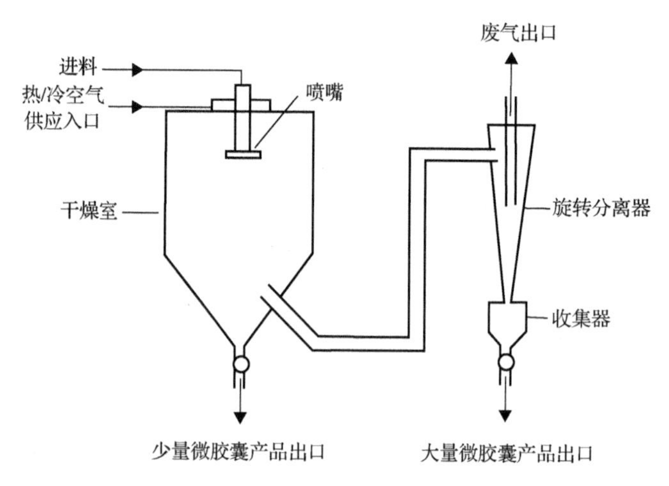

图 2-11　喷雾干燥装置[21]

喷雾干燥法操作可控性强，可连续或间歇式工作，易于实现大规模化生产，尤其适用于制备芯材耐热性差或壁材易于相互黏合的微胶囊产品。喷雾干燥法的不足在于所制备的微胶囊的壁材容易形成较大孔洞，致密性较差。因此，喷雾干燥法难以生产具有特定控制释放需求的微胶囊产品，主要用于掩蔽芯材物质的不良气味，或实现芯材物质由液态向固态的转变。此外，喷雾干燥法所用设备成本较高。为了降低微胶囊产品的生产成本，实际应用中通常需要进行大批量生产。

喷雾装置是喷雾干燥法中的关键部件，形式多样，包括压力喷嘴型、高速旋转离心圆盘型、超声波喷嘴型及双液喷嘴型等。不同类型的喷雾装置形成的雾滴大小有所差别，其中超声波喷嘴形成的雾滴粒径可小至几微米。微胶囊制备过程中，喷嘴需要保证在较高转速条件下不发生堵塞，因而在生产中一般不使用压力喷嘴。另外，对于易发生冷凝而堵塞喷嘴的乳状液，在喷雾前需要进行预热处理。

喷雾干燥室可以设计成多种形式，主要考虑热空气如何能更好地与雾滴混合，提高干燥效率。影响干燥效率的因素很复杂，包括喷雾送料速率、雾滴大小及分布均匀性、壁材溶液性质、喷雾干燥室进出口温度、热空气流动速率和流动方式等。喷雾干燥设备的性能和特点大多在设计时就已确定，使用者可根据实际需要进行选购。

利用喷雾干燥法制备微胶囊时，雾滴在进入喷雾干燥室后，仅需几秒钟便可完成包覆过程。尽管入口处温度可能高达 200℃，但由于液滴蒸发时需要吸收大量热量，液滴中芯材的温度并不会显著升高。因此，喷雾干燥法可以用于包覆耐热性稍差的芯材物质，如酶等易受热失活的芯材。喷雾干燥过程中，雾滴表面的溶剂最先蒸发并形成固相，逐步向内扩展形成具有一定厚度的固体壁材。进一步干燥过程中，包含在内部的壁材溶液将透过表层固体壁材蒸发，是导致壁材出现孔洞的主要原因。雾滴在溶剂蒸发过程中易形成球形壁材，这种壁材可以围绕一个或多个芯材液滴形成。壁材的强度、孔隙度等性质与成壁物质、干燥温度等因素相关。为了获得具有均匀壁材的微胶囊产品，必须选择合适的壁材原料及干燥工艺。

用喷雾干燥法制备微胶囊，首先要配制好由芯材与壁材溶液组成的分散体系——初始溶液，然后将初始溶液喷雾送入喷雾干燥室即可形成微胶囊。影响微胶囊形成过程的因素主要有芯材和壁材的比例、初始溶液的浓度和黏度、干燥温度等。如前所述，喷雾干燥法形成的微胶囊壁材一般是多孔、易碎的，可以通过增加壁材含量(或减少芯材含量)来生产具有较好致密性的微胶囊产品。实际生产中，调整芯材和壁材的比例是控制微胶囊产品性能的有效方式。

喷雾干燥法主要用于水介质体系的微胶囊化处理。芯材主要有芳香油、染料及非水溶性药物等，而水溶性壁材包括各种水溶性聚合物(如甲基纤维素、羧甲基纤维素、羟乙基纤维素、羟丙基纤维素、明胶、聚丙烯酸、酪蛋白和阿拉伯树胶)及可溶性多糖类(如糊精、可溶性淀粉和小麦面筋)。在喷雾干燥之前一般将乳液进行预热处理，以缩短喷雾干燥的时间，减少芯材损失和热分解，提高微胶囊得率。

喷雾干燥法也可以实现水溶性芯材的微胶囊化。将芯材水溶液分散至含疏水性壁材的有机溶液中形成油包水型乳液后，便可以进行喷雾干燥制备微胶囊。有机溶剂的沸点一般比水低，更易于干燥，干燥时热空气的温度也可相应地降低。需要注意的是，许多有机溶剂存在易燃易爆的缺点，卤代烃等溶剂往往对人毒性较大，因此在微胶囊制备过程中必须采取有效的防护措施。例如，在使用醇类等极性溶剂时，常加入水形成混合溶剂以降低其可燃性，提高企业生产安全性。

二、化学法

化学法是基于成壁物质的化学反应合成微胶囊的方法，通常利用单体小分子的聚合反应生成壁材而实现对芯材微粒的完全包覆。实际生产中用于合成高分子的许多聚合反应均适用于制备微胶囊，常见的方法包括界面聚合法、原位聚合法等。

(一) 界面聚合法

界面聚合法是基于界面缩聚反应来制备微胶囊，形成的壁材为高分子聚合物。界面缩聚反应具有以下特点：原料一般为含有双官能团(或多官能团)的两种单体，将其分别溶解于互不相溶的两种溶剂中，在两相界面上发生缩聚反应；不加搅拌的条件下，在两相界面上接触的两种单体几分钟后即可缩聚形成薄膜或皮层；两相界面上的缩聚反应会一直持续下去，直至单体反应完全。20 世纪 50 年代末，美国杜邦公司发明了利用界面缩聚反应制备聚酰胺高分子聚合物的方法。目前，界面缩聚反应已广泛应用于聚酰胺、聚氨酯和聚酯等高分子材料的合成中。

界面聚合法制备微胶囊的优点如下[21]：工艺和设备简单，反应条件温和，反应速度快；缩聚效果好，可以得到相对分子质量很高的产物，形成性能优良的微胶囊壁材；对反应原料的纯度要求不高，单体中含有部分杂质时仍能反应生成高分子量的产物；反应单体的配比可以在较大范围内波动，对合成产物的相对分子质量影响较小。

界面聚合反应主要包括缩聚反应和加聚反应。在利用界面聚合法合成微胶囊时，一般选用水和非水溶性有机溶剂作为互不相溶的两种液相体系。常用有机溶剂包括矿物油、苯、甲苯、二甲苯、二氯甲烷、三氯甲烷、四氯化碳、戊烷、环己烷和二硫化碳等。苯乙烯等部分溶剂还可以同时作为反应单体。水相中的反应单体主要有多元醇、多元胺和多元酚类有机物。当反应单体在水中的溶解度较小时，可以通过将其转变成盐的形式增大其溶解度，如胺类与酸作用可转变为胺盐，而酚类与碱作用可转变为酚盐。

界面聚合法适用于多种液体芯材的微胶囊化。在乳化分散时，水相与油相中量少的一种一般作为分散相，而量多的则作为连续相，需要依据芯材的溶解性选择两相的相对比例。包覆水溶性芯材需要选用水相作为分散相，乳化分散后形成油包水型乳液；包覆非水溶性芯材则需选用油相作为分散相，形成水包油型乳液。乳化过程中，一般需要加入乳化剂以提高分散体系的稳定性。对于非水溶性芯材而言，常在水相中加入明胶、聚乙烯醇和甲基纤维素等乳化剂；对于水溶性芯材而言，常在油相中加入失水山梨醇油酸酯等非离子型乳化剂或脂肪酸盐类等具有良好油溶性的阴离子型乳化剂。

界面聚合法合成微胶囊的原理如图 2-12 所示。将两种反应单体分别溶于水相和油相中，芯材物质溶于分散相中。在乳化剂作用下，将水相和油相混合分散形成稳定乳状液。两相内的反应单体不断向芯材液滴的界面移动，并在相界面上迅速反应生成高分子聚合物，包覆芯材形成微胶囊。一般而言，溶于水相的反应单体往往在油相中也具有一定的溶解度，使反应单体倾向于通过两相界面进入油相一侧，因而界面聚合反应常发生于两相界面的油相一侧。

利用界面聚合法制备微胶囊的实际生产流程一般如下：配制溶有反应单体及芯材的分散相；将两相溶液混合，在乳化剂和机械搅拌的共同作用下分散形成乳状液，可根据需要控制乳滴的粒径大小；将另一种溶于连续相的反应单体加入乳状液中，在较低的搅拌速度条件下形成微胶囊悬浮液，经过滤、洗涤、干燥后获得粉末状产品。反应单体也可以预先加入连续相中，但采用在乳状液形成后再加入第二种聚合反应单体的方法将更有利于控制反应速度，保证微胶囊产品质量。

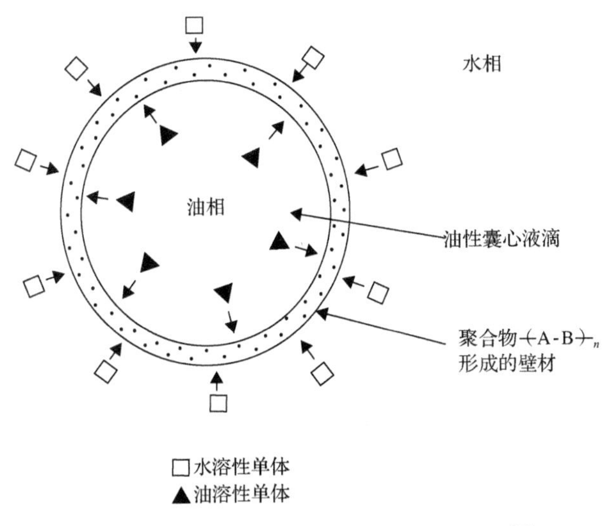

图 2-12　界面缩聚反应制备微胶囊示意图[21]

在利用界面聚合法生产微胶囊产品时，应注意以下问题：单体反应活性高，应避免其与芯材发生副反应而影响芯材的性质；选择合适的成壁物质，双官能团单体一般会缩聚形成具有微孔、半透性良好的线型高分子聚合物壁材，而多官能团单体则形成交联度大、强度高、可透性低的体型高分子聚合物壁材；包覆不耐酸的芯材物质时，不能选用酰氯等会生成酸性副产物的反应单体；微胶囊壁材可以是单层膜或多层复合膜，其中多层复合膜对芯材有着更好的保护作用；依据产品的需求，可以结合界面聚合法与其他微胶囊合成技术来实现对芯材的多层包覆，如在利用界面聚合法形成尼龙壁材后，再形成第二层脂质体壁材，可明显改善微胶囊的生物相容性。

(二) 原位聚合法

原位聚合法是一类应用非常广泛的微胶囊化学合成方法。与界面聚合法不同，原位聚合法通常仅涉及一种反应单体。在微胶囊形成过程中，反应单体和催化剂溶于连续相或芯材液滴中，发生聚合反应后生成不可溶的聚合物，并逐渐在芯材表面沉积而形成完整壁材。适用于原位聚合法的反应单体可以呈液态或气态，也可以是混合物。均聚、共聚和缩聚等高分子聚合反应均可以用于原位聚合法合成微胶囊。

均聚反应是指由一种单体加成聚合形成高分子聚合物的反应，所使用的单体包括气态化合物(如乙烯)、油溶性液态化合物(如苯乙烯、甲基丙烯酸甲酯)及水溶性液态化合物(如丙烯腈、乙酸乙烯酯)。

共聚反应是指由两种(或多种)单体加成聚合形成高分子聚合物的反应，依据共聚物分子中单体链节排列的情况分为无规共聚和有规共聚两类。其中有规共聚可充分发挥两种单体各自的特点，具有更多优点，能更好地满足生产实际的需要。共聚反应常用单体组合包括乙烯-丙烯酸二元共聚、丁二烯-丙烯腈二元共聚及苯乙烯-丙烯酸-甲基丙烯酸甲酯三元共聚等。为了促进聚合反应顺利进行，往往需要催化剂、加热、紫外线或 α 射线等一定的辅助条件。若使用齐格勒催化剂(如四氯化钛、三丁基铝、甲基溴化镁等)，则可以得到具有立体规整性的高分子聚合物。

应用于原位聚合法制备微胶囊的缩聚反应，与界面聚合法中的缩聚反应不同，是由多官能团的单体或其低聚合度预聚物自缩合形成高分子聚合物。常用的三聚氰胺-甲醛、尿素-甲醛和苯酚-甲醛等多官能团预聚物，均由甲醛与化合物分子中活泼氢形成羟甲基而制得。线型低分子量预聚物是可溶于水的，而在酸或碱的催化作用下发生缩聚反应可以形成具有交联立体网状结构的非水溶性缩聚物。

在发生原位聚合反应之前，芯材作为分散相形成良好的分散体系。反应单体可以位于连续相介质或分散相芯材中。前者适用于液体和固体芯材，而后者仅可用于包覆液体芯材。在催化剂和加热等的作用下，反应单体发生聚合反应，分子量不断增加，在介质中的溶解度降低，逐步形成不溶性的高聚物沉积于芯材表面或相界面，最终形成完整壁材而制得微胶囊。当反应单体位于连续相时，原位聚合反应可控性更强、适用性更广，因此是实际生产中常用的方式。

对原位聚合法而言，气体、水和有机溶剂均可以作为连续相介质。下面分别介绍这三种介质中的原位聚合反应。

气体为介质的原位聚合反应：利用流化床产生的气流使芯材颗粒处于悬浮状态，通入气态单体与催化剂等，使单体在与芯材表面接触时发生聚合反应，包覆芯材形成微胶囊。另外，可以先将芯材、单体和催化剂等混合为气溶胶状态，然后使单体发生聚合反应并沉积于芯材表面而形成微胶囊。气体为介质的原位聚合反应速率明显高于液体为介质的反应速率。利用这种方法，可以用二烯烃、多烯烃、乙烯酯和甲基硅氧烷等单体形成的高分子聚合物将磷酸、抗坏血酸、高氯酸铵和尿素等芯材包覆形成微胶囊产品。

水为介质的原位聚合反应：当芯材为疏水性液体或不溶于水的固体粉末时，一般选用水作为连续相介质。在制备芯材的分散体系时，为了获得细小均匀的芯材液滴或颗粒，一般需要在水介质中加入表面活性剂，并辅以强烈的机械搅拌作用。水溶性单体和油溶性单体均可用于水为介质的原位聚合反应。由于油溶性单体必须位于芯材内部，实际应用很少。生产中一般选用水溶性单体或预聚物，使聚合反应在连续相中进行。对于水溶性单体而言，微胶囊合成过程中需要先加入引发剂，使其发生加聚反应而包覆于芯材液滴表面，之后再加入单体引发聚合反应；对于水溶性预聚体而言，原位聚合过程中仅需加入酸、碱等催化剂，而无须使用引发剂。尿素-甲醛、三聚氰胺-甲醛等氨基树脂壁材具有良好的密封性，常被用于包封有机溶剂、香料、染料溶液等。

有机溶剂为介质的原位聚合反应：在使用有机溶剂作为分散介质时，可以将水溶液或亲水性材料分散形成油包水型乳液，也可将不溶性固体分散形成悬浮液。在聚合反应前，将水溶液或固体芯材分散在有机溶剂中，催化剂(或聚合反应引发剂)分散包覆于分散相界面上，以保证聚合反应在两相界面上进行。然后在有机溶剂介质中加入反应单体，包括乙烯等气体和苯乙烯等液体。为了保证生成的高分子聚合物是不溶的，且能沉积在分散相界面上形成微胶囊壁材，需要根据单体的特性选择合适的有机溶剂。这种溶剂既要能溶解单体，又能使生成的聚合物仅稍微溶解或溶胀。在聚合反应完成后，有时会加入聚合物的非溶剂使其从溶液中析出。例如，用苯作为苯乙烯、丁二烯和乙烯等单体的溶剂时，常加入甲醇作为非溶剂。

综上所述，利用原位聚合法制备微胶囊是基于单体（或预聚物）发生聚合反应形成不溶性高分子聚合物壁材的化学反应。聚合反应中需要使用催化剂（或引发剂），反应时间一般较长。如何实现聚合产物在芯材表面的快速、高效沉积，是原位聚合法制备微胶囊的关键。以气体为介质的原位聚合法具有反应速率快、芯材包覆率高等优点，但设备较复杂，难以大规模推广应用。目前应用较多的是利用尿素-甲醛或三聚氰胺-甲醛预聚体制备密封性良好的油性微胶囊，以及利用氰基丙烯酸酯单体制备可生物降解的药物微胶囊等。

三、物理化学法

物理化学法是一类成壁过程同时涉及物理和化学变化的微胶囊合成方法，是通过改变反应体系 pH 或温度、添加电解质等，降低成壁物质在介质中的溶解度，使其析出并在芯材表面逐渐沉积而形成壁材。

凝聚相分离技术是最具代表性的物理化学法合成技术，是指通过诱发两种成壁物质之间相互结合、改变成壁物质在溶液中的溶解状态等，使反应体系产生相分离而包覆芯材形成微胶囊的技术。相分离是合成微胶囊的关键过程。连续相经相分离后会形成两个新相，即壁材浓度很高的凝聚胶体相（又称为聚合物丰富相）及壁材浓度很低的稀释胶体相（又称为聚合物缺乏相）。凝聚胶体相可以充分流动，并稳定环绕于芯材粒子周围。

利用凝聚相分离法合成微胶囊的原理如图 2-13 所示。在乳化剂和机械搅拌等的作用下，芯材分散于壁材的胶体溶液形成稳定的分散体系[图 2-13(a)]。芯材微粒（液滴或固体颗粒）为分散相，壁材的胶体溶液为连续相。根据所选壁材物质的特点，采用改变壁材胶体溶液的浓度或温度、在连续相中添加电解质无机盐或壁材物质的非溶剂等方法，使壁材的胶体溶液由单一相状态分离成凝聚胶体相和稀释胶体相两个新相，整个分散体系由两相状态转变为三相状态[图 2-13(b)]。由于三相体系会自发地降低其表面自由能，可自由流动的凝聚胶体相会趋于在芯材微粒表面聚集而包覆芯材[图 2-13(c)]。成壁物质逐渐在芯材微粒表面沉积而形成连续的初始壁材，经固化后形成稳定的微胶囊产品[图 2-13(d)和(e)]。

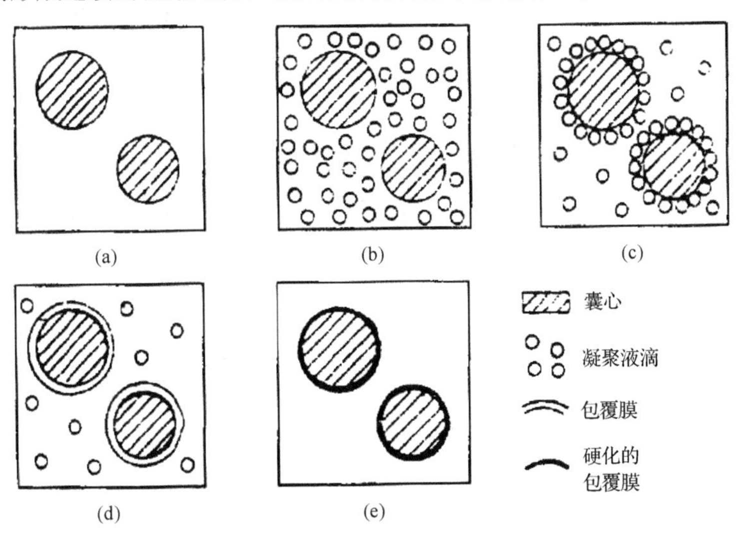

图 2-13　凝聚相分离法制备微胶囊的原理示意图[21]

（一）复合凝聚法

复合凝聚法是应用最多的凝聚相分离法之一，是以带相反电荷的两种水溶性高分子电解质为成壁材料，在静电作用下使两种电解质结合而从连续相中凝聚形成微胶囊壁材。复合凝聚法是一种包覆效果好、生产效率高的微胶囊合成方法。

下面首先介绍与复合凝聚法相关的高分子电解质、等电点和三组分体系相图等基础知识，然后再介绍复合凝聚法的典型技术——明胶-阿拉伯树胶复合凝聚法。

1. 高分子电解质

高分子电解质（又称为聚电解质）是高分子链上具有多个电离基团的高分子化合物的总称。可溶性的高分子电解质一般都是线型结构。高分子电解质从组成上可分为有机和无机两类。无机高分子电解质主要是聚磷酸盐、聚硅酸盐等，种类较少。有机高分子电解质的种类较多，从来源上可分为天然高分子电解质、半合成高分子电解质和合成高分子电解质三大类。依据电离后高分子链的带电情况又可分为阳离子、阴离子和两性离子三大类。高分子电解质中能电离成带正电阳离子的基团一般含有氮原子（如氨基、吡啶基等），而电离后带负电的阴离子基团主要是羧基或磺酸基。

天然高分子电解质中的多糖、脱氧核糖核酸、褐藻酸钠和琼脂分子中都含有羧基，属于阴离子型电解质；而明胶、酪蛋白等蛋白质分子中既含有自由的羧基，又含有氨基，在不同 pH 条件下可能带正电或带负电，属于两性离子高分子电解质。半合成高分子电解质，主要是纤维素、淀粉的衍生物，如羧甲基淀粉、羧甲基纤维素钠和邻苯二甲酸乙酸纤维素酯等。合成高分子电解质包括聚丙烯酸钠、聚苯乙烯磺酸钠和聚乙烯丙烯酸钠共聚物等阴离子型化合物，以及聚乙烯吡啶丁基溴、聚乙烯吡咯烷酮等阳离子型化合物。

高分子化合物存在很强的分子间作用力，因而溶解过程不同于低分子化合物。在溶剂分子及加热的作用下，分子链空隙逐渐增大，链间的缠结减少，高分子链逐渐伸展，分子间作用力减弱，最后溶解在溶剂中。电离在高分子电解质的溶解过程中起着重要作用，可发生强电离作用的高分子电解质才能溶于水。例如，羧甲基纤维素不溶于水，而它的钠盐溶于水。在水分子的作用下，高分子电解质在溶解的同时发生电离，一条高分子链中含有许多可电离基团。随着电离的进行，高分子链带有的电荷数量增加，无论阳离子型或阴离子型高分子电解质在电离后都会使高分子链带有同种电荷。同种电荷间的静电排斥作用会使高分子链逐渐由卷曲转为伸展，有利于高分子电解质克服分子间作用力发生溶解。

如果没有电离作用，仅依靠溶剂的作用，高分子电解质不可能具有如此好的溶解性。从水溶液的 pH 对高分子电解质溶解性能的显著影响也可说明这点。例如，含有羧基的阴离子型高分子电解质邻苯二甲酸乙酸纤维素酯在 pH 为 1～3 的水溶液中，由于羧基的电离受到抑制，分子处于“电中性”状态而无法克服分子间的强作用力，因此不溶于水；随着溶液 pH 升高，羧基的电离趋势加大，分子链带有的负电荷排斥力增强，使其在碱性介质中易溶于水。阳离子型高分子电解质的溶解性能也同样受 pH 的影响：在酸性介质中容易电离，溶解性好；而在碱性介质中，电离受到抑制，溶解性差。

高分子物质溶于水得到的胶体溶液也被称为溶胶。溶胶是高分子物质在溶剂中分散为单个分子而形成的真溶液，与小分子化合物固体在溶剂中分散成胶体范围大小的颗粒形成的胶体溶液不同，是一种热力学稳定体系。高分子物质在形成溶胶的过程中通过溶剂化作用与溶剂分子结合，在外观上表现为体系具有一定的黏度。由于溶剂化作用为放热过程，当温度升高时溶剂化作用减弱，外观上表现为黏度下降、流动性增强；当温度下降或引入非溶剂时，溶胶中的高分子链之间相互交联，形成三维网状结构，外观上表现为凝固，生成的产物称为凝胶。凝胶一般依靠氢键、静电引力和分子间力等作用力而形成，结合力较弱。当体系条件改变时，结合力可能被破坏而使体系重新转变为溶胶。在这种条件下，溶胶-凝胶之间的转变是可逆的。然而，若在凝胶形成后再引入共价键的化学结合，体系会固化，不可再重新转变为溶胶。利用凝聚相分离法合成微胶囊正是基于溶胶-凝胶转变及凝胶固化的原理。

2. 等电点和三组分体系相图

对于同时包含酸式电离基团与碱式电离基团的氨基酸、蛋白质等两性离子电解质，在某一特定的pH条件下，两种基团的电离程度恰好相等，整个电解质分子以偶极离子(或内盐)的形式存在，则称该pH为两性离子电解质的等电点。在pH大于等电点的条件下，两性离子电解质主要发生酸式电离，电解质分子在溶液中显负电性，在电场的作用下会向正极移动。在pH小于等电点的条件下，两性离子电解质主要发生碱式电离，分子在溶液中显正电性，在电场的作用下会向负极移动。当pH等于等电点时，两性电解质分子以偶极离子(或内盐)的形式存在，在溶液中呈电中性，在电场的作用下不会出现定向移动。在等电点状态下，两性离子电解质的分子链之间不存在静电排斥作用，其与水分子之间的水化作用会减弱，伸展的分子链会卷缩，在分子间作用力影响下相互交联聚集，在外观上表现为溶解度小、黏度低。

测定等电点可用图2-14所示装置：在一U形管中，加入两性离子电解质(如明胶、氨基酸)溶胶，并在U形管两端液面上注入一段水，以保持溶胶与水之间有一明显界面；把电极接到U形管两端液面下，通直流电并调整溶胶pH；通电一段时间后，若U形管两端的溶胶与水的界面仍保持一样的高度，则说明溶胶中粒子并不向某一电极附近移动，此时溶胶的pH即为这种两性离子电解质的等电点。

对于一个由三种组分组成的体系，在温度和压力恒定的前提下，可用一等边平面三角形来表示三种组分的组成关系。这种图就是物理化学中常使用的三组分体系相图。在一些介绍凝聚相分离法制备微胶囊的资料中常引用三组分体系相图。图2-15为三组分相图的组成表示法。如图所示，平面等边三角形的三个顶点分别代表三种纯组分A、B、C。三角形三条边AB、BC、CA分别代表三种由两组分组成的体系A-B、B-C、C-A的具体组成，如BC边上的D点表示在两组分组成的体系中B占30%，C占70%。而在三角形内的任一点都代表由A、B、C三种组分组成的体系中各组分的含量，如图中E点的组成可由下法求出：过E点分别作平行于三角形三边的平行线Ea、Ef和Ec，根据平面几何原理可知，$Ea+Ec+Ef=AB=BC=CA$(或$Af+Ca+Bc=AB=BC=CA$)；E点对应的A、B、C三组分含量可以分别用Af、Ca和Bc的长度表示，把每边等分成100份时，可以看出E

点的组分为 A30%、B50%、C20%。常用三角形内的一条曲线把单相区域与两相区域分开。凝聚相分离法是通过加入三种组分之一的方法，使原来位于单相区域内的组分体系进入两相区域而引发相分离。

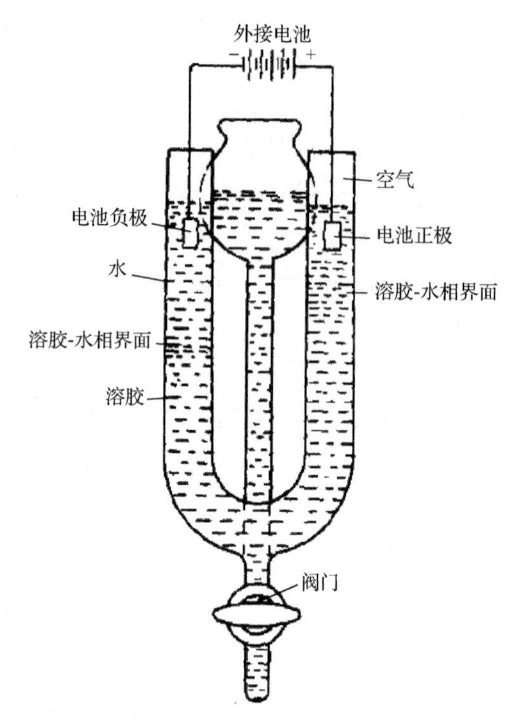

图 2-14　等电点的测定装置[21]

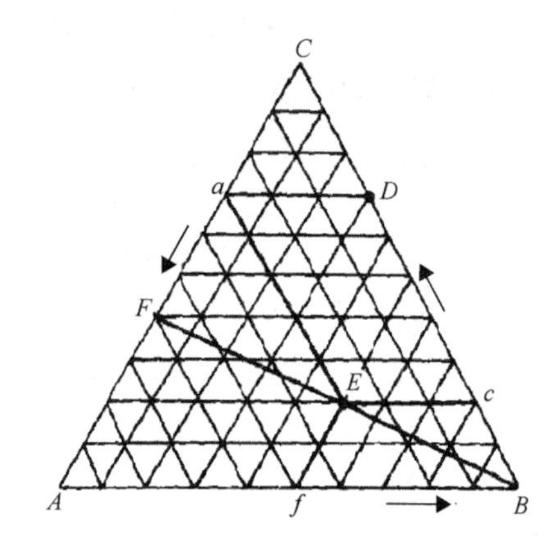

图 2-15　三组分体系相图的表示法[21]

3. 明胶-阿拉伯树胶复合凝聚法

明胶和阿拉伯树胶是复合凝聚法中使用最早及最广泛的原料。明胶是一种来源于脊椎动物(如猪、牛、羊等)的皮、腱、软骨等组织的水溶性蛋白质，具有安全无毒、成膜性好等优点。明胶的等电点会随制备方法的不同而改变，一般在 4～9 变化。用碱处理方法制备的明胶等电点为 4.8～5.1，而用酸处理方法获得的明胶等电点为 8.8～9.1。明胶分子中同时含有羧基等酸性基团及氨基等碱性基团，是一种典型的两性高分子电解质。溶液 pH 高于等电点时，明胶分子显负电性，反之则显正电性。明胶的溶胶-凝胶转变过程主要取决于胶体溶液的浓度和温度，通常在温度低于 5℃时由溶胶状态转变成凝胶状态。阿拉伯树胶(又称为金合欢胶)是指从阿拉伯胶树、金合欢和阿拉伯相思树等原产于北非和西亚阿拉伯地区的几种植物中提炼出的一种植物胶。阿拉伯树胶从化学组成上来说，是一种由阿拉伯糖酸、鼠李糖、半乳糖和葡萄糖等多种单糖缩聚而形成的聚合物。阿拉伯树胶分子中含有自由羧基，其水溶液显负电性，属于阴离子高分子电解质。阿拉伯树胶水溶性好，成膜性和附着力优良，是一种应用广泛的天然高分子电解质。

明胶-阿拉伯树胶混合胶体溶液的性质会随 pH 的改变而发生变化。当溶液 pH 高于明胶的等电点时，明胶和阿拉伯树胶分子均显负电性，在静电排斥作用下分散良好。当溶液 pH 低于明胶的等电点时，明胶和阿拉伯树胶分子分别显正电性和负电性，在静电吸引作用下两种分子相互结合呈电中性而凝聚。因此，通过调节混合胶体溶液的 pH，可以使明胶-阿拉伯树胶结合物从溶液中析出，包覆芯材微粒而形成微胶囊。

利用明胶-阿拉伯树胶制备微胶囊时，原料质量分数、反应温度等其他工艺条件也会显著影响成壁过程。一般而言，混合胶体溶液需要满足下述 4 个条件才能实现良好的相分离过程而形成复合凝聚相：第一，原料质量分数不能过高，明胶和阿拉伯树胶的质量分数一般均应小于 3%；第二，溶液的 pH 必须低于明胶的等电点，以保证明胶在溶液中显正电性，实际应用中一般为 4.0～4.5；第三，溶液温度比明胶溶液的凝胶点高出约 35℃，避免明胶单独析出形成凝聚相，一般为 35～40℃；第四，溶液中的无机盐质量分数必须低于产生盐效应的临界值，避免给相分离过程带来不利影响。实际应用中，明胶-阿拉伯树胶混合胶体溶液中的无机盐质量分数较低，对复合凝聚相的形成无不利影响，因而一般主要考虑前三个条件。

明胶-阿拉伯树胶复合凝聚法的常用工艺为，配制满足上述前三个条件中任意两个条件的混合胶体溶液，加入芯材物质进行乳化分散而形成稳定的分散体系，调整第三个条件引发胶体溶液的相分离，形成复合凝聚相包覆芯材而形成微胶囊。根据导致相分离的条件的不同，可以将明胶-阿拉伯树胶复合凝聚法的工艺分成三大类，即稀释法、pH 调节法及温度调节法[21]。下面针对每一种工艺分别给出一个具体的示例。

稀释法。配制质量分数为 11.1%的阿拉伯树胶胶体溶液，再加入溶解有隐色染料的三氯联苯溶液，控制连续相和分散相的质量比为 2.25，调节溶液 pH=4.5，在机械搅拌作用下分散形成乳状液；配制质量分数为 11.1%的明胶(等电点为 8)胶体溶液，与乳状液混合，调节反应体系的温度为 50℃、pH 为 4.5；在搅拌条件下向所得混合液中缓慢加入适量的水，使形成的复合凝聚相在芯材液滴周围沉积；停止加热，将反应体系自然冷却至室温，利用冰水浴降温至 10℃，维持 1h；调节悬浮液体系的 pH 为 9～12，进一步冷却至 0～5℃，加入适量甲醛溶液(质量分数 37%)进行固化处理，搅拌 30min 后升温至 50℃，使壁材固化完全；悬浮液经过滤、离心和干燥后，获得无碳复写纸用压敏微胶囊产品。用稀释法可以制备性能优良的微胶囊产品，但加水稀释过程耗时较长，试验的重现性往往较差。微胶囊合成过程中的用水量要依据实际情况而定。用水量会影响微胶囊的粒径大小，一般在用水量较少条件下制备的微胶囊粒径也较小。

pH 调节法。分别配制质量分数为 3%的明胶水溶液和阿拉伯树胶水溶液，将两种溶液以质量比 1∶1 均匀混合，加热使混合溶液的温度保持在 40℃；在机械搅拌条件下加入油性芯材，分散形成乳状液；用乙酸溶液(质量分数 10%)调节 pH 至 4.0，混合胶体溶液黏度逐渐增加，发生相分离而转变为由复合凝聚相、溶剂及芯材油相组成的三相体系，复合凝聚相逐渐包覆芯材微粒并形成微胶囊；依据产品需求对微胶囊悬浮液进行固化、过滤、洗涤和干燥处理，获得粉末状产品。值得注意的是，未经固化处理的微胶囊壁材可以在碱的作用下重新溶解，即发生溶胶-凝胶之间的可逆转化。因此，当制备的微胶囊的粒径不符合产品需求时，可以通过调节 pH 对芯材进行重新包覆，为实际生产提供便利。

温度调节法。分别配制质量分数为 2.5%的明胶水溶液和阿拉伯树胶水溶液，将两种溶液以质量比 1∶1 均匀混合，调节混合溶液的 pH 为 4.0，利用冰水浴保持反应体系的温度在 10℃以下；加入芯材在机械搅拌作用下制得乳状液，逐渐升温至 40℃，胶体溶液产生相分离，复合凝聚相逐渐包覆芯材获得微胶囊；依据产品需求对微胶囊悬浮液进行固化、过滤、洗涤和干燥处理。与稀释法和 pH 调节法相比，温度调节法的生产可控性较差，因而在微胶囊产品的实际生产中应用较少。

如前所述，利用相分离过程形成的微胶囊初始壁材稳定性欠佳，当外界条件改变时，壁材可能由于溶胶-凝胶之间的可逆转化特性而重新溶解。对壁材进行固化处理是提高微胶囊稳定性的有效途径，其基本原理是在固化剂的作用下使明胶发生蛋白质变性反应而实现壁材的交联固化。常用的固化剂种类有很多，包括醛类有机物(如甲醛、戊二醛)，铝、铬等金属离子的络合盐(如明矾、三氯化铬)，有机交联络合剂(如单宁酸、鞣酸)及其他盐类(如硫氰酸钠)。选用醛类有机物作为固化剂时，需控制反应温度为 0～5℃、pH 为 9～11，防止微胶囊颗粒之间出现相互粘连现象；加入适量的高分子电解质(如羧甲基纤维素)作为保护剂，可以防止反应体系的黏度升高过快；加入适量的表面活性剂可以降低界面表面张力，防止微胶囊颗粒粘连。除使用固化剂以外，也可以通过加热或辐射的途径使明胶发生变性而交联固化。微胶囊经固化处理后，其硬度、力学性能和密封性均显著提高，存储过程中不会粘连和变黄。

明胶和阿拉伯树胶均为天然高分子聚合物，以其为主要成壁材料制备的微胶囊产品具有安全无毒、生物降解性好的优点。同时，其微胶囊合成工艺操作简单、可控性强。自 20 世纪 50 年代以来，明胶-阿拉伯树胶复合凝聚法已被广泛用于制备隐色染料、压敏/热敏黏合剂、温致变色剂和香料等微胶囊产品。微胶囊未经固化处理时，壁材具有一定的渗透性，可以用于包覆具有缓释特性需求的芯材物质(如香料)。然而由于壁材强度低，且具有溶胶-凝胶可逆转变特性，仅适用于对微胶囊产品稳定性要求不高的场合。经固化处理后的微胶囊产品，其壁材致密性优良，合成工艺也较为温和，因此特别适用于包覆易挥发的油性液体芯材，可显著提高其稳定性。

(二)油相分离法

油相分离法是利用高分子聚合物在油性介质中溶解度的变化来实现微胶囊包覆。合成微胶囊时以有机溶剂作为介质，因而具有油溶性的各种线型合成高聚物均可以作为成壁物质。在油相分离法中，一般通过加入非溶剂使溶解于油性溶剂中的成壁物质产生相分离而包覆芯材形成微胶囊。非溶剂是指可溶解于溶剂中，且会使溶液中的溶质析出而发生凝聚作用的液体介质。例如，在提纯聚乙烯时，首先将它溶解在溶剂苯中，此时聚乙烯中不溶于苯的物质可被分离掉；然后缓慢地向苯溶液中加入甲醇，当甲醇加到一定量时，聚乙烯从溶液中析出，与其他可溶的物质分开而得到提纯。甲醇在此过程中发挥非溶剂的作用。

利用油相分离法制备微胶囊时，必须控制好高分子聚合物壁材在有机溶剂中的质量分数、非溶剂的加入量及反应体系的温度。当壁材质量分数较低时，连续相在加入非溶剂后易于发生相分离，形成凝聚胶体相和稀释胶体相两个新相。凝聚胶体相是可以自由流动的，并逐渐环绕于芯材液滴周围形成稳定包覆的液相。当壁材质量分数过高时，在连续相加入非溶剂后，溶解的成壁物质会迅速沉淀分层，不会对芯材液滴形成稳定的包覆。因此，控制好反应条件引发凝聚相分离，在反应体系中形成可自由流动且能稳定环绕于芯材液滴周围的凝聚胶体相，是合成性能优良的微胶囊产品的前提条件。

油相分离法常用的非溶剂为小分子有机溶剂或水。在制备微胶囊的过程中，首先必须把芯材分散到有机溶剂中形成乳化分散体系。当芯材是水溶性物质时，通常使用疏水性有机溶剂，如苯、甲苯、二甲苯、三氯乙烯、二氯甲烷、三氯甲烷、四氯化碳、二甲基亚砜、环己烷、正己烷和石油醚等。如果芯材为疏水性物质，则可使用亲水性有机溶剂，如丙酮、丁酮、四氢呋喃、甲醇、乙醇、丙醇、异丙醇和乙二醇。高聚物壁材的种类很多，包括聚乙烯、聚苯乙烯、聚氯乙烯、聚乙酸乙烯酯、甲基丙烯酸甲酯、合成橡胶和环氧树脂等合成高分子聚合物，以及乙基纤维素、苯基纤维素、羧甲基乙基纤维素和纤维素酯等半合成高分子聚合物。

在一些特殊情况下也可以选用高分子聚合物作为非溶剂。某些液态高聚物可作为溶解在溶剂中的另外一种高聚物的非溶剂，利用这一现象可以对水溶性芯材如硝酸铵、重铬酸、金属卤化物、氟化亚锡、糖类、乙二醇和甘油等进行微胶囊包覆。例如，用乙基纤维素、硝酸纤维素酯和聚甲基丙烯酸甲酯作为壁材，溶解在甲苯/乙醇混合溶剂中，加入水溶性芯材搅拌分散乳化得到油包水乳液；在乳液中加入液态聚丁二烯作为非溶剂，引发成壁物质产生凝聚相；加入甲苯、二异氰酸酯等使微胶囊固化，还能去除微胶囊中的溶剂与聚丁二烯。

将液态芯材分散于含有高聚物壁材的有机溶剂时，已分散的颗粒有时会再次结合形成较大的颗粒，使最终得到的微胶囊粒径较大。可在体系中加入一些惰性的硅石细粉吸附在分散粒子表面以减少颗粒间相互结合。有的液态芯材在降温后可转变成固体颗粒，因此在较低温度下能获得良好的分散效果。此外，还可通过加入表面活性剂降低界面张力来保持乳液的分散和稳定。对于特定的分散体系，非溶剂的种类要根据实际情况确定，总的原则是非溶剂与介质溶剂是可以互溶的，但非溶剂对芯材、聚合物壁材是不溶的。对于油性芯材，有时可用水作非溶剂；但对于水溶性芯材，必须使用疏水性的有机溶剂作非溶剂。利用油相分离法制备的微胶囊，其壁材中不可避免地残留有溶剂和非溶剂，可以通过非溶剂的反复洗涤和后期干燥处理来去除。

乙基纤维素是油相分离法中应用最多的壁材物质，是在加压、加热及碱性条件下，纤维素与硫酸二乙酯(或氯乙烷)发生醚化反应形成的产物。构成纤维素的葡萄糖基本单元中包含有三个活泼羟基，利用乙基取代羟基中的氢原子可以得到具有不同取代度的三种乙基纤维素。取代度较低的乙基纤维素具有一定的水溶性，而取代度较高的乙基纤维素则易溶于丙酮、苯、环己烷和三氯甲烷等非水溶剂。具有高取代度的乙基纤维素更适于作为油相分离法中的壁材物质，表现出力学强度高，化学稳定性好，耐冷、热、强碱、稀酸，电绝缘性好，形成的壁材透明、有弹性等优点。在油相分离法中常把乙基纤维素溶于四氯化碳、氯仿、苯及二甲苯这些价格相对较低的有机溶剂中，最常用的非溶剂为石油醚。

油相分离法对芯材具有很好的适用性，可以用于制备多种微胶囊产品，尤其适用于包覆水溶性芯材物质。然而，油相分离法也具有明显的缺点，如需要使用大量成本较高的有机溶剂，以及微胶囊壁材中的残留溶剂和非溶剂难以完全去除。从环保角度考虑，有毒有机溶剂的使用可能会污染环境、危害人类健康。此外，许多有机溶剂具有易燃、易爆特性，使用过程中存在安全隐患。因此，油相分离法在应用于微胶囊的实际生产中受到了较多的限制。

四、三聚氰胺-尿素-甲醛树脂微胶囊形成原理

原位聚合法是实际生产应用中制备微胶囊产品的最重要方法之一。尿素-甲醛和三聚氰胺-甲醛等氨基树脂为最常用的成壁物质，所得微胶囊力学性能优良，且生产成本较低，在木质材料的功能化处理中具有较大的应用潜力。苯乙烯-马来酸酐共聚物（styrene maleic anhydride，SMA）是一种高分子聚电解质，其骨架碳链上同时含有疏水性基团芳基和亲水性基团羧基，因而可以在油水界面上做定向排列形成双电层结构，具有较强的乳化能力[22]。同时，SMA 排列在油性液滴表面的羧基会表现出负电性，不仅可以防止芯材液滴的合并，还能吸附三聚氰胺-甲醛预聚物等带正电荷的成壁物质，因而对芯材的包覆效率高[23,24]。SMA 不仅可以用于乳化正十八烷等非极性试剂，而且也适用于十四醇等较难形成稳定乳液的极性芯材物质，是一类适应性很广的乳化剂。

用于微胶囊包覆的芯材主要包含固体和液体两大类物质。固体芯材的形态在微胶囊合成过程中不会改变，包覆难度相对较小。而液体芯材的形态会随着周围物理化学环境的变化而改变，其成壁过程更复杂。微胶囊研究中选用的芯材物质常为不规则固体或不定型液滴，在壁材形成过程中难以观察到芯材表面真实形貌的变化，给原位聚合法合成微胶囊的成壁机理的研究带来诸多不便。通过选用具有光滑表面且呈规则球形的玻璃微珠作为芯材，可以成功排除原位聚合过程中芯材不稳定性对成壁过程的影响[25]。四氯乙烯在常温下呈液态，不溶于水，可作为水包油型芯材。密度（$1.6\times10^3 kg/m^3$）比水大，属于非极性分子，易于乳化。其沸点（121.2℃）较低，而热稳定性好，便于研究芯材的释放特性和壁材的热稳定性。

下面以玻璃微珠和四氯乙烯分别为代表性固体和液体芯材，SMA 为乳化剂，介绍三聚氰胺-尿素-甲醛（melamine-urea-formaldehyde，MUF）树脂微胶囊的形成机理[26]。

（一）固体芯材微胶囊形成机理

1. 乳化剂的影响

利用原位聚合法合成 MUF 树脂微胶囊的过程中，稳定的水包油型分散体系是提高产品均匀性、减少颗粒之间团聚的重要前提。然而，由于界面张力和界面能的存在，水和油形成的分散体系处于热力学不稳定状态，通常需要加入乳化剂提高分散体系的稳定性。SMA 溶于氢氧化钠后的化学结构如图 2-16 所示，其中苯环为疏水性基团，而羧基为亲水性基团，属于水包油型乳化剂。在机械搅拌等乳化过程中，疏水基团伸入油性芯材内部或附着于固体芯材表面，亲水基团则伸入 MUF 预聚物溶液，逐渐形成如图 2-17 所示的稳定乳液液滴[27]。SMA 乳化剂一方面在油水界面维持芯材的稳定，另一方面也会影响着壁材物质在芯材表面的沉积。排列在液滴表面的羧基显负电性，在原位聚合过程中会吸引带正电的成壁小分子物质，促进微胶囊壁材的形成。

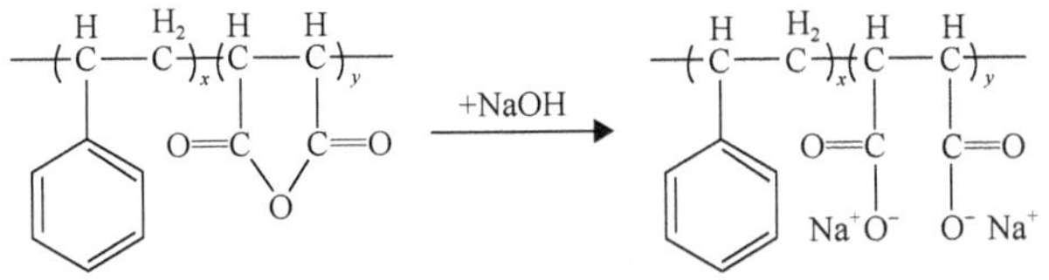

图 2-16　苯乙烯-马来酸酐共聚物溶于氢氧化钠溶液的化学结构变化

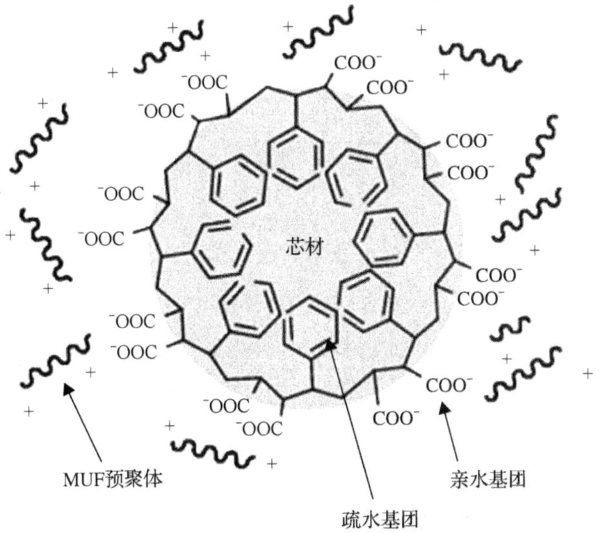

图 2-17　苯乙烯-马来酸酐共聚物乳滴结构示意图[27]

在 MUF 包覆玻璃珠的过程中，羟甲基预聚物分子在酸的作用下缩聚，分子量不断增加，水溶性下降，最终从溶液中析出沉积在芯材表面。当不加入 SMA 乳化剂时，壁材是由粒径较大的颗粒构成，结构疏松，如图 2-18(a)所示。而当乳化剂质量分数为 0.2%时，壁材结构明显变得致密，在扫描电镜图片[图 2-18(b)]中可以清楚观察到构成壁材的树脂颗粒明显变小。这表明 SMA 乳化剂对壁材物质的沉积具有促进作用。因此，为了形成致密的壁材，SMA 乳化剂的加入是必要的。同时，这也表明壁材的形成是由小颗粒物质聚集而成[28]。

不同乳化剂质量分数条件下，所生成微胶囊的光学显微形貌和表面微观形貌如图 2-19 所示。当乳化剂质量分数低于 1%时，在玻璃微珠芯材表面生成的壁材较厚，但不均匀，表面凹凸起伏较大。随着乳化剂质量分数逐渐增加，玻璃微珠表面生成的壁材减少，而壁材表面变得更为平整。这是由于乳化剂用量较多时，除了一部分吸附在芯材表面形成壁材之外，还有一部分会溶解在水相中发挥稳定预聚物纳米颗粒的作用[25]，从而使壁材的形成更为缓慢和均匀。当乳化剂质量分数达到 1.33%时，玻璃微珠芯材表面可以生成均匀、平整的壁材。在高倍扫描电镜图片中还可以发现，壁材是由纳米级树脂颗粒相互粘连而成。

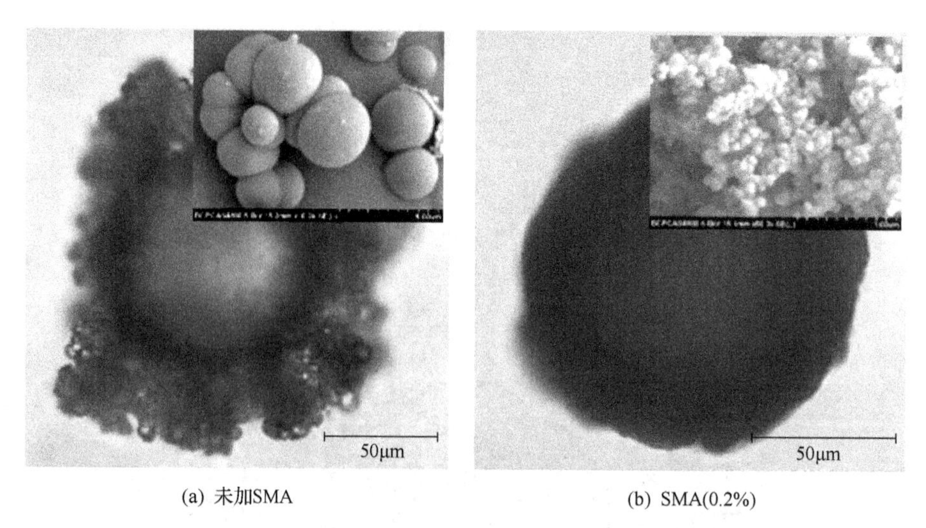

(a) 未加SMA　　(b) SMA(0.2%)

图 2-18　苯乙烯-马来酸酐共聚物(SMA)加入对微胶囊光学显微形貌及表面微观形貌的影响

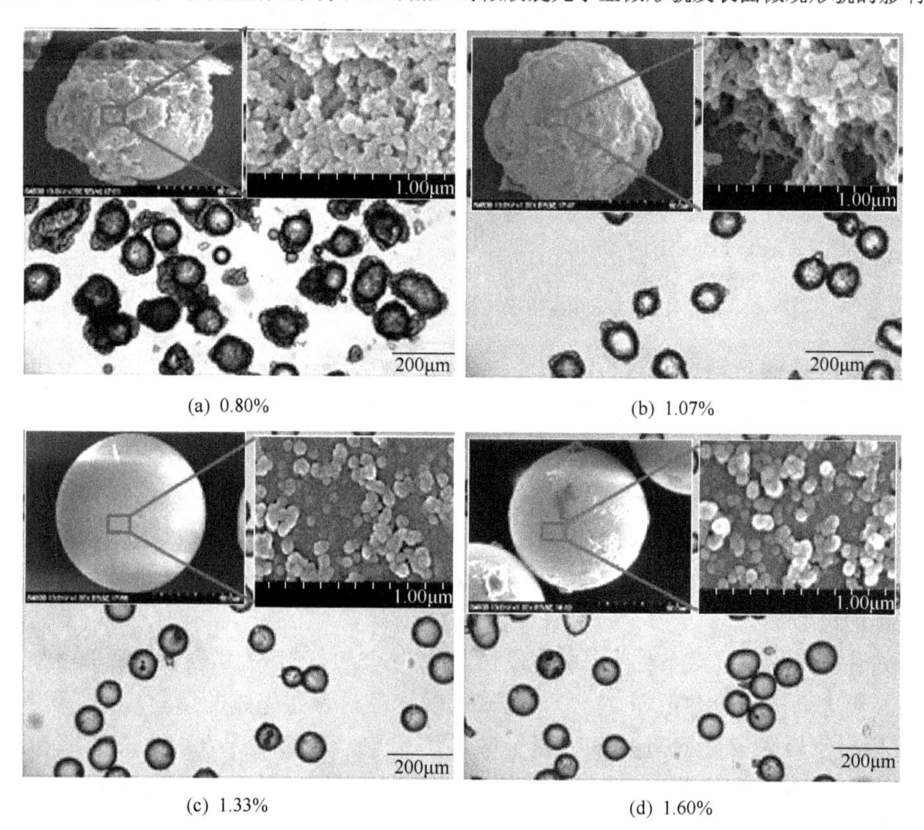

(a) 0.80%　　(b) 1.07%

(c) 1.33%　　(d) 1.60%

图 2-19　乳化剂质量分数对微胶囊光学显微形貌及表面微观形貌的影响

2. 催化剂的影响

MUF 预聚物和 SMA 混合溶液的 pH 为 8.0～9.0。在该碱性条件下，羟甲基预聚物分子的缩聚反应很慢难以形成壁材，因而需要加入酸性催化剂加速缩聚反应。在利用 MUF

包覆芯材合成微胶囊的文献报道中，一般将成壁反应过程中 pH 控制在 3～5.5[29,30]，所用的酸性催化剂有乙酸、柠檬酸、稀盐酸、稀硫酸及氯化铵等。值得注意的是，SMA 溶液在 pH＜5.0 时稳定性变差，SMA 溶解度下降[31]，溶液变得混浊。当在 MUF 预聚物和 SMA 混合溶液中滴加柠檬酸、乙酸等常用催化剂时，由于局部酸性较强会有白色絮状物生成，快速搅拌也不能完全避免这一现象的出现。因此，酸性更弱的邻苯二甲酸氢钾溶液是更适宜的催化剂。邻苯二甲酸氢钾溶液还具有一定的缓冲能力，有利于维持微胶囊合成过程中酸性环境的稳定性。

原位聚合法制备微胶囊的过程中，催化剂质量分数和滴加方式均会影响壁材的形成和形貌[32,33]。为了简化工艺，选择乳化分散后一次投料的方式添加邻苯二甲酸氢钾溶液，不同 SMA 添加量条件下的微胶囊形貌特征如图 2-20 所示。当催化剂质量分数小于 2.0%时，所得微胶囊壁材均匀、平整。随着催化剂质量分数继续增大，芯材表面生成的壁材量明显增多，不均匀的块状树脂使微胶囊呈不规则球形。这表明较多的催化剂可以加速壁材缩聚反应的进行，但催化剂过量时壁材物质在芯材表面的聚集变得不均匀。对催化剂质量分数为 4.0%的壁材进行观察(图 2-21)，发现其内部是由吸附在芯材表面的 SMA 分子吸引预聚物分子缩聚而形成的薄壁层，而外部是由许多纳米树脂颗粒聚集在薄壁上构成。这主要是由于催化剂过量时预聚物分子缩聚速度过快，迅速形成的树脂颗粒来不及与已有的壁材物质粘连继续形成平整的壁材，而是在芯材外部随机的堆积。另外，SMA 溶液稳定性随着酸性的增强而下降，对溶液中树脂分子颗粒的稳定效果减弱，也可能导致大量树脂颗粒迅速聚集形成不规则壁材。

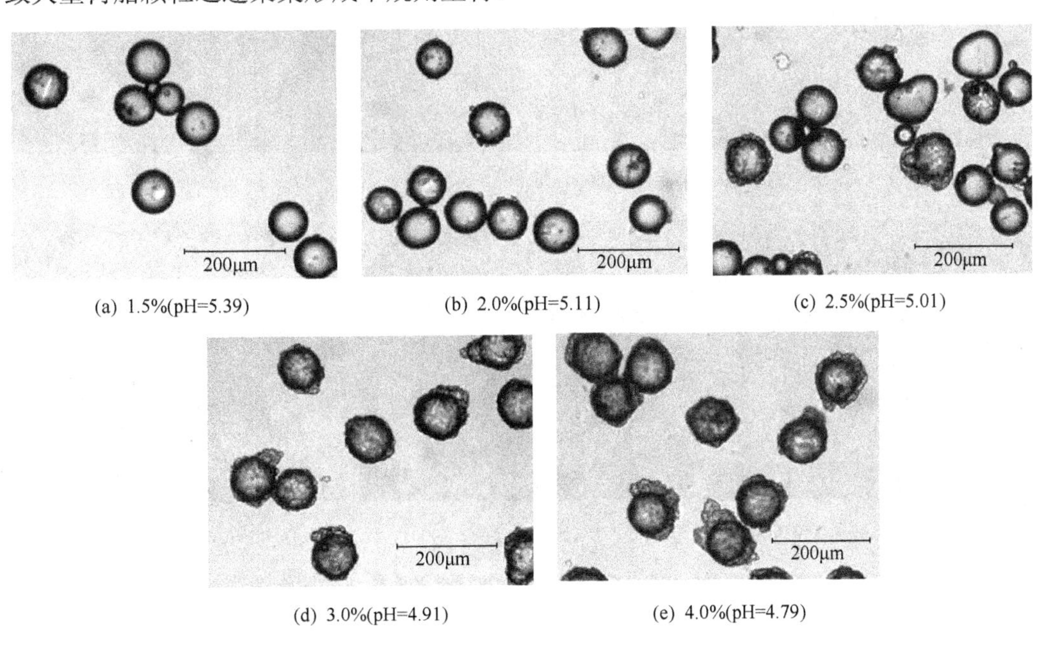

(a) 1.5%(pH=5.39) (b) 2.0%(pH=5.11) (c) 2.5%(pH=5.01)

(d) 3.0%(pH=4.91) (e) 4.0%(pH=4.79)

图 2-20 乳化剂质量分数为 1.07%条件下催化剂质量分数对微胶囊光学显微形貌的影响

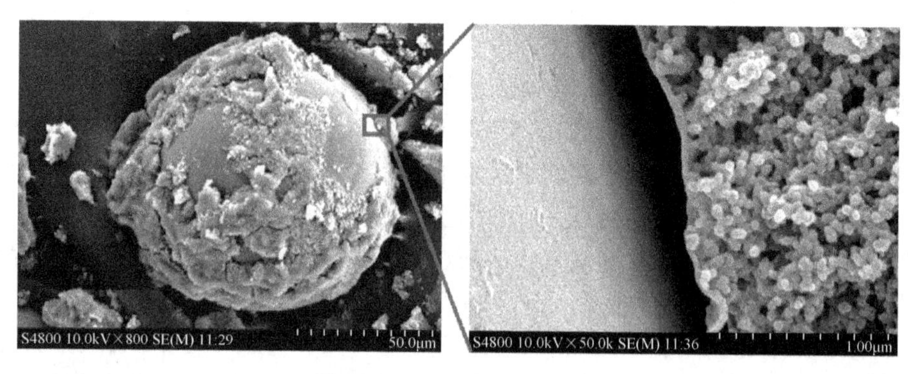

图 2-21　微胶囊的壁层结构

当乳化剂质量分数由 1.07%增加至 1.60%时，催化剂质量分数对微胶囊形貌的影响规律也发生了改变(图 2-22)。催化剂质量分数由 1.5%逐渐增加至 4.5%，壁材始终较平整，并未出现图 2-20 中凹凸起伏的现象。这进一步证实较多的乳化剂可以使壁材的生成更加缓慢和均匀。在高倍扫描电镜图片中可以发现，当催化剂质量分数为 1.5%时，缩聚速度较慢，形成的壁材中树脂颗粒相互粘连得更紧密。这表明在催化剂质量分数满足壁材形成的前提下，催化剂用量较少时有利于形成致密的壁材。

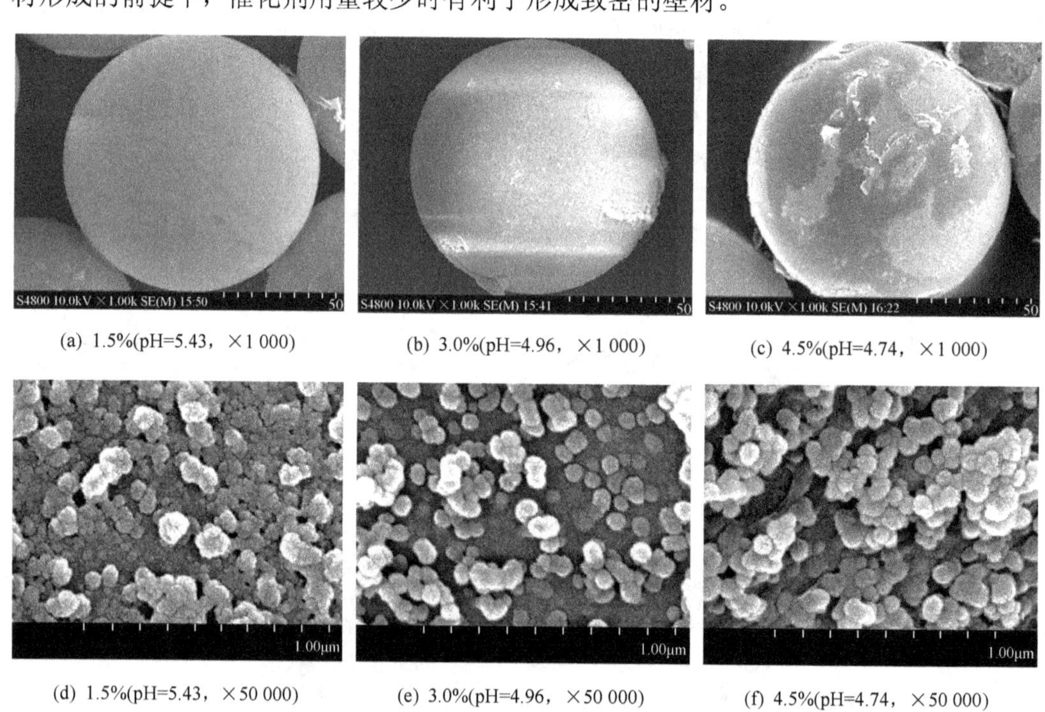

(a) 1.5%(pH=5.43，×1 000)　(b) 3.0%(pH=4.96，×1 000)　(c) 4.5%(pH=4.74，×1 000)

(d) 1.5%(pH=5.43，×50 000)　(e) 3.0%(pH=4.96，×50 000)　(f) 4.5%(pH=4.74，×50 000)

图 2-22　乳化剂质量分数为 1.60%条件下催化剂质量分数对微胶囊微观形貌的影响

3. 温度的影响

温度是影响 MUF 预聚物分子缩聚反应速率的另一重要因素[30]，因而也会影响壁材的生成和形貌。在 MUF 微胶囊合成过程中，文献报道中的反应温度一般为 65～80℃[10,12,29]。

本研究中首先探讨了较高乳化剂质量分数(1.60%)条件下反应温度对微胶囊壁材形貌的影响，结果如图 2-23 所示。温度从 50℃升高至 70℃，微胶囊表面平整，没有出现树脂颗粒形成大块不规则壁材的现象。这同样表明较高的乳化剂质量分数有利于平整均匀壁材的生成。由高倍显微图片可知，反应温度的变化对壁材的微观形貌未表现出明显影响。

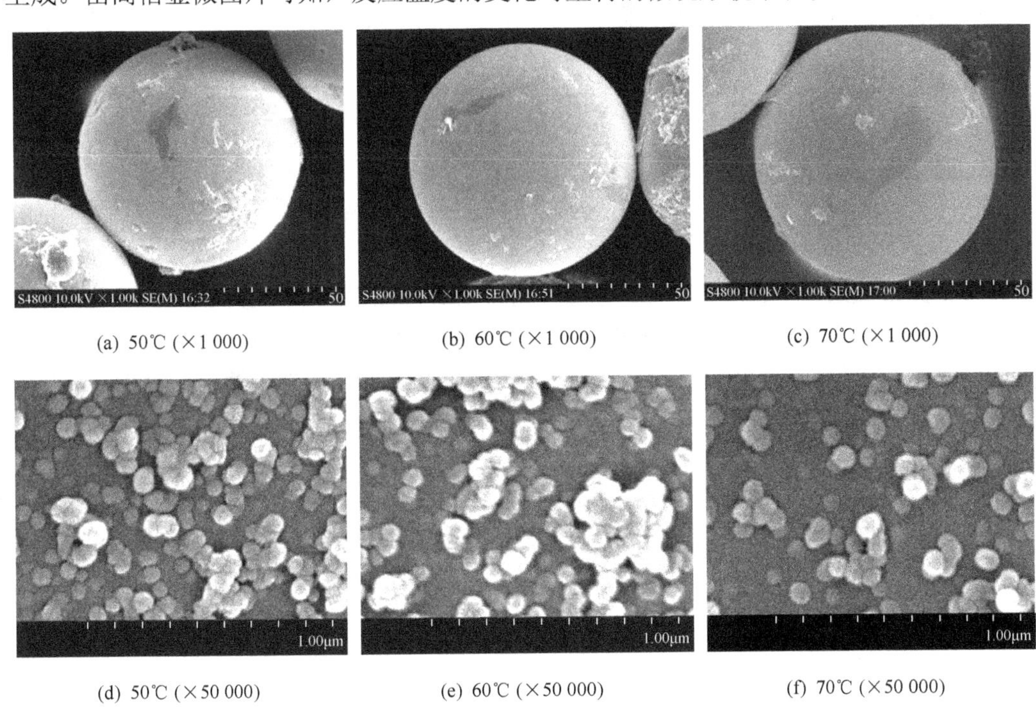

(a) 50℃ (×1 000)　(b) 60℃ (×1 000)　(c) 70℃ (×1 000)

(d) 50℃ (×50 000)　(e) 60℃ (×50 000)　(f) 70℃ (×50 000)

图 2-23　乳化剂质量分数为 1.60%条件下反应温度对微胶囊微观形貌的影响

然而，当乳化剂质量分数降低至 1.07%时，所得微胶囊形貌发生明显改变，如图 2-24 所示。在温度仅为 40℃时，玻璃微珠表面就生成了约 5μm 厚的壁材。在 pH 约 5.0、温度 40℃较温和的反应条件下，预聚物分子的缩聚反应速率较小，因而较多壁材的生成主要得益于乳化剂的吸引作用。而随着温度升高至 50℃，壁材生成量未表现出明显变化。当温度进一步升高至 60℃时，预聚物分子缩聚加快，壁材沉积速率增大，壁材厚度明显增加，同时也变得更加凹凸不平。在壁材的局部放大图片中，可以清楚地观察到三组试样中微胶囊的壁材均是由纳米级树脂颗粒聚集粘连而成。

(a) 40℃ (×900)　(b) 40℃ (×50 000)　(c) 50℃ (×1 000)

(d) 50℃ (×50 000)

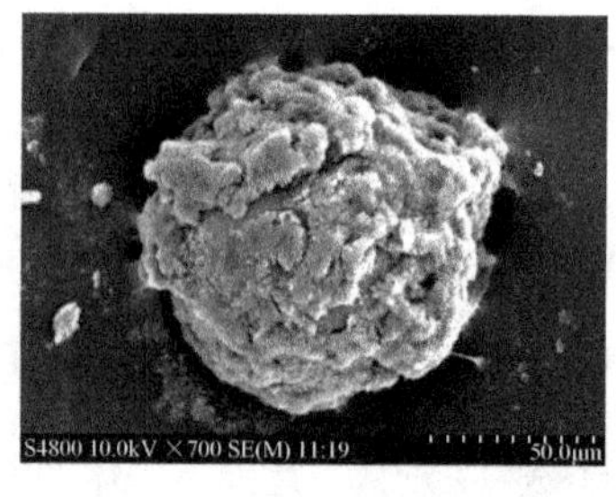

(e) 60℃ (×700)

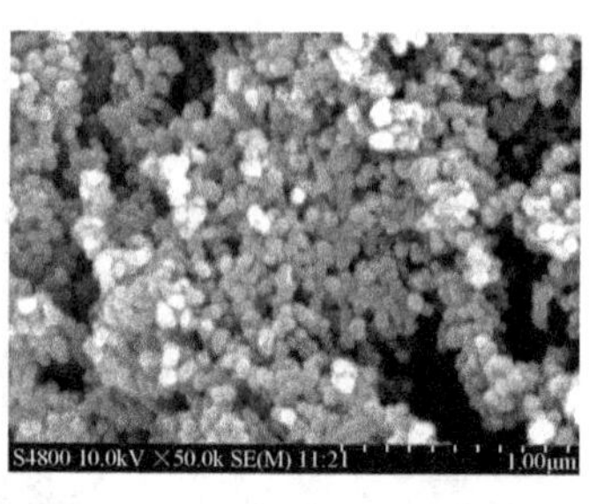

(f) 60℃ (×50 000)

图 2-24　乳化剂质量分数为 1.07%条件下反应温度对微胶囊微观形貌的影响

4. 微胶囊的形成机理

微胶囊形成过程中伴随着 MUF 预聚物分子的化学反应历程，如图 2-25 所示。第一阶段预聚物合成过程中，三聚氰胺和尿素在碱性加热条件下分别与甲醛发生加成反应，生成羟甲基三聚氰胺和羟甲基脲两种类型的预聚物分子。第二阶段缩聚过程中，羟甲基预聚物分子在酸性加热条件下相互之间发生脱水缩聚反应，分子之间以次甲基键或醚键连接，最终形成不溶不熔的三向交联的空间结构。

(1) pH 8.5～9.0，70℃
预聚
(2) pH 5.0～6.0，80℃
缩聚

图 2-25　微胶囊合成过程中三聚氰胺-尿素-甲醛树脂的化学反应历程[34]

如上所述，乳化剂质量分数、催化剂质量分数及反应温度对微胶囊壁材的形成具有重要的影响。其中乳化剂质量分数对壁材的形貌和生成量影响最大。乳化剂的加入可有效降低预聚物溶液的表面张力，有利于生成平整、致密的壁材。同时，乳化剂分子在芯材表面形成的负电层对带正电荷的预聚物分子有吸引作用，也会促进壁材的生成。当乳化剂用量较少时，形成的壁材较厚，但不平整，其结构是由靠近芯材的一层薄壁和外部粘连成块的纳米级树脂颗粒组成。当乳化剂质量分数增大时，多余的乳化剂分子会延缓预聚物分子的析出，从而形成薄而均匀的壁材。

催化剂质量分数和反应温度是 MUF 预聚物分子缩聚反应速率的两个决定性因子，对壁材的生成量及致密性有明显影响。总体而言，催化剂用量较少或反应温度较低时，预聚物分子缩聚反应较温和，有利于形成平整、致密的壁材。反之，预聚物分子缩聚反应加快，生成壁材的速率增大，但结构较为疏松[33,35]。

综合以上分析，对以 MUF 树脂为壁材、SMA 为乳化剂、玻璃微珠为芯材的微胶囊原位聚合形成机理进行归纳(图 2-26)。在机械搅拌条件下，乳化剂分子中的疏水性苯基吸附在固体芯材表面，亲水性羧基伸入水相中，形成稳定的负电层，使芯材与芯材之间分散开。在酸和热量作用下，MUF 预聚物分子发生缩聚反应，同时带上正电荷。在 SMA 负电层的静电吸引下，部分预聚物分子吸附在芯材表面，缩聚成壁。与此同时，溶液中的预聚物分子发生缩聚反应，聚合产物在水中的溶解度降低，形成颗粒状树脂从溶液中析出并沉积在芯材表面生成壁材。相同时间内，乳化剂质量分数较低时，生成的壁材较厚，但凹凸起伏大；乳化剂质量分数较高时，生成薄而平整的壁材。

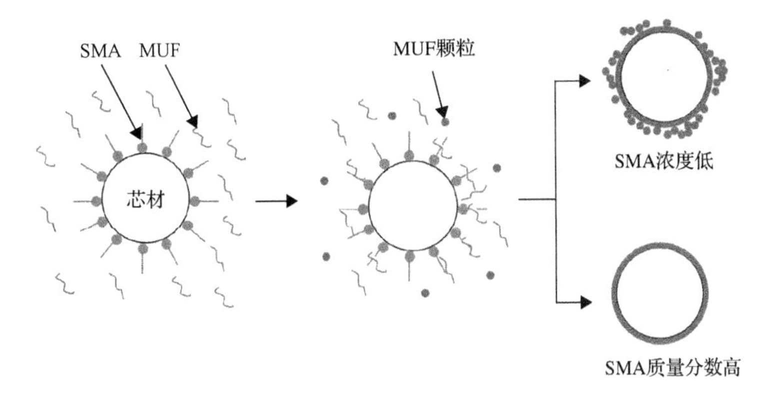

图 2-26 三聚氰胺-尿素-甲醛树脂形成机理示意图

(二) 液体芯材微胶囊形成机理

1. 微胶囊的形成

(1) 乳化剂质量分数和乳化时间的优选

如“固体芯材微胶囊形成机理”部分所述，SMA 乳化剂的质量分数对微胶囊壁材的形成有着非常重要的影响。同时，乳化分散也是液体芯材微胶囊合成过程中的第一步，对微胶囊的形态有着决定性的作用。因此，选择合适的乳化工艺变得尤为重要。

乳状液是一个复杂的、热力学不稳定体系，其稳定性受到界面张力、界面膜强度、空间因素、双电层及连续相黏度等因素的影响[36]。未加入乳化剂时，在高速搅拌条件下形成的乳状液界面张力大，稳定性差，导致合成的微胶囊粒径分布范围广，相互之间容易粘连[13]。加入乳化剂后，可以明显降低界面张力，提高乳液的稳定性。本研究中 SMA 用量对微胶囊形态的影响如图 2-27 所示。乳化剂质量分数为 1.07%时，乳化阶段可以形成均匀乳液。然而成壁后部分微胶囊之间出现粘连成团现象，表明该质量分数条件下乳化剂尚不足以在成壁过程中使乳滴之间完全分离。乳化剂质量分数增加至 1.33%，微胶囊团聚程度下降。当乳化剂质量分数达到 1.56%时，微胶囊之间分散性良好，粒径也较为均一。继续增加乳化剂质量分数至 1.95%，微胶囊分散均匀，且粒径进一步变小。乳化剂浓度较小时有利于壁材的沉积。综合考虑，较优的乳化剂质量分数为 1.56%。

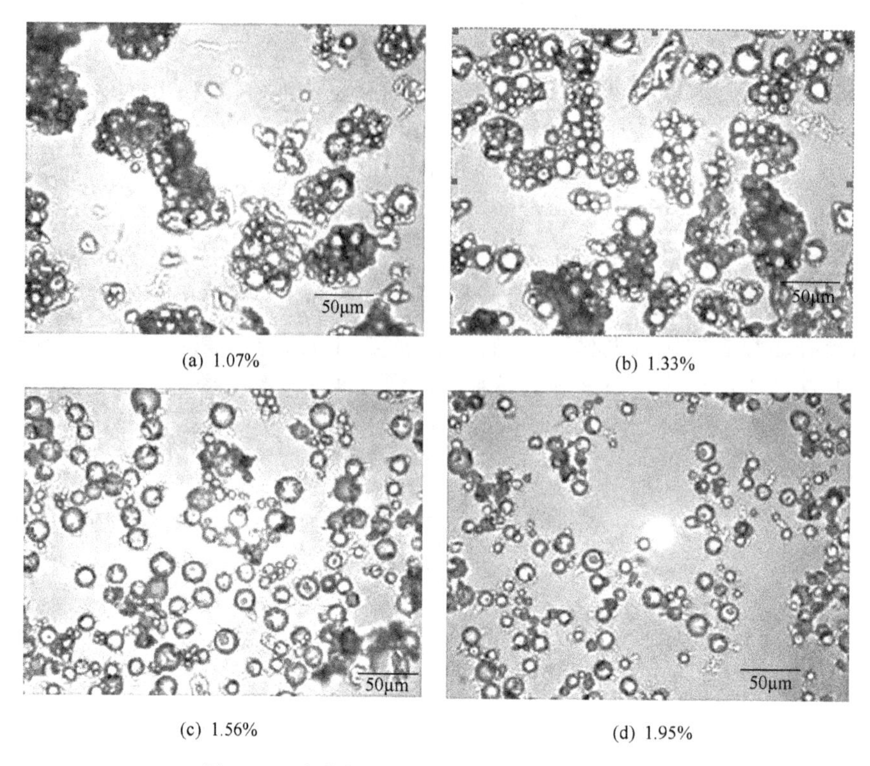

(a) 1.07%　　(b) 1.33%

(c) 1.56%　　(d) 1.95%

图 2-27　乳化剂质量分数对微胶囊形态的影响

乳化分散过程中，芯材是在乳化机的不断剪切作用下逐渐形成液滴，因此需要一定的搅拌时间才能形成粒径分布均一性好的乳滴。在 4000r/min 的转速条件下，实时移取不同乳化时间所得乳液置于载玻片上，用水稀释后在光学显微镜下观察并统计芯材液滴的粒径分布，如图 2-28 所示。高速乳化机工作时，芯材受到强烈的液力剪切、液层摩擦等作用力被迅速分散，仅 5min 后就形成了平均粒径为 11.15μm 的芯材液滴，但粒径分布范围(3～30μm)较广。随着乳化时间延长至 15min，粒径略有减小，粒径分布明显更为集中，6～9μm 的相对频数超过了 40%。乳化时间进一步延长至 20min 和 30min，平均粒径和粒径分布范围变化不大。综合考虑，较优的乳化时间为 20min。

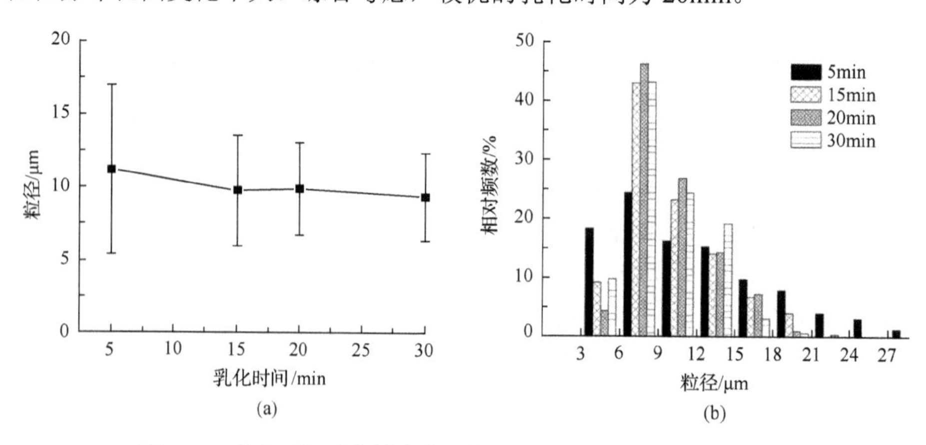

图 2-28　乳化时间对芯材液滴平均粒径(a)及粒径分布(b)的影响

(2)反应温度和催化剂质量分数的优选

如“固体芯材微胶囊形成机理”部分所述，反应温度和催化剂质量分数同样对壁材的生成速率和致密性有着重要影响，因此对这两个工艺条件进行优选是必要的。鉴于这两个因子均是通过影响 MUF 预聚物的缩聚速率来影响壁材的生成速率和形貌，选用全因子试验进行研究分析，参照“固体芯材微胶囊形成机理”部分各选取三个水平(表 2-5)。

表 2-5 反应温度和催化剂质量分数全因子试验设计

样品编号	反应温度/℃	催化剂质量分数/%
1	50	1 (pH=5.77)
2	50	2 (pH=5.12)
3	50	3 (pH=4.96)
4	60	1
5	60	2
6	60	3
7	70	1
8	70	2
9	70	3

反应结束后，利用光学显微镜分别观察悬浮液状态及室温干燥后微胶囊的形态，结果如图 2-29 所示。从图中可以看出，在悬浮液状态下，所制备的微胶囊均呈较规则的球形，但其形貌仍存在明显差异。在试验所选取的三个温度水平下，催化剂对微胶囊形貌的影响规律一致。当其质量分数为 1%时，所得微胶囊壁材光滑，相互之间分散良好，基本没有团聚现象；当质量分数增加至 2%时，壁材表面附着有大块树脂，且部分微胶囊之间粘连成团；催化剂质量分数达 3%时，微胶囊的团聚现象更为严重。这与“固体芯材微胶囊形成机理”部分关于催化剂对微胶囊壁材形貌影响的研究结果一致，即较多的催化剂会导致壁材预聚物分子缩聚速度过快，进而生成不规则的大块树脂壁材。9#试样微胶囊的团聚现象最严重，表明反应温度的升高进一步促进了预聚物的缩聚，进而加剧微胶囊的团聚。

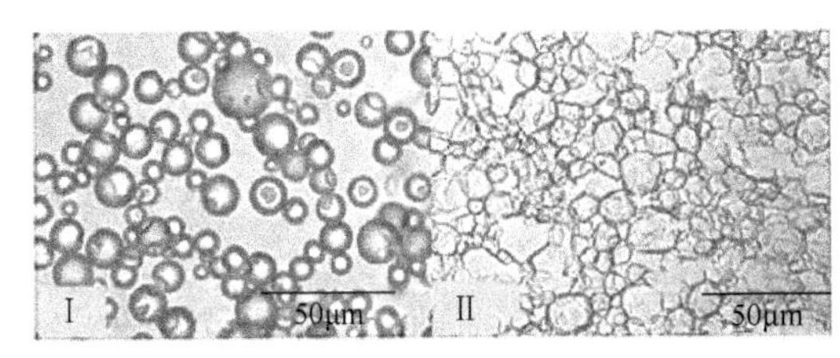

(a) 1#(50℃, 1%)

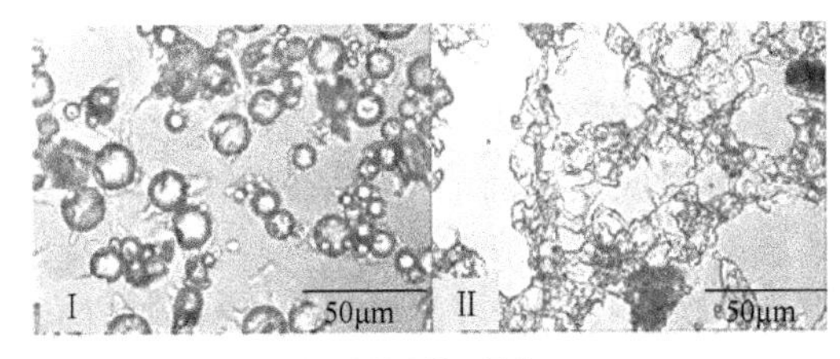

(b) 2#(50℃, 2%)

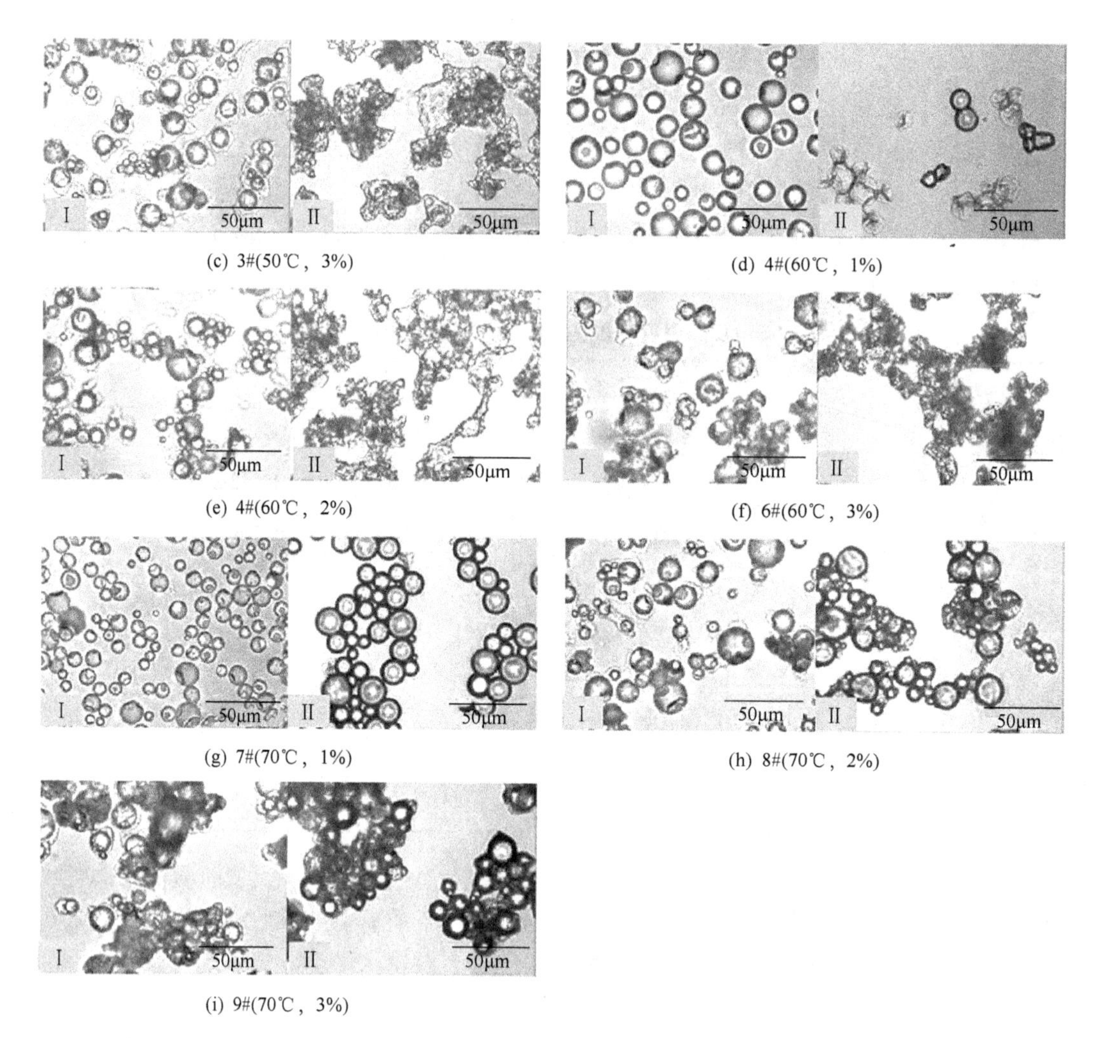

图 2-29　反应温度和催化剂质量分数对微胶囊光学显微形貌的影响

Ⅰ. 悬浮液状态；Ⅱ. 室温干燥后

从图 2-29 中还可以看出，部分微胶囊经过常温干燥后，形态发生了较大的改变。反应温度为 50℃时，壁材强度低，干燥过程中微胶囊破裂释放芯材；温度升高至 60℃时，壁材强度有所提高，仅有少量微胶囊能维持原有形态；温度进一步升高至 70℃时，壁材强度明显提高，微胶囊均能维持完整的形态。这表明反应温度对微胶囊的壁材强度具有决定性的作用，主要是由于反应温度对 MUF 树脂的缩聚交联程度影响很大。

利用扫描电镜观察 70℃条件下三组试样的微观形貌，结果如图 2-30 所示。催化剂为 1%时，微胶囊表面平整，呈较规则的球形。催化剂质量分数提高至 2%、3%时，可以观察到部分微胶囊在干燥和制样过程中破裂。这是由于在酸性较强的条件下，预聚物分子沉积速率过快，形成的壁材结构较为疏松，强度下降。进一步观察单个完整微胶囊可以发现，8#和 9#微胶囊由于壁材强度较低，受到外界挤压而出现了局部凹陷变形。同时，8#和 9#微胶囊表面沉积有少量树脂颗粒，这与“固体芯材微胶囊形成机理”部分所述催化剂用量过多时会导致壁材表面沉积结构疏松的 MUF 树脂颗粒相一致。

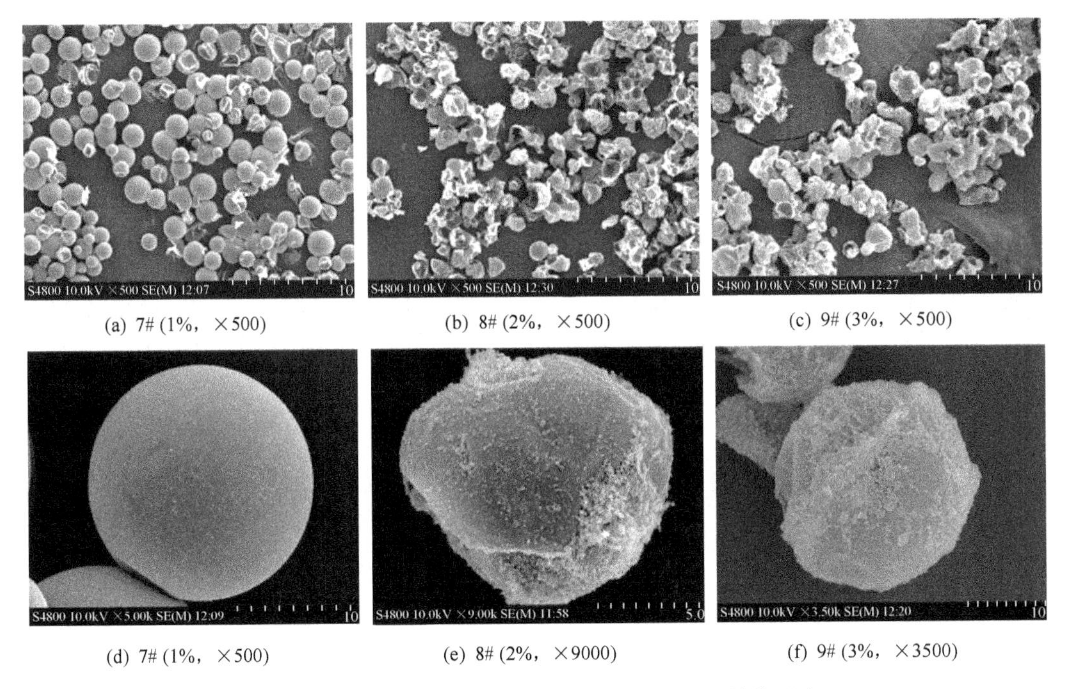

(a) 7# (1%, ×500)　(b) 8# (2%, ×500)　(c) 9# (3%, ×500)

(d) 7# (1%, ×500)　(e) 8# (2%, ×9000)　(f) 9# (3%, ×3500)

图 2-30 催化剂质量分数对微胶囊表面微观形貌的影响

总体而言，在本试验选取的水平范围内，催化剂质量分数主要影响微胶囊的外观平整度和壁材结构疏密程度，而温度则基本决定了微胶囊的壁材强度。当催化剂质量分数为 1%、反应温度为 70℃时，所生成的微胶囊外观平整，呈规则球形，且具有较高的强度。然而，对在 60℃条件下干燥 2h 后的微胶囊样品进行热重分析试验时(图 2-31)发现，微胶囊的热稳定性较差，100℃以内微胶囊质量开始明显下降，表明壁材对芯材的阻隔性能较差。进一步提高反应温度至 80℃时，微胶囊的热稳定性明显提高，在温度高于 100℃时微胶囊质量才缓慢下降。因此，80℃为较优的反应温度。

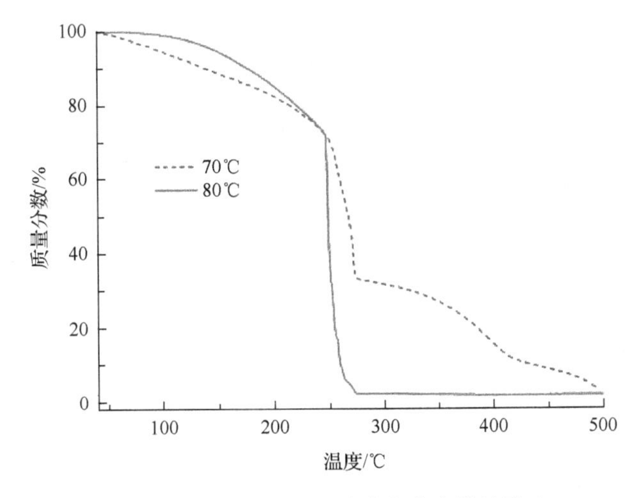

图 2-31 反应温度对微胶囊热稳定性的影响

(3) 化学结构表征

为了进一步确认微胶囊的结构组成，对微胶囊及 MUF 壁材进行红外光谱分析，所得谱图如图 2-32 所示。在微胶囊壁材谱图的主要吸收峰中，1564cm^{-1} 对应尿素-甲醛树脂中 C═O 的特征吸收峰，1494cm^{-1} 和 814cm^{-1} 归属于三聚氰胺中三嗪环的特征吸收峰，1344cm^{-1} 和 1158cm^{-1} 分别对应 C—H 和 C—O 的吸收峰，证实微胶囊壁材是由三聚氰胺、尿素和甲醛构成。在微胶囊的谱图中，不仅出现了壁材的吸收峰，在 910cm^{-1} 和 778cm^{-1} 处还出现了四氯乙烯的典型特征吸收峰[37]。综上所述可知，微胶囊样品中同时包含 MUF 壁材与四氯乙烯两种物质。结合形貌观察结果可知，四氯乙烯已经成功被 MUF 树脂壁材包覆。

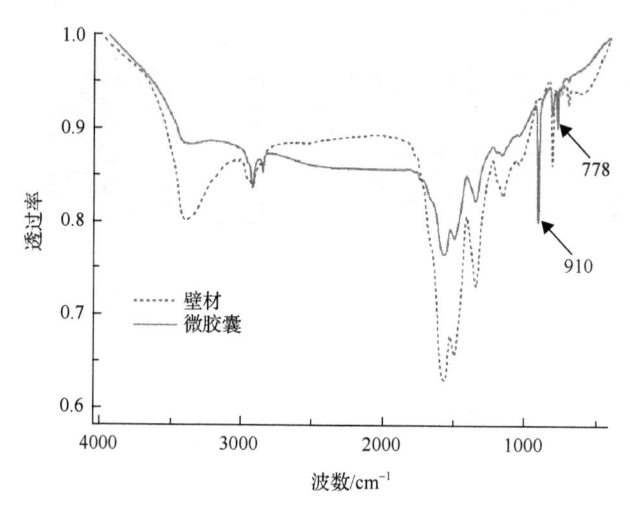

图 2-32　四氯乙烯微胶囊红外光谱图

2. 乳化工艺对微胶囊性能的影响

(1) 微胶囊粒径

粒径大小及其分布是描述微胶囊形态的重要指标，对其功能特性及后期应用会产生重要影响。液体芯材微胶囊的粒径主要取决于乳化时间、乳化转速、油水体积比及乳化剂质量分数等乳化工艺参数。前一节的论述中确定了较优的乳化时间为 20min（图 2-28）。在此基础上，进一步探讨其他乳化工艺参数对微胶囊粒径及其分布的影响规律。

乳化剂的加入是形成稳定乳液的前提，其质量分数是微胶囊粒径的重要影响因素，如图 2-33 所示。随着 SMA 质量分数的增加，反应体系的表面张力减小，芯材更易于分散；同时，包覆在芯材表面的 SMA 分子变多，能更有效地稳定和分散芯材液滴，使液滴之间碰撞合并的机会减少。因此，随着乳化剂质量分数从 0.8%逐渐升高至 2.0%，微胶囊的平均粒径相应地从 18.38μm 逐渐减小至 6.17μm，且粒径分布范围变窄。然而，当乳化剂质量分数继续增加至 2.4%时，由于乳化剂分子大量存在于水相中，反应体系黏度明显增加，导致乳化剪切作用力变小，微胶囊粒径反而增大[24]。总之，就微胶囊的粒径及分布均一性而言，较优的乳化剂质量分数为 2.0%。

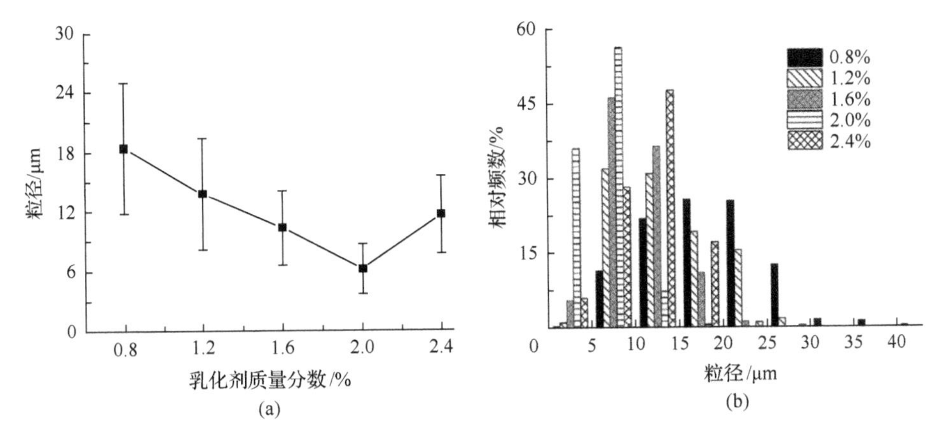

图 2-33　乳化剂质量分数对微胶囊平均粒径(a)及粒径分布(b)的影响

乳化转速对微胶囊粒径的影响如图 2-34 所示。一般而言，乳化转速增加，芯材受到的剪切作用力相应增大，微胶囊粒径也会随之明显减小[13, 30]。不同乳化转速条件下微胶囊的平均粒径在 8.47～10.33μm 波动，变化幅度小；粒径分布情况也比较接近，大部分微胶囊的粒径位于 4～16μm。这是由于四氯乙烯为非极性分子，易于乳化，4000r/min 高速搅拌条件下产生的作用力已足以使其均匀分散。

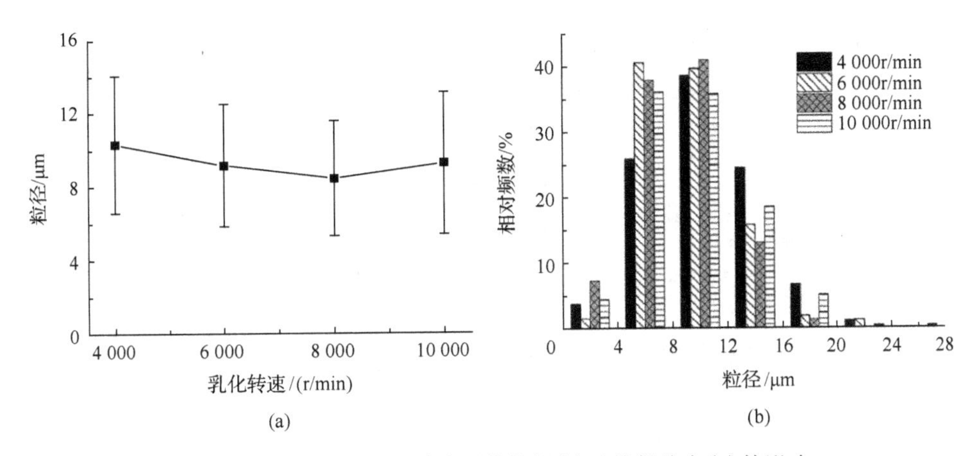

图 2-34　乳化转速对微胶囊平均粒径(a)及粒径分布(b)的影响

油水体积比也是微胶囊粒径的重要影响因素之一。减少四氯乙烯的用量，使油水体积比从 1∶3 逐渐减小至 1∶7，所得微胶囊平均粒径及粒径分布情况如图 2-35 所示。结果表明，微胶囊的平均粒径随着油水体积比的减小而表现出增大的趋势。这是由于水相增加时，反应体系的黏度会减小[38]，乳液的稳定性下降，导致微胶囊粒径有所增大，微胶囊的粒径分布范围也变得更宽。

(2) 微观形貌和壁材含量

微观形貌和壁材含量同样是评价微胶囊的重要特征参数。不同乳化剂质量分数条件下合成的微胶囊微观形貌及壁材含量如图 2-36 所示。乳化剂质量分数为 0.8%时，微胶囊表面沉积有不规则树脂；当乳化剂质量分数增加至 1.2%以上时，微胶囊表面变得平整。

这与“固体芯材微胶囊形成机理”部分所述较高乳化剂质量分数有利于形成均匀、平整壁材的结论相一致。随着乳化剂质量分数由 0.8%增加至 1.6%，微胶囊的壁材含量表现出明显下降趋势，由 14.57%下降至 2.66%，与微胶囊的形貌观察结果一致。部分扫描电镜形貌图中可以观察到破裂的微胶囊，其壁材厚度＜0.5μm，与微胶囊较低的壁材含量相一致。

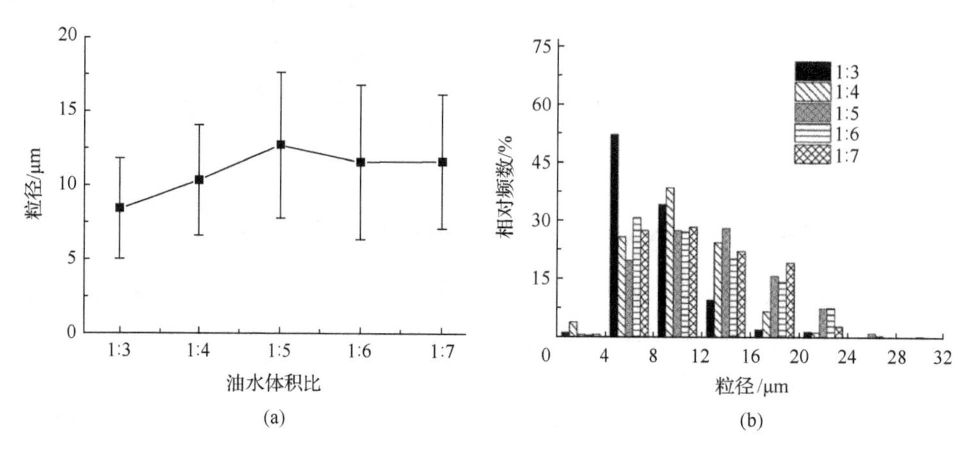

图 2-35　油水体积比对微胶囊平均粒径(a)及粒径分布(b)的影响

(a) 0.8%　　(b) 1.2%

(c) 1.6%　　(d) 2.0%

(e) 2.4%　　　　(f) 壁材含量

图 2-36　乳化剂质量分数对微胶囊微观形貌及壁材含量的影响

改变乳化转速，从 4000r/min 逐渐提高至 10 000r/min，所制备的微胶囊微观形貌及壁材含量如图 2-37 所示。从图中可以看出，乳化转速对微胶囊的微观形貌无明显影响。微胶囊均呈规则球形，表面平整。这是由于乳化转速主要影响乳化阶段芯材液滴的形成，而不会引起 MUF 预聚物分子的缩聚反应及壁材沉积作用发生明显改变。乳化转速为 6000～10 000r/min 时，微胶囊壁材含量均略高于 4000r/min 时对应的壁材含量。其原因是乳化转速提高时，微胶囊平均粒径有所减小(图 2-34)，导致壁材相对芯材的比例提高，从而使壁材含量增加。

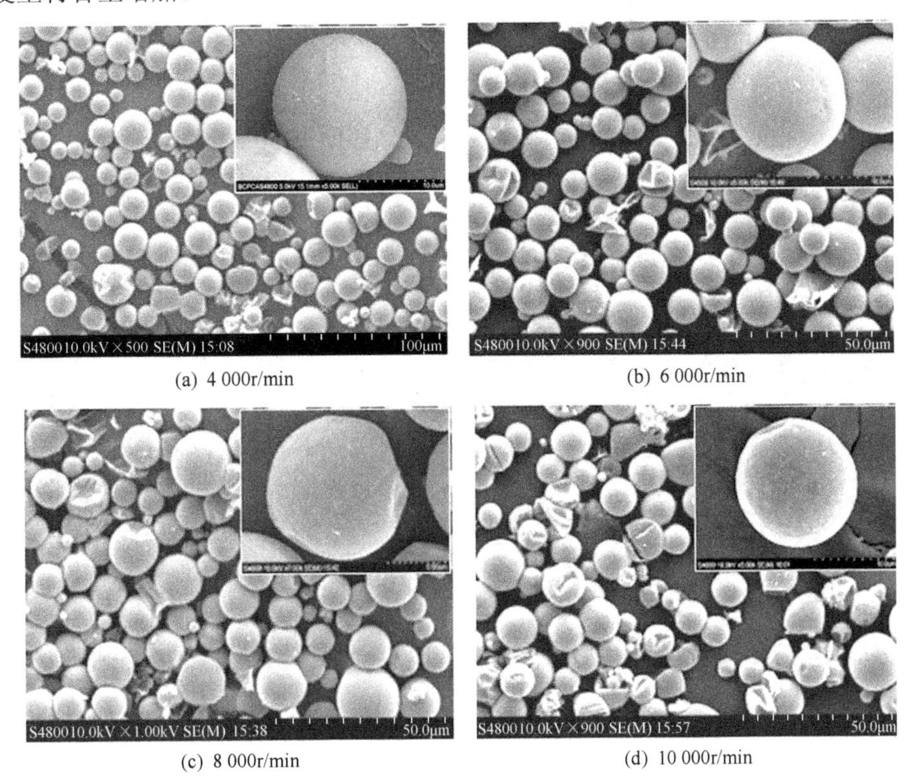

(a) 4 000r/min　　　　(b) 6 000r/min

(c) 8 000r/min　　　　(d) 10 000r/min

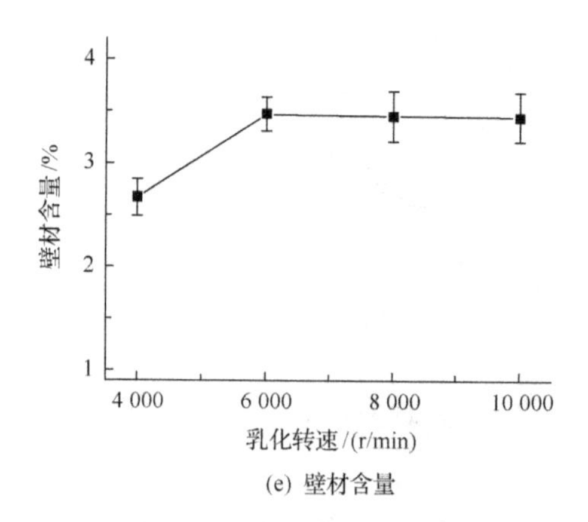

(e) 壁材含量

图 2-37　乳化转速对微胶囊微观形貌及壁材含量的影响

图 2-38 所示为不同油水体积比条件下所制备的微胶囊的微观形貌及壁材含量。与乳化转速类似，油水体积比的改变也不会影响预聚物分子的缩聚反应及壁材的沉积，因而对四氯乙烯微胶囊的微观形貌未表现出明显影响。各组条件所得微胶囊均呈现良好的形态。然而，随着油水体积比的减小，壁材相对芯材的量逐渐增多，相同时间内会有更多的壁材沉积在芯材表面，从而使微胶囊的壁材含量小幅增加。

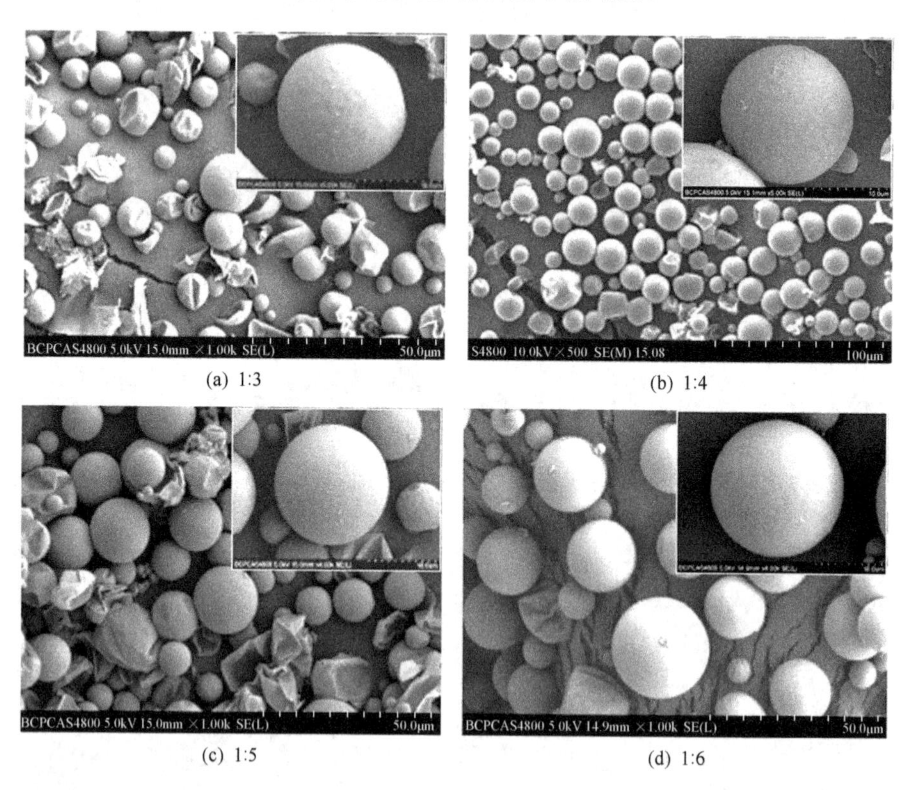

(a) 1:3　　(b) 1:4

(c) 1:5　　(d) 1:6

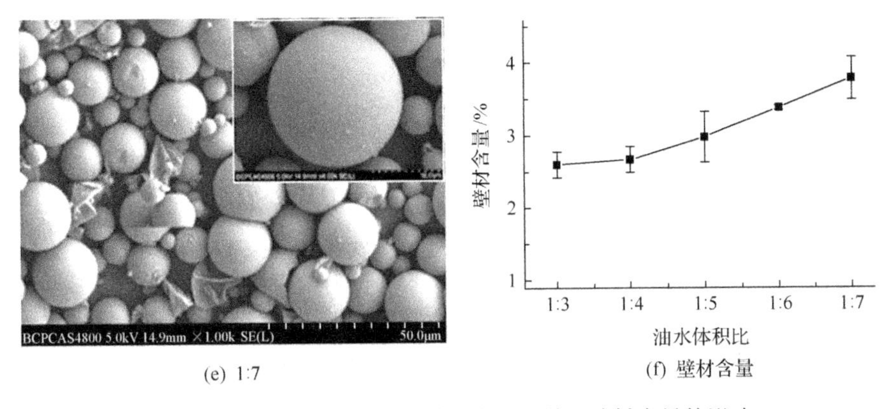

(e) 1:7　　(f) 壁材含量

图 2-38　油水体积比对微胶囊微观形貌及壁材含量的影响

(3) 热稳定性

热稳定性可用于评价微胶囊的壁材致密程度和强度。四氯乙烯、微胶囊及 MUF 壁材的热分解曲线如图 2-39(a)所示。四氯乙烯沸点为 121.2℃，在空气中容易挥发。热重分析测试过程中，四氯乙烯样品在 100℃(低于沸点)以内便迅速挥发殆尽。MUF 树脂壁材的热分解过程可分为 4 个阶段[31]：在 200℃以前，质量损失主要对应于羟甲基、亚甲

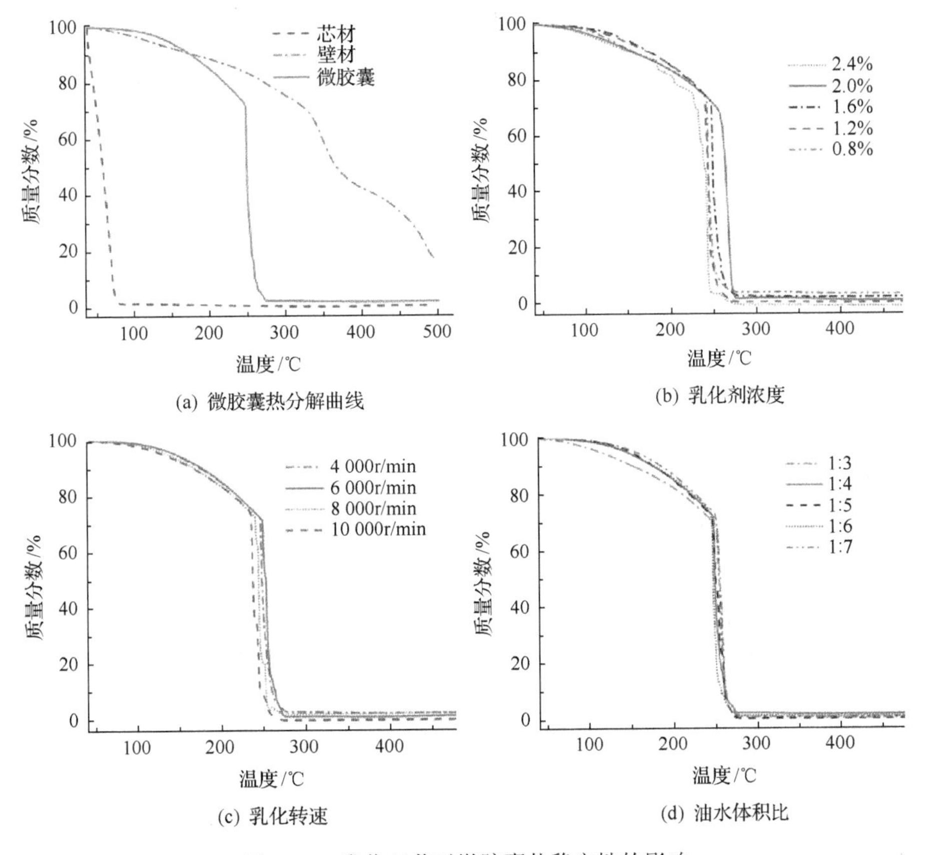

(a) 微胶囊热分解曲线　　(b) 乳化剂浓度

(c) 乳化转速　　(d) 油水体积比

图 2-39　乳化工艺对微胶囊热稳定性的影响

基醚键断裂而释放出的水、甲醛等小分子物质；200～300℃，甲基脲发生氧化降解；300～400℃，三聚氰胺开始氧化降解生成氨气，微胶囊质量迅速下降；400℃以上，残余物质进一步降解，树脂的三维网状结构破坏。

微胶囊的热分解曲线介于壁材和芯材曲线之间，进一步证实微胶囊已经包覆成功。在 120℃以前，微胶囊的质量略有下降，主要对应残留水分的蒸发。温度继续升高，芯材开始沸腾变成气体，逐渐从微胶囊壁材的孔隙中挥发出来，微胶囊的质量下降速度加快。在 260℃附近，微胶囊壁材破裂，芯材迅速释放，微胶囊质量分数急剧下降至 10%以下，这与微胶囊较低的壁材含量相一致。综合上述分析可知，芯材四氯乙烯经 MUF 壁材包覆后，在其外部形成了有效屏障层，热稳定性显著提高，在低于其沸点温度的条件下挥发性显著降低。

图 2-39 中还给出了乳化工艺对微胶囊热稳定性的影响。乳化剂质量分数为 0.8%时，壁材含量较高，测试结束后的残余质量也较高[图 2-39(b)]。乳化剂质量分数上升至 1.2%、1.6%时，微胶囊在破裂前其质量下降速率变慢，表明壁材致密性提高。当乳化剂质量分数进一步增加至 2.0%时，壁材致密性略有下降，但微胶囊破裂温度提高至 275℃，明显高于其他条件组微胶囊的破裂温度。这表明乳化剂的增加有利于提高微胶囊壁材的强度，也证实乳化剂分子具有促进壁材树脂颗粒紧密粘连的作用。然而，当乳化剂质量分数达到 2.4%时，壁材的生成受到过量乳化剂分子的抑制，壁材强度下降，在 200℃附近部分微胶囊开始破裂。综合考虑，乳化剂质量分数为 1.6%时微胶囊性能较优。

乳化转速[图 2-39(c)]对微胶囊的热分解特性没有明显的影响。各组条件中，微胶囊在破裂前其质量分数下降趋势基本一致，表明壁材致密性没有明显变化。这表明乳化转速对壁材的生成没有明显的影响，与上述微观形貌和壁材含量的研究结果一致。微胶囊破裂温度在 250～260℃波动，变化不明显。与乳化转速类似，油水体积比[图 2-39(d)]对微胶囊的破裂温度没有明显影响。当油水体积比由 1∶3 减小至 1∶4 时，芯材用量减少，成壁物质相对增多，壁材的生成量增加(图 2-38)，微胶囊壁材的致密性明显提高。油水体积比继续减小至 1∶7，微胶囊壁材的致密性略有提高。综上所述，微胶囊合成过程中为了获得致密性好的壁材，应选取小于 1∶4 的油水体积比。

3. 成壁条件对微胶囊性能的影响

(1)微观形貌和壁材含量

四氯乙烯芯材经乳化后，进入成壁阶段，成壁条件的控制对微胶囊的性能具有非常重要的影响。如本节中对反应温度和催化剂两个因子分析所述(图 2-29)，反应温度低于 60℃时，形成的微胶囊干燥后破裂，壁材强度较低。反应温度达到 70℃时，微胶囊干燥后可以维持完整形态，但壁材的致密性较差。反应温度继续提高至 80℃时，微胶囊壁材的致密性明显提高。继续升高温度，水分蒸发过于剧烈，不利于维持反应体系的稳定性，同时也会增加能耗损失，因此选取 80℃作为较优的反应温度。

同时，研究中还发现催化剂质量分数超过 2.0%时，微胶囊的壁材结构较疏松，表面会沉积不规则树脂颗粒。在此基础上，选取 0.5%～1.5%的催化剂质量分数变化范围，研究催化剂质量分数对微胶囊性能的影响，结果如图 2-40 所示。催化剂质量分数为 0.5%时，pH 为 6.56，反应体系呈现弱酸性，预聚物分子缩聚反应慢，生成的壁材强度低，大部分微胶囊在干燥后破裂释放出芯材，导致壁材含量达到 70%。催化剂质量分数提高至 1.0%时，微胶囊形态完整，呈规则球形。催化剂质量分数进一步提高至 1.5%时，壁材生成速率加快，微胶囊表面沉积有少量树脂颗粒，壁材含量也有明显的提高。总体而言，较优的催化剂质量分数为 1.0%。

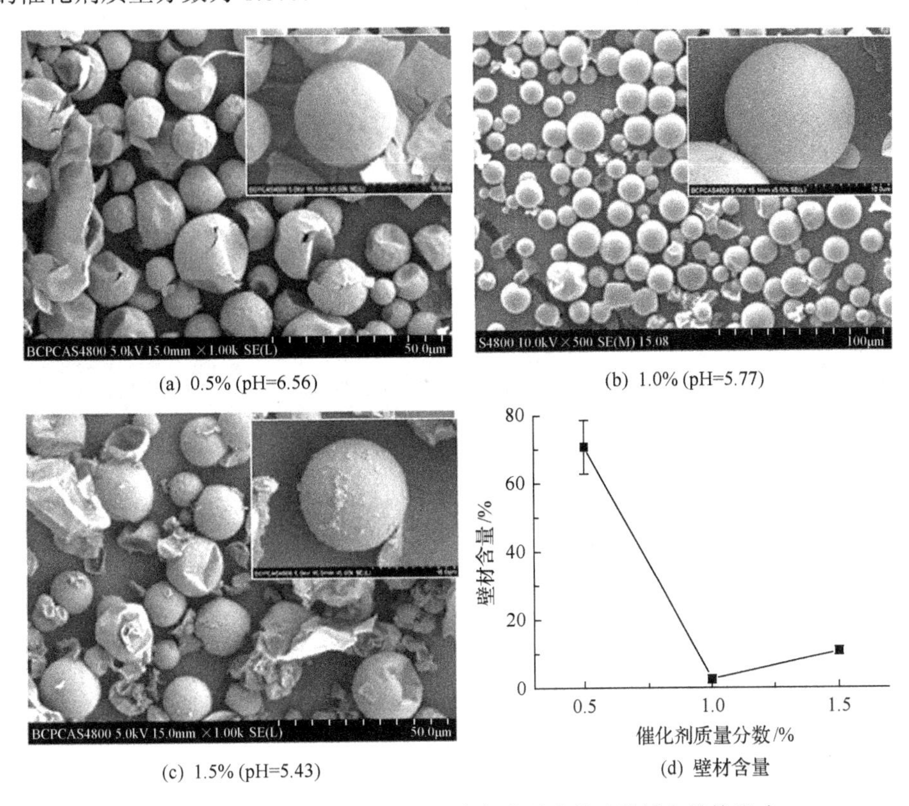

(a) 0.5% (pH=6.56)　(b) 1.0% (pH=5.77)

(c) 1.5% (pH=5.43)　(d) 壁材含量

图 2-40　催化剂质量分数对微胶囊微观形貌及壁材含量的影响

反应温度和催化剂质量分数的变化，主要引起预聚物分子缩聚速率及交联程度的改变，进而影响壁材的形貌和强度。而壁材质量分数的改变，则主要影响成壁物质的供给速率，导致微胶囊性能产生变化，如图 2-41 所示。壁材质量分数为 3.0%时，壁材物质的沉积速率过慢，形成的壁材强度低，干燥后微胶囊全部破裂，扫描电镜图像中未能观察到保持完整形态的微胶囊。当壁材质量分数提高至 4.0%，可以发现形成了一部分形貌较好的微胶囊；壁材含量为 10.30%，也表明有一部分芯材被成功包覆。壁材质量分数为 5.3%时，所制备的微胶囊表面平整，呈规则球形。随着壁材质量分数由 5.3%增加至 6.4%，可用于成壁的物质增多，微胶囊的壁材含量也相应地有所增加。

微胶囊壁材的形成是一个伴随有复杂物理化学变化的累积过程，因而成壁反应时间对微胶囊的形貌和强度有着重要影响，如图 2-42 所示。反应时间仅为 30min 时，原位聚合形成的初始壁材强度低，干燥后微胶囊大部分破裂，壁材含量高达 15.45%。反应时间延长至 60min，微胶囊壁材强度明显提高，仅有少数微胶囊发生破裂现象，壁材含量下降至 3.52%。反应 120min 后，微胶囊均呈规则球形，形态保持完整。随着反应时间由 120min 逐渐增加至 240min，树脂不断在微胶囊表面沉积，壁材含量也呈现增长趋势。

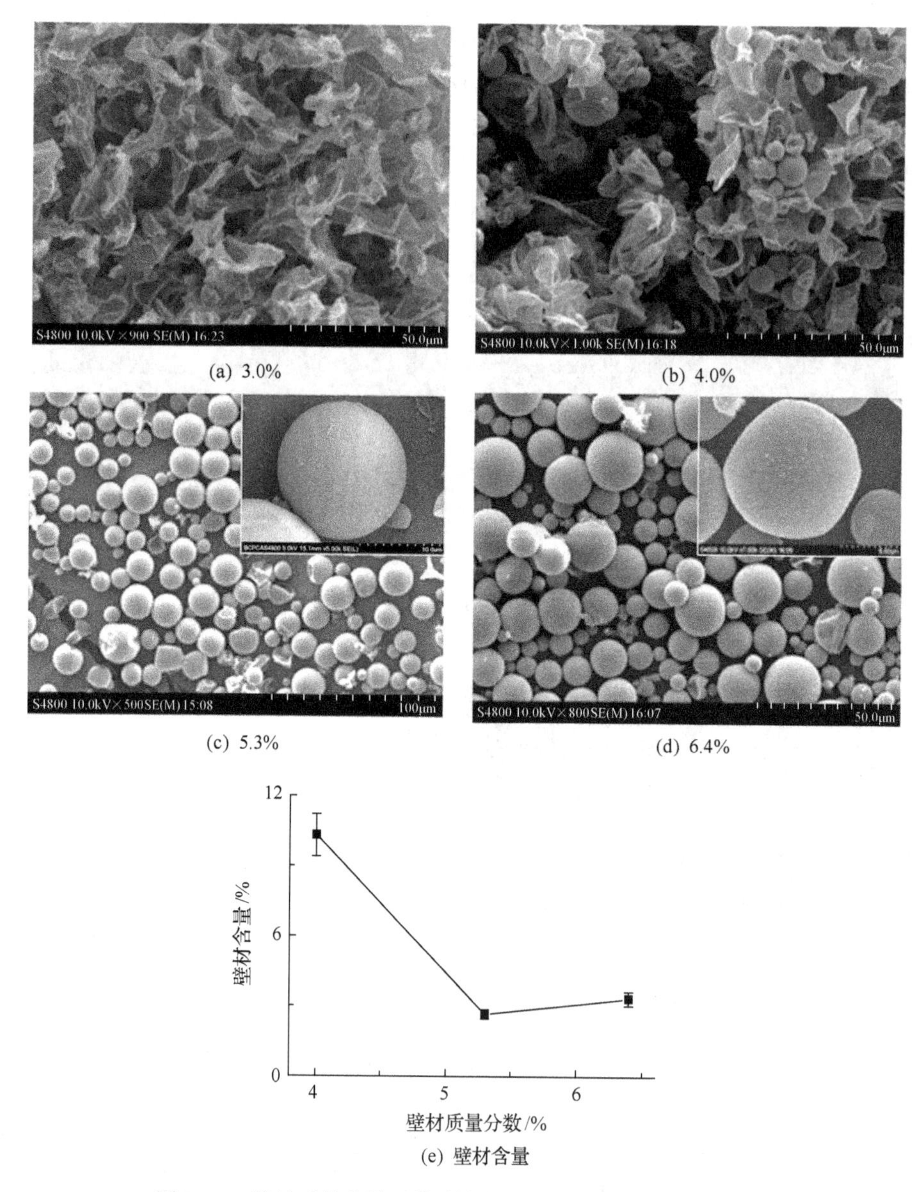

(a) 3.0%　　(b) 4.0%

(c) 5.3%　　(d) 6.4%

(e) 壁材含量

图 2-41　壁材质量分数对微胶囊微观形貌及壁材含量的影响

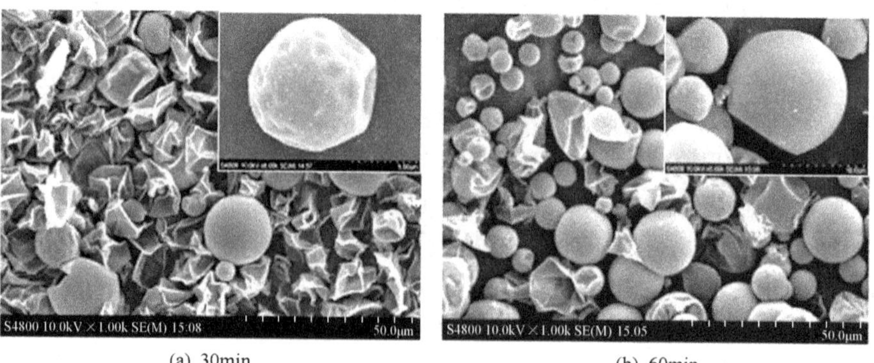

(a) 30min　　(b) 60min

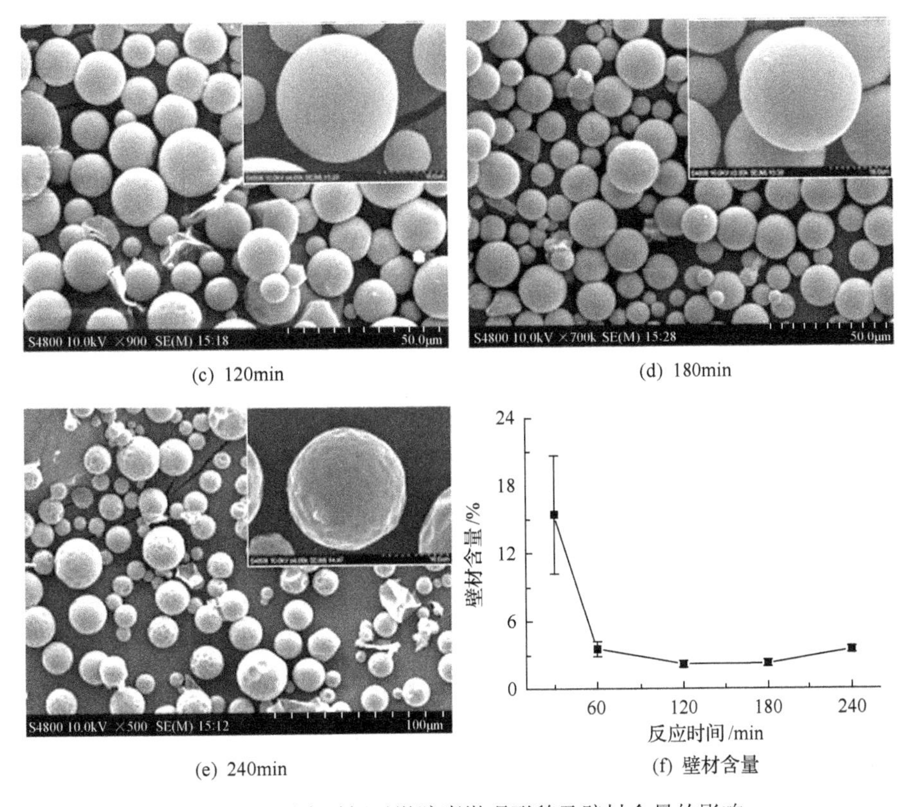

(c) 120min　(d) 180min

(e) 240min　(f) 壁材含量

图 2-42　反应时间对微胶囊微观形貌及壁材含量的影响

(2) 热稳定性

不同催化剂质量分数条件下合成的微胶囊热分解特性如图 2-43(a)所示。催化剂质量分数较低(0.5%)时，样品的热分解曲线与 MUF 壁材的热分解曲线[图 2-39(a)]接近，表明样品中大部分微胶囊已经破裂。催化剂质量分数增加至 1.0%时，在较多的酸催化作用下生成了强度较高的壁材，微胶囊热稳定性明显提高。然而，继续提高催化剂质量分数至 1.5%，微胶囊的致密性下降，破裂温度也降低了约 20℃。这表明在 MUF 原位聚合形成微胶囊的过程中，催化剂适量时才能形成致密性好、强度高的壁材，较优的催化剂质量分数为 1.0%。

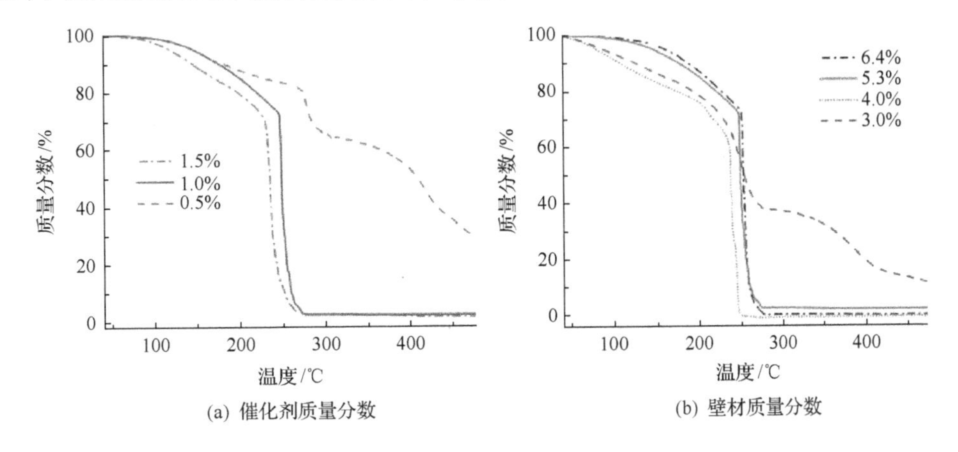

(a) 催化剂质量分数　(b) 壁材质量分数

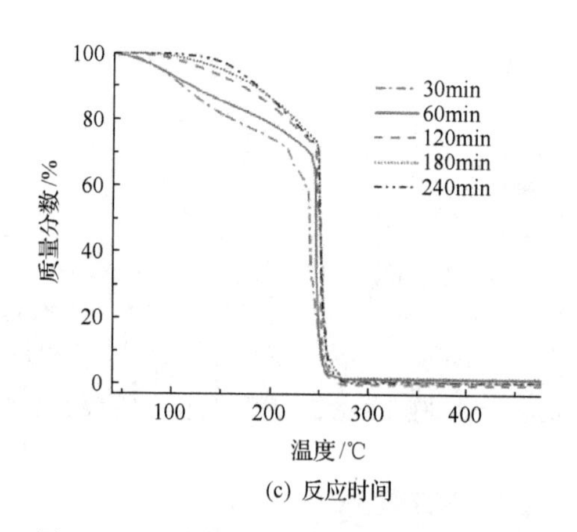

(c) 反应时间

图 2-43　成壁条件对微胶囊热稳定性的影响

壁材质量分数、反应时间对微胶囊热稳定性的影响与其对微观形貌和壁材含量的影响一致，如图 2-43(b)和(c)所示。当壁材质量分数超过 5%、反应时间达 120min 后，试验中合成的微胶囊壁材致密性好，破裂温度约为 260℃。随着壁材质量分数的继续增加或反应时间的延长，微胶囊壁材的致密程度呈缓慢增加趋势。实际生产应用中，在满足壁材质量分数大于 5%、反应时间长于 120min 的前提下，可依据产品性能的需求来选取壁材质量分数和反应时间两个工艺参数。

4. 微胶囊的形成机理

与固体芯材微胶囊相比，液体芯材微胶囊的形成过程更复杂。然而，壁材形成过程中的化学反应是一致的(图 2-25)，主要包含三聚氰胺和尿素的羟甲基化，以及预聚物分子之间的缩聚交联。微胶囊的形成过程可分为三个阶段(图 2-44)：第一阶段为液体芯材的乳化，在机械搅拌和乳化剂作用下，芯材分散形成表面吸附有一层 SMA 乳化剂分子的球形液滴；第二阶段为缩聚成壁过程，在酸和热的作用下，MUF 预聚物分子之间相互缩聚，通过静电吸引与析出沉积的方式在芯材周围形成强度较弱的初始壁材；第三阶段为交联固化过程，MUF 不断沉积，相互交联形成三向交联的壁材，可有效地隔离、保护芯材。

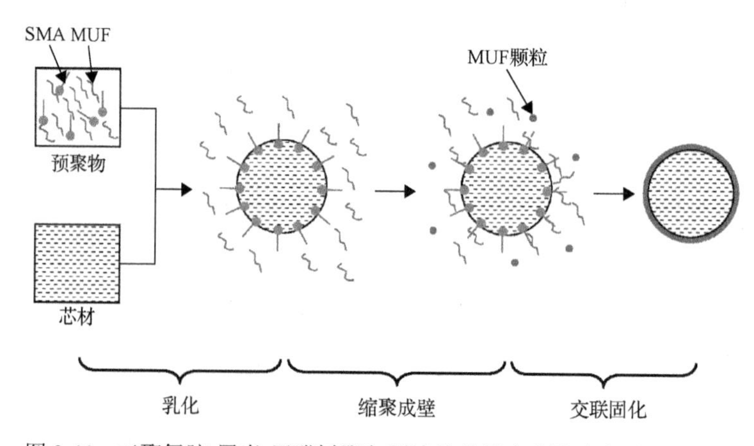

图 2-44　三聚氰胺-尿素-甲醛树脂包覆液体芯材合成微胶囊原理示意图

在微胶囊的形成过程中，乳化剂 SMA 发挥着稳定和分散微胶囊的作用，质量分数太小时微胶囊之间会互相粘连，质量分数大于 1.5%时可获得分散性较好的微胶囊产品。反应温度影响壁材的缩聚反应程度，进而影响壁材的强度，反应温度高于 70℃时形成的微胶囊强度较高。催化剂质量分数对壁材形貌及微胶囊强度有重要影响，在较高质量分数（>2%）条件下合成的微胶囊表面会沉积不规则树脂，当质量分数小于 0.5%时形成的微胶囊强度很低。总体而言，乳化剂质量分数、反应温度和催化剂质量分数是微胶囊性能的主要决定性因子。这与 MUF 包覆固体芯材的形成机理相一致。

此外，壁材质量分数的增加有利于提高微胶囊的强度。当质量分数小于 4%时，壁材沉积量少，微胶囊强度低，干燥后易于破裂。微胶囊的形成是壁材物质逐渐累积的过程。反应时间小于 60min 时，形成的壁材强度低，干燥后易于破裂。当反应时间超过 120min 以后，形成的微胶囊强度高、稳定性好。

第四节 微胶囊后处理技术

一、悬浮液特性

微胶囊合成后一般呈悬浮液状态，需要进行分离、洗涤和干燥后才能得到杂质较少的粉末状微胶囊产品。在悬浮液固液两相的分离过程中，微胶囊颗粒的沉降速度及滤饼的可压缩性、比阻和渗透性等主要取决于微胶囊颗粒特性（如密度、形状、粒径大小及分布、比表面积）、液体介质特性（如密度、黏度和 pH）及固液混合物特性（如黏度、浓度和电位）[39]。因此在选择悬浮液分离方法与设备前，需要了解其基本特性。

在悬浮液分离过程中，固体颗粒的尺寸及其分布、形状和密度等特性对分离过程有着重要的影响。颗粒尺寸越小，分离难度越大，分离后颗粒之间容易粘连。较窄的颗粒尺寸分布范围有利于提高固体颗粒分离得率。形状规则的固体颗粒，分离难度相对较小。固体颗粒密度与液体介质相差越大，利用沉降法和离心法分离固体颗粒时分离效果越好。对于固体颗粒和液体介质密度接近的悬浮液，沉降法和离心法分离效果差，需要选用过滤等其他分离方式。总之，固体的颗粒特性影响着颗粒的沉降速度和分离效率，在选择悬浮液分离方法时必须重点考虑。

悬浮液中液体介质的黏度是固液分离过程的重要影响因素，显著影响着悬浮液的过滤速度。液体介质的黏度又会受到外界温度的影响。一般而言，温度越高时液体介质的黏度越小，其透过过滤介质的阻力也越小，因而有利于悬浮液的固液分离。在实际应用中，可以选用液体介质的黏度-温度曲线作为悬浮液固液分离操作温度的选择依据。

悬浮液的固含量也是影响其固液分离过程的重要影响因素。悬浮液的固含量可以用固体颗粒占悬浮液的质量或体积比例来表示。由于测量质量比例的方法简便而精确，仅需精密天平和烘箱等常规仪器，因而在工程上应用更为普遍。当悬浮液的固含量太小时，过滤分离效率低，可以通过在分离之前蒸发液体介质等方式提高固含量。当悬浮液的固含量过大时，颗粒之间由于间距太小而相互制约，在沉降分离过程中将发生干涉沉降，进而降低分离速度，可以通过在分离之前增加液体介质等方式降低固含量。

悬浮液中微粒的荷电性也是其分离过程中需要重点考虑的因素。在微胶囊颗粒的形成和处理过程中，颗粒间碰撞摩擦或外界离子(或电子)附着等作用可能使其产生荷电。微胶囊粒子的荷电性主要取决于物质种类、环境温度和湿度等。表面带有电荷的微胶囊粒子会吸引周围带相反电荷的离子，在两相界面形成双电层。双电层与分散介质之间会产生电势差，即电位。此外，带有同种电荷的微胶囊粒子会在静电作用下互相排斥，而在外加电场作用下荷电粒子会产生定向移动。上述现象会影响微胶囊粒子之间的团聚及过滤介质的堵塞性能，因而是微胶囊悬浮液分离过程中需要考虑的问题。

二、重力及离心沉降

重力沉降是利用颗粒自身重力来分离悬浮液的一种方式。悬浮液的固体颗粒和液体介质之间存在明显的密度差，是实现重力沉降的必要前提。对于颗粒密度大于液体介质的悬浮液，沉降后底部为高浓度的固体颗粒，上部为含极少部分固体颗粒的溶液，如聚磷酸铵微胶囊的水悬浮液。反之，当颗粒密度小于液体介质时，高浓度的固体颗粒会漂浮于液体介质上部，如石蜡微胶囊的水悬浮液。沉降完成后，通过移除液体介质溶液，干燥后最终获得固体颗粒产品。重力沉降具有工艺简单、分离成本低等优势，但其分离周期长、效率低，在实际生产中很少应用。

离心沉降是在离心力作用下进行沉降分离的过程，一般在离心机中进行。悬浮液中的微胶囊颗粒在离心场中将受到远远大于重力的离心作用力，分离效果好。因此，离心沉降对悬浮液的适用性更强。对于固体颗粒和液体介质之间密度相差较大的悬浮液，离心沉降的分离效率远高于重力沉降。对于纳米尺度粒子的分散体系而言，分散难度增加，一般需要利用转速超过 10 000r/min 的高速(或超高速)离心机来进行沉降分离。

三、过滤

过滤是利用滤纸或滤膜阻隔固体颗粒实现悬浮液分离的一种方式，依据过滤推动力可分为重力过滤、加压过滤、真空过滤和离心过滤 4 类。对于某一特定的过滤方法，可以通过测定滤饼比阻和物料可压缩系数来确定微胶囊悬浮液的较优过滤工艺参数，包括温度、压力和滤饼厚度等。

滤饼比阻系数是用于表征微胶囊悬浮液过滤特性的主要参数。依据滤饼比阻系数，可以选择过滤机类型，计算过滤机生产能力，以及预测推动力对生产能力和滤饼含湿率等的影响。滤饼在恒压过滤中的基本方程式见公式(2-7)和公式(2-8)。由公式(2-8)可知，若方程式(2-7)的斜率已知，则滤饼的平均质量比阻(α_{av})可以由参数 K、物料的基本参数(m、s、μ、ρ)及操作压力(Δp)求出。在恒压过滤过程中，若能测得一系列过滤时间对应的单位过滤面积的滤液量，则通过作图法或数值回归法可以求出公式(2-7)中的斜率，进而求出滤饼的平均质量比阻(α_{av})。

$$t/V = V/K + \mu R_m/\Delta p \tag{2-7}$$

式中，t 为过滤时间，s；V 为单位过滤面积上得到的滤液体积，m^3/m^2；K 为参数，m^2/s；

μ 为滤液的黏度，Pa·s；R_m 为过滤介质阻力，1/m；Δp 为过滤推动力，MPa。

$$K = 2\Delta p(1-ms)/\mu\rho s\alpha_{av} \tag{2-8}$$

式中，K 为参数，m^2/s；Δp 为过滤推动力，MPa；m 为滤饼中液体质量与固体质量之比；s 为料浆中固体质量与液体质量之比；μ 为滤液的黏度，Pa·s；ρ 为滤液的密度，kg/m^3；α_{av} 为滤饼的平均质量比阻，m/kg。

物料的可压缩系数(n)是用于表征微胶囊悬浮液过滤特性的另一重要参数。依据可压缩系数的不同，可以将物料分为高可压缩($n>0.5$)、中等可压缩($n=0.3\sim0.5$)、低压缩($n<0.3$)及不可压缩($n=0$)四大类。物料的可压缩性可以作为过滤操作压力的选择依据之一。一般而言，过滤压力越大，滤饼的空隙率越小，滤液通过也越困难。滤饼的比阻、可压缩系数与过滤压力之间的关系可由公式(2-9)表示。

$$\alpha_{av} = \alpha_0(\Delta p)^n \tag{2-9}$$

式中，α_{av} 为滤饼的平均质量比阻，m/kg；α_0 为单位压力作用下滤饼的平均质量比阻，m/kg；Δp 为过滤推动力，MPa；n 为滤饼的可压缩系数。

由公式(2-9)可得公式(2-10)。由公式(2-10)可知，物料的可压缩系数可以通过方程式的斜率求出。因此，若能测得恒压过滤过程中一系列不同压力对应的滤饼平均比阻，再通过作图法或数值回归法求出其斜率，即能得到物料的可压缩系数。

$$\lg\alpha_{av} = \lg\alpha_0 + n\cdot\lg(\Delta p) \tag{2-10}$$

式中，α_{av} 为滤饼的平均质量比阻，m/kg；α_0 为单位压力作用下滤饼的平均质量比阻，m/kg；n 为滤饼的可压缩系数；Δp 为过滤推动力，MPa。

四、喷雾干燥

喷雾干燥法除了可以用于直接制备微胶囊以外，还可以用于微胶囊悬浮液的干燥处理。目前奶粉、速溶咖啡和合成洗衣粉等许多商品都是采用喷雾干燥法制成粉末。利用各种制备方法得到的微胶囊，在液体介质中一般是相互不黏结、易于分散的。尽管采取固化处理已使微胶囊成为非水溶性的，但壁材仍具有黏性和溶胀能力。微胶囊过滤成滤饼时，仍会彼此粘连在一起。因此，利用过滤方式获得的微胶囊产品，干燥后分散性往往较差，容易呈块状。如果将微胶囊悬浮液经过喷雾干燥处理则易于获得分散性良好的粉末状微胶囊。喷雾干燥时悬浮液分散成很小的液滴，液体介质迅速蒸发，干燥时间短，干燥效率高，非常适于工业化生产微胶囊粉末。

干燥过程中为了使液体介质能够快速蒸发，通常需要将温度设置在 100℃以上。高温处理在除去水分的同时，也可能影响微胶囊的性能。下面以三聚氰胺-尿素-甲醛树脂包覆四氯乙烯微胶囊为例，说明干燥处理对微胶囊性能的影响。

经不同干燥温度和干燥时间处理的微胶囊的热分解曲线如图 2-45 所示。从图 2-45(a)

中可以看出，微胶囊经 100℃处理 30min 后，热稳定性有所提高。这是由于在高温作用下，壁材中少量未完全反应的树脂分子进一步缩聚交联，形成更致密的结构，从而提高了其对芯材的阻隔性[40]。干燥温度进一步升高至 120℃，微胶囊的热稳定性进一步提高，160℃时质量损失仅为 2.14%，明显低于对照样品相应的质量损失(7.06%)。温度继续升高至 140℃时，微胶囊壁材的致密程度没有明显提高，表明在 120℃干燥条件下壁材树脂已经固化完全。

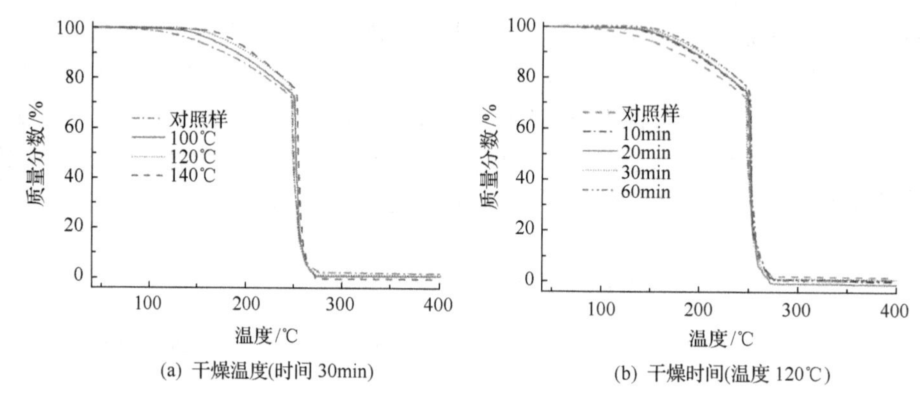

图 2-45 干燥温度和干燥时间对微胶囊热稳定性的影响

另外，从图 2-45(b)中可以发现，120℃干燥条件下微胶囊经 10min 处理后，其热稳定性有明显提高，160℃质量损失下降至 3.77%。随着时间的进一步延长，微胶囊壁材的致密程度呈增加趋势。然而，当干燥时间超过 30min 后，微胶囊热稳定性的变化不甚明显。这表明树脂壁材在 30min 以内已经固化完全。图 2-46 中给出了经 120℃干燥 60min 的微胶囊的微观形貌图。从图中可以看出，微胶囊经高温干燥后仍能保持原有形貌。总之，后期高温干燥处理有利于提高氨基树脂微胶囊的热稳定性。

图 2-46 微胶囊干燥(120℃，60min)后的微观形貌

当然，高温干燥处理也可能会对微胶囊性能产生不利的影响，如加速挥发性芯材向外扩散、降低热敏性芯材的活性。我们需要依据微胶囊的特性选择适宜的喷雾干燥工艺。此外，对于某些在高温条件下芯材(如酶、蛋白质等)会失活失效、液体介质沸点过高及

液体介质毒性较大等特殊的微胶囊悬浮液，不宜用喷雾干燥法进行处理。

五、冷冻干燥

冷冻干燥是一门先进的现代干燥技术。其工作原理如下：对含水的新鲜物料进行冷冻处理(温度低于冰点)，使物料中存在的游离水由液态转变为固体冰晶形态；在真空条件下，物料中的冰经升华过程转变成水蒸气，从而去除物料中的水分。冷冻干燥在实质上是水的物态变化和转移的一个过程。在不同温度和压力条件下，水可呈现出固态、液态和气态三种形态，不同形态之间可互相依存和转化。在三相点条件(压力 609.3Pa，温度 0.0098℃)下，水的三种相态达到平衡。依据压力减小、沸点下降的原理，只要环境压力位于三相点压力之下，物料中的水分可从固态冰不经过液相而直接升华。

冷冻干燥法在食品工业中应用广泛。食品经冷冻干燥后，水分活度及各种化学、生化反应的速度均会降低，酶的活性和微生物生长得到抑制，腐烂变质速度显著降低，可以最大限度地保持其原有的色泽、风味及营养成分，显著延长有效期。食品在冷冻干燥后的复水率可达 90%，具有优良的复水性，且复水后的形态、外观、色泽及口味均不会发生明显变化。

同样，对于包覆敏感性芯材形成的微胶囊，可以采用冷冻干燥的方式避免分离干燥时芯材在高温条件下失活。此外，某些特殊微胶囊的壁材强度较弱，常规干燥过程中容易变形和破裂。而采用冷冻干燥的方式可以分离得到维持良好形态的微胶囊固体产品。因为在冷冻干燥的过程中，微胶囊物料中的水分是由固体冻结状态直接升华，而水蒸气不会带动可溶性物质迁移至微胶囊表面，也不会使微胶囊因干燥收缩而出现坍塌变形。

微胶囊悬浮液冷冻干燥过程主要包括速冻和脱水干燥两个阶段[41]。速冻是指将经过处理的物料迅速冻结，温度一般至少比微胶囊物料的共晶点温度低 5℃。经过预处理的物料需要尽快进行速冻，避免物料长期暴露于空气中而导致性质发生变化。冷冻的速度越快，物料中形成的冰晶越小，对物料的破坏性也越小。速冻的时间需要足够长，保证将物料冻透，防止残留有液态水分在真空条件下蒸发而影响物料形态。速冻后的物料必须立即进行真空脱水干燥处理，防止物料升温而影响干燥。真空度应快速达到升华压力，避免物料表面的冰变为液态水。脱水干燥过程中，冰的升华过程需要热量，水蒸气逸出也会带走部分热量，因此需要及时补充热量来保持升华温度不变。

参考文献

[1] 宋乃建，杨晶. NaCl-EC 微胶囊的制备及缓释性能研究[J]. 化学工程师, 2012, (7): 15-18, 23.

[2] 焦岩，孙巧，刘井权，等. 喷雾干燥法制备玉米黄色素微胶囊工艺研究[J]. 中国调味品, 2016, 41(3): 139-141.

[3] Chung S K, Seo J Y, Lim J H, et al. Microencapsulation of essential oil for insect repellent in food packaging system[J]. Journal of Food Science, 2013, 78(5): 709-714.

[4] Saihi D, Vroman I, Giraud S, et al. Microencapsulation of ammonium phosphate with a polyurethane shell. Part II. Interfacial polymerization technique[J]. Reactive & Functional Polymers, 2006, 66(10): 1118-1125.

[5] 张凤，管萍，胡小玲，等. $CoCl_2$-PVA 可逆热敏微胶囊的制备与性能[J]. 功能高分子学报, 2011, 24(4): 416-421.

[6] 李少炳，景文斌，徐亮，等. 红外隐身用石蜡微胶囊的制备与表征[J]. 功能材料, 2013, 44(7): 1034-1038.

[7] Wu Z, Ma X, Zheng X, et al. Synthesis and characterization of thermochromic energy-storage microcapsule and application to fabric[J]. Journal of the Textile Institute, 2014, 105(4): 398-405.

[8] 杭祖圣, 陈西如, 谈玲华, 等. 三聚氰胺甲醛树脂壁微胶囊的研究进展[J]. 微纳电子技术, 2010, 47(5): 308-314.

[9] Sun G, Zhang Z. Mechanical strength of microcapsules made of different wall materials[J]. International Journal of Pharmaceutics, 2002, 242(1): 307-311.

[10] Konuklu Y, Paksoy H O, Unal M, et al. Microencapsulation of a fatty acid with Poly (melamine-urea-formaldehyde)[J]. Energy Conversion and Management, 2014, 80(4): 382-390.

[11] Hu L, Lyu S, Fu F, et al. Preparation and properties of multifunctional thermochromic energy-storage wood materials[J]. Journal of Materials Science, 2016, 51(5): 2716-2726.

[12] Li J, Wang W, Zhang W, et al. Preparation and characterization of microencapsulated ammonium polyphosphate with UMF and its application in WPCs[J]. Construction and Building Materials, 2014, 65(9): 151-158.

[13] Khakzad F, Alinejad Z, Shirin-Abadi A R, et al. Optimization of parameters in preparation of PCM microcapsules based on melamine formaldehyde through dispersion polymerization[J]. Colloid and Polymer Science, 2014, 292(2): 355-368.

[14] 汉斯·莫利特, 阿诺德·顾本门. 乳液、悬浮液、固体配合技术与应用[M]. 杨光译. 北京: 化学工业出版社, 2004.

[15] Rumpf H. Die Einzelkornzerkleinerung als Grundlage einer technischen Zerkleinerungswissenschaft(粒子粉碎技术基础)[J]. Chemie Ingenieur Technik, 2010, 37(3): 187-202.

[16] Rosen M J. The relationship of structure to properties in surfactants[J]. Journal of the American Oil Chemists Society, 1972, 49(5): 293-297.

[17] Rosen M J, Kunjappu J T. Surfactants and interfacial phenomena[M]. Fourth Edition. Hoboken, New Jersey: John Wiley & Sons, 2012.

[18] Pugh R J, Matsunaga T, Fowkes F M. The dispersibility and stability of carbon black in media of low dielectric constant. 1. Electrostatic and steric contributions to colloidal stability[J]. Colloids & Surfaces, 1983,7(3): 183-207.

[19] 焦学瞬, 贺明波. 乳状液与乳化技术新应用: 专用乳液化学品的制备及应用[M]. 北京: 化学工业出版社, 2006.

[20] Becher P. Emulsions: Theory and Practice[M]. Third Edition. Oxford: Oxford University Press, 2001.

[21] 梁治齐. 微胶囊技术及其应用[M]. 北京: 中国轻工业出版社, 1999.

[22] 甄朝晖, 陈中豪. 乳化剂对原位聚合蜜胺甲醛树脂微胶囊成囊性的机理研究[J]. 中国造纸学报, 2006, 21(1): 47-51.

[23] 李培仙, 陈敏, 谢吉民, 等. 原位聚合法制备草甘膦微胶囊[J]. 浙江林学院学报, 2008, 25(3): 350-354.

[24] Yu F, Chen Z, Zeng X. Preparation, characterization, and thermal properties of microPCMs containing n-dodecanol by using different types of styrene-maleic anhydride as emulsifier[J]. Colloid and Polymer Science, 2009, 287(5): 549-560.

[25] Fan C, Zhou X. Influence of operating conditions on the surface morphology of microcapsules prepared by in situ polymerization[J]. Colloids and Surfaces A: Physicochemical and Engineering Aspects, 2010, 363(1-3): 49-55.

[26] 胡拉. 三聚氰胺-尿素-甲醛树脂微胶囊形成机理及性能研究[D]. 中国林业科学研究院博士学位论文, 2016.

[27] Yin D, Ma L, Geng W, et al. Microencapsulation of n-hexadecanol by in situ polymerization of melamine-formaldehyde resin in emulsion stabilized by styrene-maleic anhydride copolymer[J]. International Journal of Energy Research, 2015, 39(5): 661-667.

[28] Kage H, Kawahara H, Hamada N, et al. Effects of core material, operating temperature and time on microencapsulation by in situ polymerization method[J]. Advanced Powder Technology, 2002,13(4):377-394.

[29] Tong X, Zhang T, Yang M, et al. Preparation and characterization of novel melamine modified poly (urea-formaldehyde) self-repairing microcapsules[J]. Colloids and Surfaces A: Physicochemical and Engineering Aspects, 2010, 371(1): 91-97.

[30] 倪卓, 周方宇, 蔡弘华, 等. MUF/石蜡相变储能材料的制备及其表征[J]. 化学与粘合, 2015, 37(3): 159-163, 179.

[31] Fei X, Zhao H, Zhang B, et al. Microencapsulation mechanism and size control of fragrance microcapsules with melamine resin shell[J]. Colloids & Surfaces A Physicochemical & Engineering Aspects, 2015, 469: 300-306.

[32] Kage H, Kawahara H, Hamada N, et al. Operating conditions and microcapsules generated by in situ polymerization[J]. Advanced Powder Technology, 2002, 13(3): 265-285.

[33] Alic B, Sebenik U, Krajnc M. Microencapsulation of butyl stearate with melamine-formaldehyde resin: effect of decreasing the pH value on the composition and thermal stability of microcapsules[J]. Express Polymer Letters, 2012, 6(10): 826-836.

[34] Li J, Wang S, Liu H, et al. Preparation and application of poly (melamine-urea-formaldehyde) microcapsules filled with sulfur[J]. Polymer-Plastics Technology and Engineering, 2011, 50(7): 689-697.

[35] 胡拉, 吕少一, 傅峰, 等. 制备工艺对聚磷酸铵微胶囊性能的影响[J]. 塑料工业, 2015, 43(9): 95-98, 102.

[36] 王军, 杨许召. 乳化与微乳化技术[M]. 北京: 化学工业出版社, 2012.

[37] Li G, Feng Y Q, Li X G, et al. Preparation and characterization of polyurea microcapsules containing colored electrophoretic responsive fluid[J]. Journal of Materials Science, 2007, 42(13): 4838-4844.

[38] Butstraen C, Salaün F. Preparation of microcapsules by complex coacervation of gum Arabic and chitosan[J]. Carbohydrate Polymers, 2014, 99: 608-616.

[39] 鲁淑群, 王淑娥. 悬浮液性质与分离机械选型[J]. 过滤与分离, 1997(1): 35-41.

[40] Li W, Wang J, Wang X, et al. Effects of ammonium chloride and heat treatment on residual formaldehyde contents of melamine-formaldehyde microcapsules[J]. Colloid and Polymer Science, 2007, 285(15): 1691-1697.

[41] 聂芸, 苏景荣, 邓娟, 等. 冷冻干燥技术在食品工业中的应用[J]. 农产品加工, 2013(2): 46-48.

第三章　微胶囊在木质材料的应用及功能特性

木材是一种多孔状、层次状、各向异性的非均质天然高分子复合材料，其超微结构是由不同厚度、不同层次的细胞壁构成。木材具有加工容易、强重比高、纹理美观、隔热、降噪等优点，是人类生产、生活中最重要的可再生材料之一。从木材利用的角度考虑，木材存在着固有的尺寸不稳定、易于霉变、易燃、耐久性差等诸多不足之处。因此，在实际使用过程中，为了克服上述众多缺陷，扩大木材及木质材料的应用领域，最重要的是要赋予其新的功能特性。传统的木材功能化处理方法包括机械方法、物理方法和化学方法，通过表面涂饰、热处理、功能体浸渍等多种物理或化学手段对木材及木质材料进行功能化处理，可使得木材及木质材料在防火、防腐、着色、软化、定形和增强等性能方面得以加强。这些处理方法不但提高了木材及木质产品的产品附加值，延长了木材及木质材料的使用寿命，更是现阶段木材及木质材料提质增效和高值利用的重要手段。

微胶囊技术为木材及木质材料的功能化处理、提质增效和高值利用提供了更为广阔的平台。具有光学、电学、热学和磁学等特性功能的无机或有机材料，可以通过微胶囊包覆这一平台技术，分割形成结构和性能稳定的微小功能体单元。依据木质产品对单一或复合功能特性的需求，将这些尺寸很小的微小功能体单元均匀地导入木材及木质材料内部，或者通过表面修饰技术附着在木材及木质材料表面，可显著降低上述功能材料的消耗量，在满足性能要求的同时，还可以一定程度上降低成本，从而获得效能持久和质优价廉的木质功能材料[1]。本章围绕微胶囊技术在木质材料领域的应用，介绍了微胶囊与木质材料的复合方式，以及具有较大应用潜力的缓释型、阻隔型和自修复型三类功能微胶囊的主要特性。

第一节　微胶囊与木质材料的复合

根据材料自身的尺度大小和宏观、微观结构特征，以及产品的生产特点，木质材料可通过三种不同的方式与微胶囊进行复合(图 3-1)：通过浸渍处理与木材复合，加入胶黏剂或塑料复合，以及加入涂层复合。

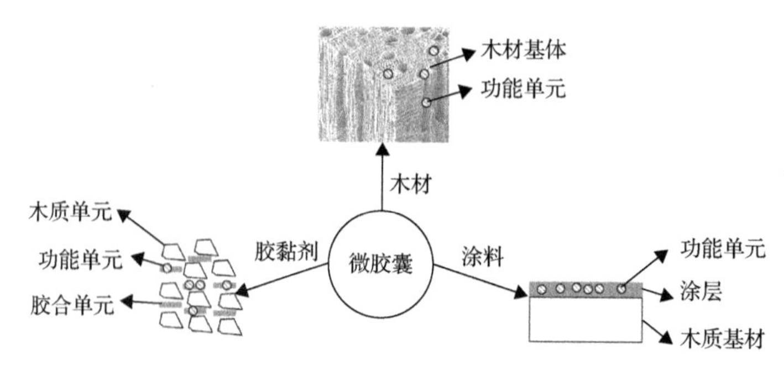

图 3-1　微胶囊与木质材料的三种复合方式

一、浸渍处理

对于木材基体，可以通过浸渍的方式，把功能型的微胶囊填充到其内。木材的多孔特性决定了其可以通过浸渍的方式将微胶囊填充到其细胞腔内。这是因为，木材是由具有不同生物学功能的多种几何形状和尺度大小的管状细胞形成独特结构特征的多孔生物质复合材料。细胞腔内部有着众多的空隙，按照尺度大小这些空隙主要包括：微观尺度空隙、介观尺度空隙及宏观尺度空隙。微观尺度空隙指的是至少一维尺度上具有纳米级(1～100nm)尺寸的空隙，一般而言，微观尺度空隙目前可以通过透射电子显微镜进行观测。介观尺度空隙指的是纳米到微米尺度的空隙，如从微纤丝到纳米纤维素的尺度范围，一般可通过扫描电镜进行观测。宏观尺度空隙一般在微米之上，是普通光学显微镜可以看到的空隙。

正是木材本身存在的这些空隙，使木材具有一定的渗透性，为微胶囊功能体浸渍液进入木材细胞腔内起到功能化作用提供可能性。微胶囊功能体浸渍液在木材中的渗透包括横向和纵向两个方向。在阔叶材中，微胶囊功能体浸渍液主要通过导管进行纵向导入。导管两端带有穿孔，众多导管纵向连接形成尺寸不等的管状组织，微胶囊功能体浸渍液在众多导管之间的纵向导入不需要经过纹孔，只有在导管之间的横向导入才经过纹孔。对于针叶材而言，微胶囊功能体浸渍液主要是通过串联在一起的管胞、管胞上的纹孔及纹孔膜上的微孔实现纵向导入；管胞的两端并无穿孔，微胶囊功能体浸渍液从众多管胞流动必须经过纹孔。因此，微胶囊功能体浸渍液在阔叶材中的纵向导入要优于针叶材。在浸渍液横向导入方面，阔叶材与针叶材基本相同。针叶材轴向管胞或阔叶材木纤维间相互连接的具缘纹孔是微胶囊功能体浸渍液弦向导入的主要途径，而射线薄壁细胞则是径向导入的主要通道。轴向管胞与木纤维上具缘纹孔的数量和纹孔是否闭塞，对木材的弦向导入起着关键作用。射线管胞和薄壁细胞的数量、射线薄壁细胞端部细胞壁上纹孔数量及尺寸则直接决定浸渍液在木材中的径向渗透性。通常来说，针叶材射线薄壁细胞的数量比阔叶材少，致使浸渍液在其径向的渗透性比阔叶材要差很多[2]。

微胶囊浸渍处理正是通过特定方法将微胶囊功能体浸渍液(包含微胶囊的胶体或功能体浸渍液)导入到木材多孔结构内部，微胶囊功能体浸渍液中的胶体高分子与木材细胞壁上的纤维素、木质素的活性基团发生氢键、化学键等键合作用，而微胶囊本身也与胶体树脂形成良好的化学或物理结合；功能微胶囊也可以通过直接导入的方式进入木材细胞腔与细胞间隙中以增加其密度，同时也增强其物理力学性能和尺寸稳定性。经过功能微胶囊浸渍处理后的木材，可以使其密度、表面硬度、表面耐磨性及尺寸稳定性等物理指标得到一定程度的增强。而且，微胶囊所包含的功能体(如阻燃剂、防腐剂、防霉剂等)也被带入其中，对木材的功能特性提升起到重要作用。

为了使浸渍剂能够快速方便地进入到木材内部，可以采用的木材浸渍方法包括常压浸渍法、真空-加压浸渍法、微波处理/超声波加压浸渍法等[3]。

(一) 常压浸渍法

干燥木材浸入含有微胶囊的功能体浸渍液中，在毛细管压力的作用下，微胶囊浸渍液通过管胞、导管等管道结构，进行横向和纵向的渗透流动。在纵向方向，微胶囊浸渍液渗透和流动并不均匀，一开始只有 2%～10%的木材细胞中能够顺利导入微胶囊浸渍液，之后微胶囊浸渍液在相邻细胞之间进行横向流动。微胶囊浸渍液在木材细胞腔中完成渗透之后，其有效成分能够沉积吸附在细胞壁表面。对于阔叶材而言，微胶囊浸渍液的渗透扩散主要通过孔径相对较大的导管；而针叶材则是通过孔径相对较小的管胞进行渗透和扩散。在横向方向，微胶囊浸渍液主要通过纹孔进行渗透和扩散。由于纹孔的尺寸较小，微胶囊浸渍液的横向渗透存在瓶颈效应，结果是横向渗透比纵向渗透要困难。常压条件下，微胶囊浸渍液在不同树种木材内部的渗透和扩散有明显不同。由于阔叶材的管孔尺寸明显大于针叶材，导致微胶囊浸渍液在阔叶材中的渗透和扩散性能明显高于针叶材。

（二）真空-加压浸渍法

参考液体对毛细管的渗透公式进行理论计算，当木材平均孔径大于 0.1μm 时，大致需要 1.4MPa 压力才可以充分渗透。但是，有些树种的平均孔径均小于 0.1μm，通过理论计算则需要很高的压力才可以充分渗透，但过高的压力容易导致木材溃裂。对木材预先抽真空，则可以降低微胶囊浸渍液进入木材内的空气阻力，同时提高其渗透压。在真空/加压双重外力作用下，含有微胶囊的功能体浸渍液能够一定程度上克服木材内毛细管的流动阻力、气/液界面的张力及纹孔的阻力等，实现微胶囊浸渍液的充分渗透和扩散。一般而言，加压时间和加压程度与微胶囊浸渍液的渗透量和渗透深度成正比。在实际操作过程中，还要考虑浸渍罐耐压程度，从安全生产角度考虑，压力以 0.8～1.0MPa 为宜，保压时间在 30～180min。目前真空-加压浸渍法是木材浸渍处理最常用也最为有效的工业化处理方法。

（三）微波处理/超声波加压浸渍法

众所周知，微波具有很好的加热功能，利用一定功率的微波对木材进行处理，木材吸收微波的能量转化成自身的热能，经过微波处理后的木材内外温度迅速上升。更重要的是，由于微波具有较强的穿透力，能进入木材内部，木材的内外温度相对均匀。处理材温度上升到一定程度时，木材内部的水分迅速汽化，水蒸气压力随之迅速增大。当水蒸气压力增大至超过木材细胞中薄弱组织（纹孔、纹孔塞、胞间层、射线薄壁细胞等）的强度时，蒸气压将对木材的微观结构产生不同程度的破坏，甚至产生宏观裂纹，这些裂纹可以成为新的流体通道，从而有效提高木材的流体渗透和扩散性能。超声波作用于溶液时会产生超声空化现象，产生数以万计的微小气泡，这些气泡迅速闭合，会产生微激波，因此局部有很大的压强，从理论上讲应该在木材的细胞壁表面产生加压的效果。因此，通过微波处理后的木材再利用超声波加压浸渍，可以进一步实现微胶囊浸渍液在木材中的有效渗透。

在浸渍处理过程中，影响微胶囊进入木材内部的因素主要有两点：微胶囊的尺寸大小和木材自身的渗透性。微胶囊的尺寸大小可以通过制备工艺来调节。由于微胶囊壁材的厚度一般在几百个纳米至几个微米之间，因此微胶囊的尺寸主要取决于芯材的尺寸。

一般而言，芯材的尺寸越小，微胶囊的尺寸也相应减小，甚至达到纳米级。影响木材渗透性的因素主要有木材的抽提物、纹孔和管孔尺寸及吸水性等。边材的渗透性通常大于心材，因为边材所具有的抽提物明显比心材少。纹孔对木材渗透性能的影响与树种相关。总之，微胶囊的尺寸与木材的渗透性能相匹配，再加上合适的浸渍工艺和方法，可以实现微胶囊在木材中的有效导入。

二、胶黏剂与塑料

对于普通人造板而言，微胶囊可先与胶黏剂混合，再与木质单元(纤维、刨花和单板等)进行复合制得功能型产品。微胶囊的加入无须改变人造板的制备工艺，在一般的人造板生产企业便可以实现规模化生产。对于木塑复合材料而言，在塑料熔融状态下加入微胶囊，通过物理混合可以使微胶囊较为均匀地分布于复合材料中。微胶囊可以单独与塑料组分进行混合，也可以在塑料与木质单元熔融共混时加入，均无须改变木塑复合材料的制备工艺。

此方法要求微胶囊壁材与胶黏剂或塑料具有良好的相容性，以提高微胶囊在基材中的分布均匀性，使微胶囊与基材之间形成牢固结合，改善产品的综合性能。产品加工过程中，要求微胶囊在热量和压力作用下能够维持原有的形态和功能。由于微胶囊实质上是以粉状物质加入胶黏剂中，可能会增大胶黏剂的黏度，在胶黏剂调制过程中需要进行适当调整。该复合方式对微胶囊的尺寸适用性较广。一般而言，微胶囊粒径越小，对复合材料的物理力学性能影响越小。

三、涂料

将功能型微胶囊加入涂料中，然后对木质材料进行涂饰处理，可以在木质材料表面形成功能性涂层，这也是一种微胶囊与木质材料便捷结合的方式。这种功能微胶囊涂层，不但可以应用于木质材料，而且适用于织物、纸张、金属等基材。将微胶囊技术用于涂料，使微胶囊内的芯材成为一个完全独立的功能单元，提高其在功能涂料中的相容性。该方法不改变涂料的结构组成，同时可以保持微胶囊内的有效组分不受外界环境的影响和其他有害杂质的污染，扩大涂料的应用范畴。

(一)防腐阻燃涂层中的微胶囊技术

传统的防腐剂和阻燃剂在应用于涂料时可能存在易吸潮、与涂料相容性较差等缺陷，导致防腐阻燃涂层在使用过程中易于从基材上分离，甚至脱落，显著降低涂层的防腐、阻燃功能特性。对防腐剂和阻燃剂进行微胶囊化包裹和隔离处理，则可以最大限度地消除这种缺陷[4-6]。利用微胶囊技术开发的新型防腐阻燃涂料，可广泛应用于木材及木质产品。

有专利公开了三层复合涂层的木材防腐技术[7]：第一层所用的主防腐防蛀层为不溶于水的水泥结晶物 $CaSiO_3(nH_2O)$，该材料可与木材表层的纤维素通过氢键作用进行结合。第二层为水玻璃等结晶材料涂布，使防腐木材具防水、防霉、防虫、抗侵蚀的多种功能，从而达到化学性生物防治效果。最外层的涂料是以纳米抗菌壳层结合微胶囊技术，将焦油、精油等驱虫抗菌物质包覆形成缓释型微胶囊，使有效成分缓慢释放，多层加强木材的防腐效果。三层材料均为环保无毒试剂，达到对木材的多重防蛀防腐保护，避免对环境的污染和危害，提高了防腐防虫的效率，并避免了施工方式的局限性。

(二) 红外降温涂层中的微胶囊技术

降温涂料属于特种功能涂料。降温涂料能对红外线和紫外线(波长 400～2500nm)进行反射，不但可以减少太阳产生的热量在物体表面累积升温，而且可以把物体表面的热量辐射到环境中去，具有自发辐射热量和散热降温的作用，起到降低物体表面温度的效果。它可以减少建筑物内的辐射温度，因而在夏季可以降低空调等用电消耗。

目前，红外降温涂料多用于军事领域，在一定程度上起到红外隐身的作用。例如，将相变材料微胶囊制备成红外降温涂料用于军事目标，利用相变微胶囊高温吸收热量而发生固-液相变、低温发生液-固逆相变而释放热量的特性，可调控军事目标表面的热惯量和表面温度，进而消除或降低军事目标与背景的红外辐射差别，起到模拟背景红外特征的效果，从而达到隐身目的。

下面给出一个具体的研发示例[8]。以三聚氰胺-甲醛树脂为壁材，不同相变温度的石蜡、硬脂酸丁酯和正十四醇为相变芯材，采用原位聚合法分别制备了三聚氰胺-甲醛树脂/石蜡相变微胶囊和三聚氰胺-甲醛树脂/硬脂酸丁酯-正十四醇混合芯材相变微胶囊。其中，相变控温材料为微胶囊相变材料，隔热材料为空心玻璃微珠、黏合剂是自制的羟基丙烯酸树脂，三者组合用于制备红外隐身迷彩涂料。研究发现，可用做热红外隐身涂料的三聚氰胺-甲醛树脂/石蜡相变微胶囊和三聚氰胺-甲醛树脂/混合芯材相变微胶囊的最佳芯壁比分别为 1∶1 和 1.4∶1。三聚氰胺-甲醛树脂/石蜡相变微胶囊与三聚氰胺-甲醛树脂/混合芯材相变微胶囊二者的质量比为 1∶1 进行复合使用时，涂层表面辐射射出度最低。该方法制备的热红外隐身迷彩涂料，相比普通迷彩涂料，可显著降低热红外辐射射出度，同时有效降低目标物体的红外辐射特征，降低率最小为 59%。

(三) 防污涂层中的微胶囊技术

海洋防污涂料也是一种特殊的功能涂料，是在船体和海洋设施用特种涂料中加入防污微胶囊。在实际使用中，防污微胶囊逐步渗透出来防污剂，防止海洋生物对船体污损。因此，防污微胶囊含量及防污剂释放率决定着此种涂料的有效使用寿命。传统的涂料用防污剂，其释放机制具有不确定性，进而难以控制防污涂料的防海洋生物附着性。此外，一般涂料只有 2～3 年的有效使用寿命，限制了防污涂料的发展。微胶囊技术普及，则有效克服上述缺点。将芯材经过包覆之后，可控制防污剂芯材的释放速率，进而对海洋生物的附着性产生有效控制。无毒环保化是防污涂料的重要发展趋势之一。利用现代分离提取方法从辣椒体内提取出高效无毒的辣素[9]，将其进行微胶囊包覆后制备防污微胶囊，与涂料复合可以配制出符合未来环保要求的无毒环保海洋防污涂料。海洋防污涂料在船舶用木质材料制品领域具有较大的应用潜力。

(四) 减阻耐磨涂层中的微胶囊技术

减阻耐磨涂料主要应用于天然气或石油管道，通过降低输送管道表面的摩擦系数，降低天然气或石油在输送过程的输送阻力，从而增加天然气或石油的输送量，提高输送效率、降低成本。聚α-烯烃是一种具有良好减阻效果的减阻剂，但其具有高黏弹性，常温下易黏结成团，进而影响减阻剂的注入、降低减阻效率，如果将其作为减阻剂直接使用将不利于输油和生产。微胶囊包覆处理可以有效改善聚α-烯烃颗粒的减阻性能。有研究[10]利用PVA改性脲醛树脂为壁材，通过原位聚合法以聚α-烯烃为芯材制备减阻剂微胶囊。结果表明，聚α-烯烃的包覆率可达95%以上，得到的聚α-烯烃减阻微胶囊，其悬浮液分散性好，减阻效率高，减阻率可达40%。以聚乙烯蜡为壁材、乙二醇甲醚/正丁醇为分散剂，利用熔化分散与冷凝法也可以制备聚α-烯烃微胶囊[11]，所得微胶囊配制成醇基和水基的浆料，相比未包覆减阻剂制备的浆料，热稳定性明显提高。

(五)其他涂层中的微胶囊技术

热敏显色涂层。热敏染料经微胶囊化后，与显色剂混合涂布于纸张材料上，可得到纸基热敏显色涂层。同样地，如果将其涂布于木材及其木质产品上，可以获得木基热敏显色涂层。其显色原理是，热敏微胶囊囊壁具有半透膜的特性，经过加热后囊壁发生相变，导致其渗透性增强，使显色剂通过囊壁进入微胶囊内，与染料发生反应并显色。李晓苇等[12]利用界面聚合法制备了聚脲囊壁热敏微胶囊材料，并将其应用于纸基热敏微胶囊涂层的显色特性研究，研究了染料含量对纸基热敏微胶囊涂层显影密度的影响，研究发现，聚脲囊壁在120℃左右达到玻璃化转化温度，渗透性增强。随着荧烷类染料含量的增加，纸基热敏微胶囊涂层的显影密度增加；但随染料包覆量增加，显影密度的提高变缓。

可逆温致变色涂层。可逆温致变色是指，温度高于某一临界值时涂料改变颜色，而低于某一临界温度时，涂料又恢复原色。可逆温致变色涂层在消防、防伪、装饰等领域具有潜在应用。吴落义等[13]以明胶/阿拉伯树胶为壁材，结晶紫内酯/双酚A与月桂醇的微小液滴为芯材，制得温致变色微胶囊。微胶囊技术将油性的变色颜料变为粉末状的微胶囊颗粒，成功克服了油性颜料与涂料相容性差、分散困难等问题。

自修复涂层。通过微胶囊制备方法，可把某些修复性树脂或高分子包埋于惰性外壳中制成微胶囊，添加到单组分或双组分的涂料中，可以制成自修复涂料。含有自修复微胶囊的自修复涂料在部件受损后自动修复，延缓了材料的老化时间。这部分内容，会在接下来的章节详细介绍。

第二节 缓释型功能微胶囊

一、微胶囊缓释原理

所谓缓释技术其本质即控制释放技术，其原理是通过控制活性物质释放的速率，以保证该活性物质在特定的时间内及在特定体系内保持一定的浓度。活性物质可以是药物类、化妆品类、食品类、香味剂类、杀虫剂类等需要控制释放的成分。相比传统释放方法中活性物质瞬间达到浓度顶峰之后迅速下降而言，控制释放的活性物质浓度可以在达到浓度顶峰之后，能长时间内保持这一浓度，从而使活性物质的作用时间得以延长，作用效果也得以提升。

缓释型微胶囊的合成原理是将固态、液态或气态的活性物质作为芯材并通过微胶囊技术进行包覆。壁材是含有微孔等结构的具有半透性的壳体材料，或在特定环境下结构发生变化的敏感性材料(如 pH 敏感、热敏、光敏等)，从而使被包覆的活性物质在一定条件下以可控的速率释放出来。缓释型微胶囊的缓释和控释机理有多种类型，包括扩散释放、膜控释、熔融释放、渗透压释放、温敏释放及混合释放等[14]。下面对其中比较常见的缓释和控释机理作简单介绍。

扩散释放。扩散释放指的是，通过控制活性物质由内而外扩散到材料表面的速率来实现控制释放。微胶囊的壁材结构从微观上看，具有微孔、大孔或无孔三种形式。因此，活性物质由芯材通过壁材的孔道向外扩散的速率，与壁材的厚度、面积及渗透性有关系。例如，由微孔壁材包覆的香精微胶囊，芯材中的易于挥发的液体香精分子，通过壁材上的微孔通道不断地向外释放。壁材微孔尺寸的大小和香精的挥发程度决定了释香的强度和释香持久性。此外，香精微胶囊的释香速率与环境温度有很大关系。温度越高，香精的挥发速率越快，香味持久时间便越短。

渗透压释放。渗透压释放指的是，受芯材渗透压升高的影响，微胶囊壁材发生溶胀、破裂，导致微胶囊中活性物质的释放。活性物质由微观结构中含有小孔的壁材包覆，这类壁材材料一般为选择性渗透膜。将微胶囊置于含有溶剂的环境中，溶剂通过渗透膜进入到芯材中，使活性物质与溶剂相混溶，逐渐在微胶囊内部形成较高渗透压。当渗透压达到一临界压力时，活性物质通过渗透膜释放出来。因此，在渗透压释放这一原理中，渗透压为首要驱动力，可有效控制微胶囊中活性物质的释放。

温敏释放。温敏释放指的是，当温度升高到一临界值时，微胶囊崩解或膨胀而使芯材释放。高分子壁材受温度影响会产生玻璃态、高弹态、黏流态的相态转变，甚至发生降解和溶解，芯材可通过此过程形成的孔道或裂隙进行释放。某些嵌段性聚合物中的一段聚合物链会随着温度的变化伸展或收缩，形成一定的孔道，从而实现芯材的温敏释放。

生物降解释放。生物降解释放型微胶囊中，壁材为可生物降解的高分子材料。在光、热、酶、菌等作用下，高分子壁材产生降解或侵蚀，从而使活性物质释放出来。某些应用场合要求高分子壁材的降解产物必须是无毒的。此时可选用聚乳酸材料作为壁材，其降解产物为二氧化碳和水，安全性能好。聚乳酸材料可用于制备缓释药物微球，服用时壁材溶蚀而释放出药物。

二、缓释性能评价及影响因素

(一)微胶囊缓释性能的指标参数

缓释微胶囊的控制释放是其最为重要的技术。芯材的释放方式有两种。瞬间释放是在某种条件的作用下使微胶囊破碎而一次性释放出全部芯材。缓慢释放是通过壁材的融化、降解或者渗透的方式实现芯材的长效释放。微胶囊的释放规律遵循释放速率方程，评价其缓释性能的指标参数主要包括扩散系数、表观扩散系数和渗透性常数等[15]。

扩散系数(D)。费克第一定律是物质在水相介质中保持稳态扩散速率需要遵守的一个定律，即在单位时间内通过垂直于扩散方向的单位截面积的扩散物质流量与该截面处的浓度梯度成正比。按照这一定律，一般用扩散系数(D)来表示物质的扩散特性。扩散系数的大小一般由芯材的分子尺寸和分子结构决定。因此，当芯材确定后，扩散系数则是一个常数。以药物为例，一般芯材在水中的扩散系数为 $2\times10^{-10}m^2/s$，而在壁材中的扩散系数的典型值为 $1\times10^{-16}\sim1\times10^{-14}m^2/s$。由此可见，芯材在水中的扩散系数比在壁材中的扩散系数大 $10^4\sim10^6$ 倍，因而其在水中的溶解速率比通过壁材的扩散速率大得多。因此，芯材通过壁材的扩散速率决定了芯材的释放速率。

表观扩散系数(D_x)。芯材不仅可在水相中溶解，也会在高分子壁材中溶解。由于芯材在壁材中可溶解的程度未知，因而可用分配系数(K)来估算。分配系数指的是在一定温度下，芯材在水相中溶解和在有机相中溶解达到平衡时，二者浓度的比值。由于不能分别测试扩散系数 D 和分配系数 K 的数值，又引入了表观扩散系数 D_x，其定义是：$D_x=DK$，即表观扩散系数 D_x 为扩散系数 D 和分配系数 K 二者的相乘值。在实际情况下对表观扩散系数进行计算时，根据相关研究的推导，常采用公式 $D_x=kdh/6$。式中，k 指的是芯材释放量对时间所作直线进行线性回归后的直线斜率；d 指的是微胶囊的平均直径；h 指的是壁材壁厚。因此，通过测定微胶囊的表观扩散系数，可以从侧面了解微胶囊壁材的性质，以及微胶囊的壁厚、粒径大小、壁材孔隙率、壁材交联度等因素对释放速率的影响。

渗透性常数(P)。除了表观扩散系数之外，另外一个经常用来表示微胶囊的释放速率大小的参数则是渗透性常数 P。定义式为 $P=kd/6$。结合表观扩散系数 D_x，可得出另一个公式：$P=D_x/h$，即渗透性常数是表观扩散系数与壁厚的比值。一般而言，哪个参数占主导作用，渗透性常数则由其决定。实验证明，当表观扩散系数与壁厚均减小时(两者同向变化)，表观扩散系数的减小占主导地位，渗透性常数则减小，而壁厚的减小会削弱表观扩散系数对渗透性常数的影响程度；当表观扩散系数增加而微胶囊壁厚减小时(两者反向变化)，则均可使渗透性常数得以增加。

(二)微胶囊缓释速率的测定方法

微胶囊缓释速率的测定方法，通常是以微胶囊中芯材的释放量与微胶囊中芯材总质量的比值进行计算。目前，最常用的是标准曲线法。首先对芯材进行标准曲线的标定，然后，将包覆有芯材的微胶囊，置于一定的溶液(一般为水和醇的混合溶剂)之中进行释放，每隔一定时间，移取一定量的溶液至比色皿，通过紫外分光光度计测定吸光度，并通过标准曲线法求得溶液中活性物质浓度。以释放时间为横坐标，释放率为纵坐标，作出释放率与释放时间关系的曲线，得到芯材物质在溶液中的释放曲线。对于易于挥发的液体芯材微胶囊(如香精类微胶囊)，还可以通过加热的方式，每隔一定时间记录失重情况，来计算微胶囊的缓释速率。此外，通过热重测试，分析热重曲线也可以从侧面反映释放速率情况。

缓释微胶囊芯材在水相或其他溶剂介质中的释放机理，一般采用动力学模型、Higuchi 模型、概率分布模型、Gompertz 模型、多项式模型、Logistic 模型等数学模型来表示。缓释微胶囊的释放性能评价中，一般采用一级动力释放方程、Higuchi 模型和双相动力学方程来拟合缓释微胶囊中芯材活性物质在溶液中的释放特性。

式(3-1)是芯材活性物质释放零级动力学模型表达式，零级释放表明释放只与活性物质本身性质有关。

$$D=D_0+K_0t \tag{3-1}$$

式中，D 为时间为 t 时释放的活性物质累计比例；t 为释放时间；K_0 为零级释放常数；D_0 为溶剂中的初始活性物质浓度，一般为 0。

式(3-2)是活性物质释放一级动力学模型公式，一级释放表明释放与活性物质浓度有关。

$$D=D_{max}(1-Me^{-K_1t}/D_{max}) \tag{3-2}$$

式中，D 为时间为 t 时释放的活性物质比例；t 为释放时间；K_1 为一级释放常数；D_{max} 为最大累计释放浓度；M 为常数。

式(3-3)是 Higuchi 模型公式，此模型可拟合基于 Fick 扩散定理的活性物质释放过程，是应用最多的一种模型。

$$D=K_ht^{1/2} \tag{3-3}$$

式中，D 为时间为 t 时的释放活性物质比例；t 为释放时间；K_h 为 Higuchi 扩散系数。

式(3-4)是目前最流行的双相动力学方程。该双指数方程有快、慢两相组成，即冲击相和缓释相。冲击相反映出微胶囊中芯材活性物质释放初期的突释效应，缓释相则反映出微胶囊中芯材活性物质的控释规律。

$$D_0-D=Ae^{\alpha t}+Be^{\beta t} \tag{3-4}$$

式中，D_0 为溶剂中的初始活性物质浓度，一般为 0；D 为时间为 t 时的释放活性物质比例；A 和 B 为指数项系数；α 和 β 分别为活性物质的两种释放速率常数；t 为释放时间。

(三)微胶囊缓释性能的影响因素

1. 壁厚

目前微胶囊的释放理论一般采用理想化模式进行解释。所谓理想化模式指的是假定微胶囊芯材在释放过程中，微胶囊粒径大小始终保持不变，且壁材形成的膜连续均匀。将理想状态下的微胶囊置于水相体系中，依次产生三个过程[15]：首先，体系中的水通过微胶囊壁材渗透和扩散进入到微胶囊芯材中；其次，芯材与水发生溶解形成溶液；最终，微胶囊内溶解的芯材溶液由囊内芯材高浓度区扩散到囊外低浓度的水相中。

由扩散系数可知，水溶性固态或液态的芯材，其缓释速率由芯材透过壁材向外扩散的速率决定，说明壁厚对芯材的释放速率起到关键作用。定性分析而言，当壁厚增加，芯材穿过壁膜的距离变长，扩散阻力增加，扩散时间延长，从而导致释放速率减小；定量分析，从表观扩散系数和渗透性常数的公式也可以得出，单纯壁厚增加时，表观扩散系数增大，而渗透性常数减小，也导致释放速率减慢。

2. 粒径

微胶囊粒径大小与壁厚、壁芯比及密度有关。由于微胶囊个体之间的形态差异较大，其关系无法定量表述。参照微胶囊的理想化模式，Madan[16]得出如下规律，$h=d\times\{1-[M_w/(M-M_w)\times\rho/\rho_w+1]^{-1/3}\}$，式中，$h$ 是壁材的厚度；d 是微胶囊的平均粒径；M 是微胶囊的质量；M_w 是壁材的质量；ρ 是芯材密度；ρ_w 是壁材密度，ρ、ρ_w 分别在甲苯、水中用替代法测定。可见，当壁芯比恒定不变时，壁材和芯材也确定后，壁厚与平均粒径呈现线性函数关系。所以，平均粒径对芯材的释放速率也有一定的影响。结合 $D_x=kdh/6$ 可知，平均粒径越小，表观扩散系数也变小。

3. 其他因素

上述理论研究均基于理想化微胶囊这一假定。实际上，微胶囊大小和壁厚受微胶囊的种类和制备过程、工艺条件等因素的影响。即使是同一批次的产品，每个微胶囊的壁厚均无法保证均匀。即便是微胶囊个体本身，不同部位壁厚也不尽相同。芯材一般通过壁材物质形成的连续孔道向外扩散，但当壁材上存在直通的大孔洞时，芯材则直接通过大孔洞向外扩散。由大孔洞向外扩散的速率要比通过连续孔道大得多。因此，壁材的孔隙率会对芯材扩散产生影响。孔隙率越大，芯材的释放速率越大。此外，壁材的交联度、结晶度、芯材的溶解度也是芯材释放速率的影响因素。一般而言，交联度越大，结晶度越高，芯材通过壁材的阻力增大，导致释放速率也相应地降低。

可见，诸多因素影响着微胶囊的缓释性能，其中微胶囊的壁厚和平均粒径是主要因素。由于诸多因素的存在，实际讨论芯材的释放性能时则更为复杂。这些因素往往同时存在或同时改变，实际操作时应有所侧重。目前，关于微胶囊芯材的上述释放理论，只适用于特定芯材在特定壁材中的释放规律的研究，不具有普适性。然而，这些理论中的一些定性和定量的研究成果，对实际应用依然具有一定的参考意义。

三、产品及应用

（一）农药缓释微胶囊

农药缓释微胶囊指的是，以合成或天然高分子材料为壁材，通过微胶囊技术，以农药活性物质为芯材进行包覆，得到具有半渗透性壁材的微胶囊颗粒。其中，作为芯材的农药活性物质，其形态类型可以是固体、液体甚至是气体，也可以是固-固、液-液甚至固-液等几种物质的混合物。作为高效低毒的一种新型药剂，农药微胶囊技术可以有效地解决传统农药活性物质释药快、药效短、气味大、易扩散等问题，不但可以避免或减少传统农药的不利影响，还可以延长农药的药效寿命[17]。

农药缓释微胶囊的具体优点如下[18]：将农药的毒性进行隔离，实现农药低毒化，避免或减轻使用过程中农药对人、畜、有益微生物及环境的损伤和污染；农药在使用或存放过程中，受环境因素的影响，会产生一定的光解、水解、生物降解、挥发、流失等，微胶囊则可以降低上述因素的影响；缓释特性可使农药药效获得持续释放，从而大大降低药剂用量；通过农药的释放量和药效时间的有效控制，可提高农药的功效。

国外对微胶囊技术的研究起源于 20 世纪 30 年代，第一个农药微胶囊产品是

PENNWALT 公司于 1974 年上市的甲基对硫磷和乙基对硫磷农药微胶囊，目的是将高毒农药低毒化。目前，发达国家的农药跨国公司的微胶囊技术最为成熟，如美国陶氏益农公司、富美实公司及日本住友化学工业株式会社等，其中有多家跨国公司在我国有农药微胶囊的登记。国内方面，1982 年，沈阳化工研究院首次应用微胶囊技术，生产出 50%对硫磷微胶囊悬浮剂，成为我国第一个商品化的农药微胶囊产品。2000 年以后，对农药微胶囊的研究出现明显增长趋势。截至 2017 年，我国有关农药微胶囊的相关专利申请超过 1000 件。截至 2016 年 10 月，国内微胶囊产品共计 170 个，全国有 200 多家农药企业进行了微胶囊的研发及生产，其中以山东、江苏登记产品最多。农药微胶囊产品的种类以杀虫剂为主，除草剂次之，杀菌剂少量。相对而言，我国的农药微胶囊技术还不够成熟，创新性较低，技术能力有待进一步提高。

农药缓释微胶囊直接用于木材的研究鲜有报道，多是与树木的病虫害防治有关。受此启示，可将一些防霉、防虫甚至抗菌的药物进行包覆制成微胶囊，用于木材及木质材料和制品方面，对防霉变、防虫蚀(白蚁)及抗菌起到有益作用。

(二)芳香缓释微胶囊

众所周知，香精之所以具有香味，多是其中挥发性的物质起作用。直接使用香精喷洒或涂在材料上，随着挥发的进行，香味很快消散，释香功效较低。因此，通过微胶囊技术，利用密闭的或半透性壁膜，将挥发性香精包覆获得固体状微胶囊微粒，可以获得香味稳定释放的香精微胶囊。目前，缓释的香精微胶囊多应用于织物、纺织品、医疗保健品等方面，发挥杀菌、保健等功效。

香精微胶囊在织物上应用最多，与织物的复合方式主要有 4 种[19]。一是在涂料染色或印花时，将香精微胶囊加入涂料染色液或印花浆中，后续按常规工艺染色或印花。二是在后整理过程中加入香精微胶囊，与柔软、防水、抗静电等功能试剂同浴整理织物。三是成品的喷雾上香，将香精微胶囊配成溶液，对纺织成品进行喷雾加香。四是在喷嘴处接入，在纺丝过程中，通过喷嘴接入聚酯纤维，得到芳香型的纺丝。

除织物之外，香精微胶囊也可以与纸张相结合，如添加到壁纸或装饰纸上用于居住空间的装饰，产生的香味能使人感觉惬意。香精微胶囊还可以添加到餐巾纸、标签纸、商标用纸及包装用纸等具有特殊用途的纸张中，使其具有一定的香味。苗红[20]将芳香缓释微胶囊应用于装饰纸上，分别采用离子交联法和复凝聚法，利用壳聚糖和柠檬香精为主要原料，制备香精微胶囊。采用浆内添加法、浸渍法将香精微胶囊添加到纸浆之中，制备出缓释性能良好的装饰纸。

在木质材料领域，芳香缓释微胶囊开始应用于香型刨花板和胶合板的开发[21-23]。在人造板生产过程中，将微胶囊加入胶黏剂中便可制得具有特殊香味的新型人造板产品。将芳香缓释微胶囊与杨木、松木、杉木和桉木等人工林木材进行复合，赋予人工林木材制品特殊的气味及抗菌、保健等功效，将是提高其附加值的一条有效途径。

(三)其他缓释型微胶囊

某些具有特殊结构的微胶囊，在一般储存条件下不具备缓释特性，当外界环境发生某些特定变化时，壁材会发生物理或化学的改变而实现芯材的缓释和控释[24]。

温敏缓释型微胶囊。由于温度的变化使微胶囊壁材物质发生熔化、相转换、体积膨胀、含水量减少等诸多因素导致微胶囊壁材萎缩甚至破裂，从而使芯材释放。温敏缓释型微胶囊既有直接受热产生升温而释放，也有受到外加磁场、光、化学、电刺激等环境影响引发微胶囊受热释放。温敏缓释型微胶囊的壁材物质一般为温敏型的聚合物材料，这类材料易受到环境温度变化而产生相变，从而在壁材上产生毛细孔道，芯材物质则顺此流出。最典型的温敏聚合物当属聚*N*-异丙基丙烯酰胺，当温度升高至该聚合物的最低临界熔解温度时，材料发生相变收缩变化，并在壁材上产生小孔，从而使壁材的渗透性增强，微胶囊具有释放特性。还有一类温敏缓释型微胶囊，受热后壁材物质解组装而产生多孔通道，从而引发芯材释放。例如，Zhou 等[25]通过层层自组装技术，将聚二烯丙基二甲基氯化铵和聚苯乙烯磺酸钠逐层包覆到地塞米松上，得到一种温敏缓释型药物微胶囊。研究发现，聚电解质层数、离子强度及温度等因素均对微胶囊药物释放速率具有影响。温度升高，微胶囊壁材产生膨胀，聚电解质发生解组装，从而增大了层与层之间的空隙形成多孔通道，引发芯材释放，如图 3-2 所示。

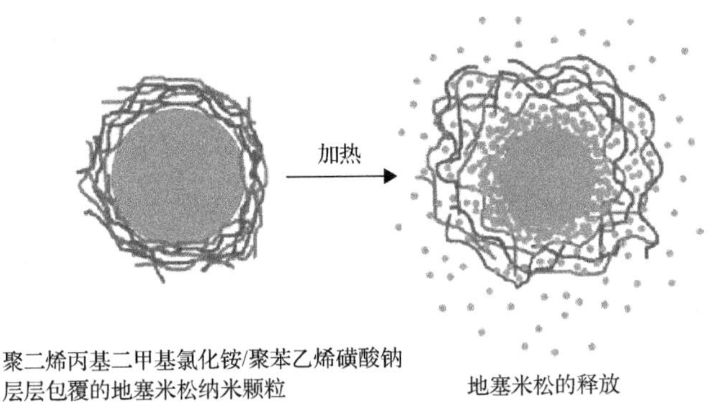

图 3-2　温敏缓释型微胶囊释放过程示意图[25]

pH 响应型缓释微胶囊。这类微胶囊指的是，当微胶囊内部或外部的 pH 发生变化时，引起壁材物质的结构发生收缩或塌陷，从而引发芯材释放。pH 响应型缓释微胶囊也是目前很普遍的一种控制释放型微胶囊。最为常见的是通过改变酸碱性环境，壁材物质产生共价键的变化。还有一种是外加质子会引起壁材物质离子键的破坏，通过调节其添加量实现开关式释放。此外，某些以氢键方式结合形成的壁材物质，也可实现 pH 响应型缓释。目前，大多数肠溶包衣药物微胶囊，都具有 pH 响应型缓释性能。因为，小肠的 pH 为 6.8～7.2，而胃内的 pH 为 0.9～1.8，肠溶包衣药物微胶囊可在胃中保持完整，而到小肠内壁材破裂，使药物释放。该肠溶包衣药物微胶囊不但不会对胃产生刺激，而且还实现了药物的可控释放和持久疗效。

磁响应型缓释微胶囊。通过将纳米磁性颗粒引入微胶囊的壁材或芯材中，实现微胶囊的磁响应性，应用在药物释放领域，可实现药物的精准靶向传输及可控释放。磁响应型缓释微胶囊的释放模式主要有两种，一是在温敏缓释型微胶囊中添加磁性物质，当其处于高频交变磁场下会产生磁热效应，从而触发温敏缓释型微胶囊受热释放。二是利用磁场使物体运动，使处于高频交变磁场下的磁响应型微胶囊发生快速旋转运动，微胶囊颗粒之间产生碰撞使微胶囊受力破坏实现释放。例如，Hu 等[26]在以聚烯丙基胺/聚苯乙烯磺酸钠为壁材物质的微胶囊中添加纳米级四氧化三铁(Fe_3O_4)磁性颗粒，该微胶囊受到交变磁场作用产生磁热效应，从而受热触发释放。研究发现，一开始芯材释放速率缓慢，随着微胶囊的受热发生结构破裂，芯材释放速率迅速增大，释放原理如图 3-3 所示。

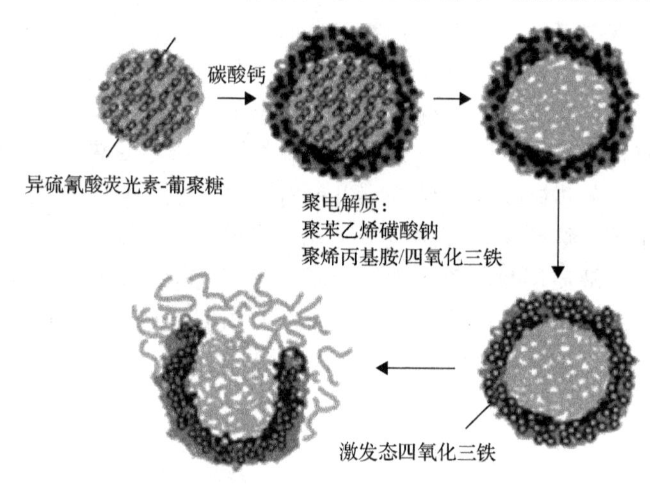

图 3-3　磁响应型缓释微胶囊的制备过程及释放原理示意图[26]

电响应型缓释微胶囊。电响应型缓释微胶囊指的是将电响应材料添加到微胶囊壁材中形成具有电响应的微胶囊。这种微胶囊，在外加电场作用下，壁材材料发生分子排布的变化，从而触发壁材出现孔洞，实现可控释放。目前，电响应型缓释微胶囊多应用于电子墨水显示技术、电子自我修复、耐腐蚀及药物传输等方面。

光响应型缓释微胶囊。光响应型缓释微胶囊指的是光敏性纳米粒子或小分子添加到微胶囊壁材中形成具有光响应的微胶囊。这类光响应型缓释微胶囊吸收特定波段的光后产生光热效应使壁材的聚电解质成分发生变化，或利用光催化、光诱导等引发光异构化、光分解或光加成等光化学反应而使微胶囊壁材发生结构变化，触发芯材物质释放。此类微胶囊绿色环保，具有远距离调控的特点。根据光类型的不同，在化妆品和农业生产领域多用紫外-可见光光敏型微胶囊。由于近红外波长的光在生物组织中有良好的穿透性，近红外光响应缓释微胶囊多用于生物组织领域。

生物响应型缓释微胶囊。这一类缓释微胶囊因其具有的良好生物相容性，多应用于生物组织领域，其原理是利用一些生物分子(如酶、糖类、核苷酸序列等)之间的相互作用实现芯材物质的释放。由于生物分子作用力的不确定性，此类微胶囊初始释放时间较难准确控制。

上述温敏、pH 响应、磁响应、电响应、生物响应型缓释微胶囊均具有明显的功能特性，由于涉及芯材物质的缓释和控制，目前在医学、生物医药等方面具有一定的应用研究。尽管这些方法现阶段无法直接应用于木质材料领域，但是通过了解这些功能特性，将不同学科的研究内容交叉融汇，将有望实现其在木质材料领域的特殊应用。比如，在木质胶黏剂的研究中，可否将固化剂制备成具有温敏、pH 响应、磁响应、电响应等类型的缓释微胶囊，在受到上述环境刺激后，实现固化剂的释放。

缓释型功能微胶囊还被用于开发长效型甲醛捕捉剂。Duan 等[27]采用传统的液中干燥法，选用尿素等甲醛捕捉剂为芯材、乙基纤维素为壁材，制备了微米级的含尿素的可与甲醛结合的乙基纤维素微胶囊(UC)，得率高，装载效率高(图 3-4)，并将其添加至脲醛树脂(UF)中制备胶合板。UC 和 UC/UF 混合水溶液中尿素的缓释行为表明其可以逐渐释放到外界环境。结果表明，UC 具有良好的热稳定性和抗高温高压性能。SEM 观察胶合板破裂表面时发现，拉伸试验后大部分 UC 保持完整。性能测试结果表明，随着尿素/乙基纤维素(U/C)值从 0.5 增加到 2.5，胶合强度(BS)出现轻微下降，胶合板的甲醛释放量(FE)显著下降。从整体上来考虑，在实际应用过程中，添加 15%的 $UC_{2.0}$ 与 UF 树脂混合为最佳选择，可作为长效甲醛清除剂(FS)的最优配比。此时，胶合板的 BS 和 FE 分别为 0.70MPa 和 0.62mg/L。而空白树脂样品(甲醛/尿素摩尔比为 1.05)所制备的胶合板的 BS 和 FE 分别为 0.76MPa 和 1.37mg/L。此外，采用典型的长期有限元分析数学模型对实验数据进行解释，所有结果证实，新型长效型甲醛捕捉剂不仅能在初期(3h)清除胶合板释放的甲醛，而且能长期(12 周)缓释尿素与有毒甲醛结合，发挥长效降醛作用。

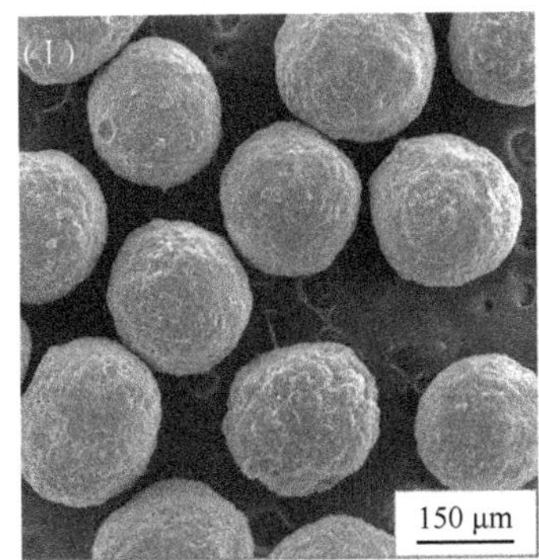

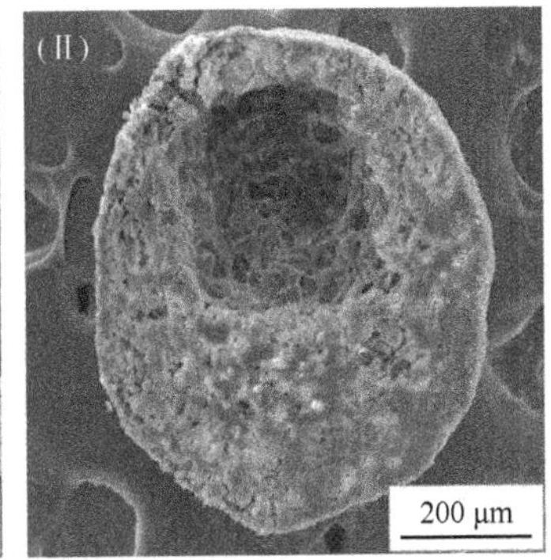

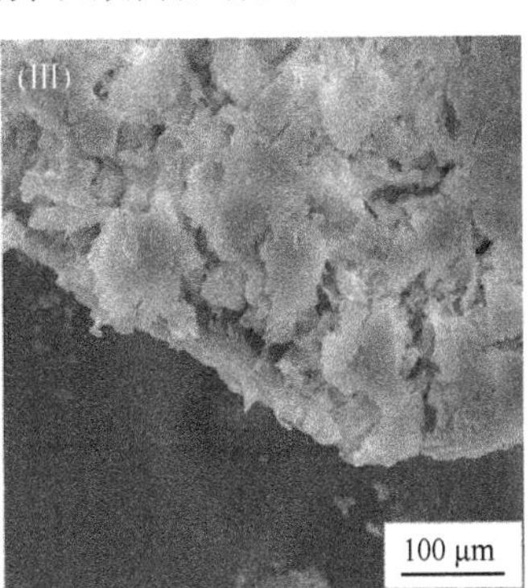

图 3-4　乙基纤维素/尿素微胶囊扫描电镜形貌图[27]

第三节　阻隔型功能微胶囊

一、阻隔型微胶囊的特点

阻隔型功能微胶囊是指利用壁材的阻隔作用提高加工和使用过程中阻燃剂、相变材料及变色剂等功能单元稳定性的一类微胶囊。与缓释型功能微胶囊不同，阻隔型功能微胶囊一般要求壁材具有良好的力学性能、致密性和稳定性，可以有效地保护芯材物质免受外界环境的影响。明胶、阿拉伯胶等天然高分子材料，以及氨基树脂、聚氨酯等有机合成高分材料具有较好的致密性、稳定性及韧性，成膜性能优良，合成工艺成熟，是阻隔型功能微胶囊最常用的壁材。而二氧化硅、碳酸钙等无机壁材致密性好、强度高，且具有较优的导热性，在相变储能等特殊领域具有较高的应用价值。在一些研究中，还开发了通过两层或多层包覆提高微胶囊壁材致密性和稳定性，以及利用增强材料对壁材进行改性的工艺技术，为阻隔型功能微胶囊的发展提供了新思路。

当然，对于某些特定应用场合而言，微胶囊壁材的阻隔作用是具有一定“时效”的。这类功能微胶囊产品要求壁材既能在一定时期内保护芯材，又能在某一特定条件下及时释放出芯材物质而发挥功能效应。例如，阻燃微胶囊的应用要求其在材料加工和正常使用条件下是稳定的，但在高温或遇火时需要及时释放出芯材阻燃剂，发挥阻燃功效。应用于无碳复写纸的油墨微胶囊，在复写纸正常存放时将油墨与纸张有效地隔离开，而在书写时微胶囊受压力作用破碎，使其内部的油墨释放出来，从而产生笔迹。微胶囊固化剂在室温下与环氧树脂稳定储存，树脂使用时在高温(或压力)作用下微胶囊壁材破裂释放出芯材，使环氧树脂在较短时间内实现固化。

对应用于木质材料领域的阻隔型微胶囊而言，壁材需要在干燥、热压、切削等加工及产品使用过程中遭受高温、挤压、摩擦和湿气等作用下保持稳定性。尿素-甲醛、三聚氰胺-甲醛等氨基树脂壁材，具有物理力学性能优良、成膜性能好、微胶囊合成工艺可控性强、生产成本低及与木材胶黏剂适用性好等特点，非常适用于木质材料领域微胶囊的制备。在当今材料绿色环保化的发展趋势下，游离甲醛的释放是这类壁材的最大不足。为此，一方面要严格控制微胶囊合成工艺使游离甲醛的释放符合木质产品的环保要求，另一方面也要加强具有环保型壁材的功能微胶囊在木质材料中的开发与应用。

二、产品及应用

阻隔型功能微胶囊种类繁多，包括变色、阻燃、相变、油墨和固化剂等微胶囊产品。阻隔型功能微胶囊在造纸、纺织和高分子材料领域应用较多，用于生产具有变色、阻燃和储能等功能特性的新产品。有关变色微胶囊、阻燃微胶囊和相变微胶囊的特点及其在木质材料中的应用，将在后续章节中详细论述，在此不再赘述。随着微胶囊技术应用领域的不断拓展，其他一些阻隔型功能微胶囊也在木质材料领域得到开发和应用。

早在 20 世纪 90 年代，有美国专利指出[28]，将微胶囊化的固化剂加入到刨花板等人造板的生产过程中，通过选取合适的壁材，达到控制胶囊在加压成型过程中破裂并释放出固化剂的目的，从而促进胶黏剂均匀快速固化，缩短固化时间并减少固化过程中产生的热量消耗。21 世纪初，国内也有专利报道[29]，利用海藻酸钠、明胶或聚乙烯醇包覆三乙酸甘油酯、碳酸丙烯酯或碳酸二乙酯可以获得适用于酚醛树脂的固化促进剂微胶囊；微胶囊包覆处理可以显著延长固化促进剂与酚醛树脂混合后的适用期，进而提高酚醛树脂在人造板生产中的工艺适用性。

此外，还有专利报道[30]，以聚乙烯醇或明胶为壁材，低分子量聚乙烯、硬脂酸盐和氯酚盐等复合功能试剂为芯材可以合成一种具有防水、防潮、防霉等多种功能的微胶囊产品。微胶囊以加入胶黏剂的方式与刨花板或纤维板进行复合，热压时微胶囊壁材破裂，多功能芯材试剂释放并黏附在木材上，从而实现防水、防潮、防霉的目的。该微胶囊产品具有储存期长、使用较方便、用量小等优点。以聚乙烯醇或明胶为壁材，有机胺类化合物、铵盐或氨基酸为芯材，则能合成一种具有捕捉游离甲醛功能的微胶囊产品，尤其适用于脲醛树脂胶黏剂制备的刨花板、中密度纤维板、胶合板和细木工板等人造板产品[31]。

石蜡是刨花板和纤维板生产最常用的防水剂。由于石蜡为疏水性物质，与胶黏剂相容性差，直接施加时在板材内部的分布均匀性不佳，影响防水效果及产品力学性能。利用微胶囊技术制备的新型石蜡防水剂，具有颗粒细小、流动性好、扩散性和均匀性好等优势，在中密度纤维板企业的应用实践表明，可以较传统石蜡防水剂节省成本15%～20%[32]。

第四节　自修复型功能微胶囊

近几年，智能材料已成为材料科学领域的研究热点。作为智能材料的一份子，自修复材料是一类具有自感和自愈功能的智能材料。材料自修复的概念起源于生物体，20世纪80年代中期首先从美国的军用材料中兴起。自修复高分子材料是一种能在环境刺激下自动修复内部微裂纹的智能材料。自修复功能的核心条件是：活性物质和能量富集在损伤部位并进行化学反应，也就是说，一旦材料发生裂纹，活性物质可以及时释放，受损区域发生化学反应而实现自愈，这可以消除破损材料的潜在危险，延长高分子材料的使用年限。自修复材料在理想状态下应包含两个条件，一是在整个生命周期内对材料损伤部位进行持续的修复，二是在修复材料破损部位性能的同时，对材料的原始性能没有影响。简言之，自修复材料是当材料产生了一些损失时，没有外部因素对材料进行修复，而只靠材料本身的自行判断和自行恢复[33]。

自修复聚合物材料主要包括两大类：本征型和外援型。本征型主要是通过聚合物内部分子的可逆反应实现自修复。外援型则是通过嵌入或分散某些具有修复功能的物质来进行自我修复。具体而言，本征型自修复又可以分为可逆共价自修复和超分子相互作用自修复两种修复体系。像可逆酰腙键、可逆双硫键、可逆C—ON键和可逆Diels-Alder反应等都属于可逆共价自修复体系。而氢键作用、静电作用、超疏水作用、金属配体配位作用等则属于超分子相互作用自修复体系。无论是可逆共价自修复，还是超分子相互作用自修复，一般需要一定的外界条件，pH变化、升温、电刺激或光引发等，才能引发分子的可逆反应。因此，对环境因素要求较高，且材料分子结构本身应具备自修复条件，这大大限制了其应用范围。

相比本征型自修复体系，外援型自修复体系的发展要早很多。外援型是将具有修复功能物质嵌入或分散到复合材料中，对基体本身没有太多化学结构要求。常用的修复功能物质主要包括微胶囊和液芯纤维两类。鉴于微胶囊技术工艺较为成熟，对基体依赖性小，对基于微胶囊的自修复体系研究较多。目前，比较成熟的微胶囊自修复体系有双环戊二烯(dicyclopentadiene，DCPD)-Grubbs体系、聚二甲基硅氧烷(PDMS)-锡催化剂体系和环氧树脂-固化剂体系。自修复功能微胶囊在分类上来说也属于本章第三节中所述的阻隔型功能微胶囊。鉴于其特殊的功能特性，单独列为一节进行论述。

一、微胶囊自修复原理

受生物系统骨骼组织断裂后自愈合的启迪，White等科学家[34]率先将微胶囊技术应用于自修复材料中。他们以脲醛树脂为壁材，双环戊二烯(DCPD)为芯材，通过原位聚合法制得自修复微胶囊，再将其和Grubbs催化剂进行混合，均匀分散在环氧树脂基体中。以金属卡宾为活性中心的Grubbs催化剂对环状烯烃有很高的催化活性，双环戊二烯在Grubbs催化剂作用下发生聚合反应，生成兼具刚性及韧性的热固性树脂。图3-5是自修复型微胶囊的自修复原理示意图，具体过程如下：首先，聚合物材料受到损伤后产生微小的裂纹；其次，这些微小裂纹逐渐扩展，导致裂纹附近的自修复微胶囊发生破裂，修复剂从芯材中释放出来；最后，由于聚合物材料中也包含有催化剂，当修复剂接触到催化剂后引发聚合反应，形成交联网状结构的修复材料，实现裂纹修复的目的。可见，微胶囊自修复体系包含埋置技术、毛细管的虹吸作用、聚合反应引发和聚合等诸多技术，是多组分复合的有机结合体系。自修复技术可在材料内部或外部受到损伤时发生自我修复，从而可以阻止聚合物基复合材料，特别是机械性能偏脆性的材料内部发生微裂纹时进一步发生破坏，不但延长了材料自身的使用寿命，而且降低了材料的维护与维修成本。

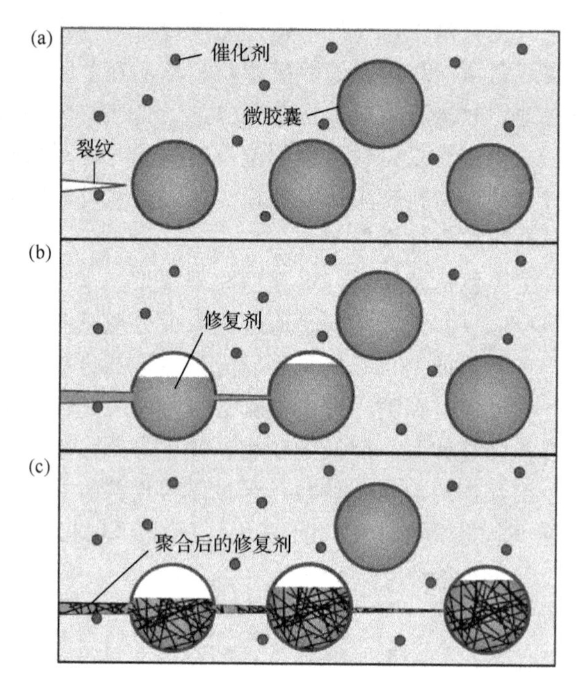

图 3-5　自修复型微胶囊的自修复原理示意图[34]

通过上述修复机理不难发现，自修复型微胶囊不但能在聚合物基体中存储修复剂，当聚合物材料产生裂纹时，还要为修复提供诱发剂。这就要求自修复型微胶囊，不但具有良好的力学强度，以保证在聚合物基体加工过程中保持完整，而且还要具有良好的受力敏感性，以便当聚合物基体产生裂纹时迅速释放修复剂。因此，对自修复型微胶囊有如下几点要求：①自修复型微胶囊的壁材与聚合物基体具有良好的相容性，足够的结合强度；②壁材应具有良好的密封性，确保修复剂不外漏；③作为芯材的修复剂，必须是液态材料，具有良好的流动性和非常小的黏度；④修复剂还必须具有良好的储存稳定性，较低的聚合反应体积收缩率。

影响自修复型微胶囊自修复性能的因素主要有[35]：①最关键的芯材物质，即修复剂和催化剂体系；②壁材材料，要求强度足够，且相容性好；③被修复的聚合物基材及其性能。应该说，芯材中的修复剂是最主要的因素，起到决定作用，它决定了基体修复性能的好坏。好的修复剂材料应满足如下标准：良好流动性、优良热稳定性、较强反应活性、固化反应时较小的体积收缩率。好的壁材材料应满足如下标准：较高的强度、优良的化学稳定性、良好的包裹密封性。

二、产品及应用

(一)基于DCPD的自修复型微胶囊

White 等[34]于 2001 年用合适的壁材将 DCPD 修复剂进行包覆形成自修复型微胶囊。经过微胶囊包覆后，DCPD 修复剂的性能不受外界环境影响。将 DCPD 自修复型微胶囊和潜伏性固化剂(Grubbs 催化剂)预先加入到聚合物基复合材料中。当聚合物基复合材料受损伤产生微裂纹后，微裂纹扩展至自修复型微胶囊处，在尖端应力场作用下，自修复型微胶囊产生破裂，DCPD 修复剂得到释放并填充到裂纹处，受聚合物基复合材料预先埋有的 Grubbs 催化剂的催化作用，DCPD 发生开环反应，将裂纹处粘接，实现聚合物基复合材料损伤的自修复。一般而言，聚合物基复合材料发生的微裂纹出现在其内部，导致其观测及修复都很困难。自修复型微胶囊的出现，为解决这些问题提供了新途径。包覆 DCPD 修复剂的壁材材料应该具有良好的存储性和热稳定性，才能起到有效的隔离效果，如尿素-甲醛树脂、三聚氰胺-甲醛树脂和聚苯乙烯树脂。

在制备聚合物基复合材料时预先添加脲醛树脂为壁材的 DCPD 自修复型微胶囊，经自修复效率性能测试发现，自修复效果显著[36]。相比纯的聚合物材料，聚合物基复合材料由于一般都会包含纤维增强材料，导致其破坏形式更为复杂。因此，将 DCPD 自修复型微胶囊应用在聚合物基复合材料中，其自修复效率和性能也要比纯聚合物基体更为复杂。通过大量实验研究表明，DCPD 自修复型微胶囊和 Grubbs 催化剂二者的添加量对修复效率和性能均有一定的影响。研究发现，当 DCPD 自修复型微胶囊的添加量为 5%，而 Grubbs 催化剂添加量为 2.5%时，修复效果最佳，修复效率可达到 93%。对添加 DCPD 自修复型微胶囊的聚合物基复合材料进行拉伸实验，并对其断口进行断面分析，可以发现，添加 DCPD 自修复型微胶囊的聚合物基复合材料断裂面为锯齿状，而且纯基体材料断裂面则呈现光滑状。这是因为微胶囊壁材与基体材料具有良好的相容性，且存在较强的化学键结合力。

DCPD 自修复型微胶囊的粒径较小，可视为类橡胶的增韧颗粒，其粒径大小和含量都会对聚合物基复合材料的机械性能产生一定影响。研究发现，添加到聚合物基复合材料中的微胶囊粒径越小，其所起到的增韧效果越显著。此外，中空结构的微胶囊也可算作一种缺陷，因此，在聚合物基复合材料中其含量越少，增韧效果则越显著。但是，粒径越小的微胶囊，其包裹的 DCPD 修复剂也越少，导致修复效率明显下降。综合考虑，并通过实验验证得出，当 DCPD 自修复型微胶囊的粒径为 180μm 时，可以达到增韧效果和修复效率的最佳平衡点[37]。此外，Brown 等[38]研究了添加 DCPD 自修复型微胶囊的聚合物材料的微裂纹处的尖端保护机理和耐疲劳性能，研究发现，经过修复后的聚合物材料，其耐疲劳性能得到了一定的改善。

由于 DCPD 在 Grubbs 催化下发生开环聚合反应，因此，聚合反应直接影响到修复的效果。为此，Kessler 和 White[39]对其反应动力学开展了系列研究，发现 Grubbs 催化剂的含量多少对 DCPD 的开环聚合反应影响显著。由于 Grubbs 催化剂热稳定性较差，当其超过 120℃就会发生分解，受此影响，添加 Grubbs 催化剂的聚合物基复合材料的加工工艺和固化工艺需要做相应的调整。此外，DCPD 在 Grubbs 催化下发生开环聚合生成的聚合物与基体材料相比，会有一定的结构收缩，这也导致聚合物与基体材料结合之处的界面力学性能较差，从而使修复后基体材料的力学性能相比修复前有一定的下降。Rule 等[40]也研究了自修复型微胶囊粒径尺寸和其在基体材料中的添加量对基体材料自修复效率的影响，发现自修复型微胶囊粒径尺寸决定了修复剂的包覆量，从而直接影响其填充到裂纹的含量。因此，若想提高微胶囊自修复复合材料的修复效率，需要综合考虑微胶囊粒径尺寸及其在基体材料中的添加量。

国内研究学者在 DCPD 自修复型微胶囊方面也做了大量工作[41]。罗永平[42]以脲醛树脂为壁材，对 DCPD 进行包覆。在 DCPD 自修复型微胶囊合成过程中，添加了 4.0%的氯化钠（NaCl）水溶液，使得微胶囊的包覆率达到 89.2%，相比未添加 NaCl 的微胶囊包覆率提高了 16.2%。将 DCPD 自修复型微胶囊添加到热固性树脂基复合材料进行自修复研究，其中复合材料中微胶囊添加量为 2.0%，Grubbs 催化剂添加量为 0.05g，研究发现该复合材料的自修复率可达到 62.23%。李海燕[43]同样以脲醛树脂为壁材包覆了 DCPD，得到自修复型微胶囊。同时，为了改善自修复型微胶囊和环氧树脂基体的相容性和界面问题，采用硅烷偶联剂 KH-550 对自修复型微胶囊表面进行修饰，并选用了价格更为低廉的六氯化钨（WCl_6）作为催化剂来替代 Grubbs 催化剂。在微胶囊和催化剂添加量均为 10%时，环氧树脂基体的最大自修复率可达到 38.0%。

此外，国内学者还对影响自修复型微胶囊的各种因素做了大量的研究工作。吕玲等[44]以脲醛树脂为壁材包覆了 DCPD 自修复型微胶囊，并对该微胶囊的热稳定性进行了研究，以期拓展其应用领域。研究发现，该自修复微胶囊在温度低于 50℃时，均能保持良好的完整性和热稳定性，因此该自修复型微胶囊适合于制备室温或低温范围的自修复型复合材料。李岚等[45]同样以脲醛树脂为壁材对 DCPD 进行包覆制备了自修复型微胶囊，考察了各种表面活性剂种类及浓度，如十二烷基苯磺酸钠（DBS）、十二烷基硫酸钠（SDS）、苯乙烯-马来酸酐共聚物（SMA）、壬基酚聚氧乙烯醚（NPEO）、明胶等，对微胶囊物理性能的影响。研究发现，明胶和 DBS 对微胶囊的合成起到促进作用。此外，DBS 的浓度也会影响微胶囊的形貌，当其浓度达到临界胶束浓度（CMC）时，微胶囊的表面形貌相对光滑；而超过临界胶束浓度后，DBS 的浓度越大反而导致微胶囊表面越来越粗糙。当然，在自修复型微胶囊合成过程中，也存在一些不足之处，如微胶囊的产率较低、微胶囊之间相互粘连等。卢玲茹[46]采用一锅法制备了脲醛树脂包覆的 DCPD 自修复微胶囊，并尝试将纳米二氧化硅粉末添加至脲醛树脂壁材中，以改善微胶囊的黏连性问题。

作为一种性能良好的修复剂，DCPD 也存在不足之处，如其具有强烈的刺激性气味、有毒，而且 Grubbs 催化剂价格昂贵。因此，国内外研究学者均期望找到一种质优价廉的替代修复剂。

（二）基于环氧树脂的自修复型微胶囊

尽管 DCPD 自修复型微胶囊修复性能好，但 DCPD 在高温下易挥发和自聚合，因此不适合用作高温固化的基体的修复。另外，DCPD 属于不饱和聚酯，聚合后的产物与环氧树脂（epoxide resin，EP）之间的界面黏结性较差。相比而言，EP 自修复型微胶囊与基体材料之间的渗透性和相容性要好一些，而且可选择的固化剂种类相对较多，包括阳离子型、阴离子型、多胺型及聚硫醇型等。

国内学者最先提出以 EP 为修复剂用于基体材料的自修复，其中，西北工业大学的梁国正教授和中山大学的容敏智教授的研究最具代表性。比如，Yuan 等[47]以脲醛树脂为壁材，利用原位聚合方法成功将 EP 进行包覆，得到 EP 自修复型微胶囊，率先提出 EP 自修复体系。袁彦超等[48]也以三聚氰胺-甲醛树脂为壁材，四氢邻苯二甲酸二缩水甘油酯作为芯材，利用原位乳液聚合制备了自修复型微胶囊，用于 EP 基体的破损自修复。研究发现，该自修复微胶囊粒径小、壁材厚度小、芯材含量很高，而且该微胶囊具有良好的稳定性。Xiao 等[49]将紫外辐射应用于 EP 自修复型微胶囊的制备研究，以环氧丙烯酸酯和自制的乳化剂作为壁材前驱体，在搅拌过程中，壁材前驱体逐步吸附并沉积在 EP 胶粒的表面，然后在紫外线辐射下，引发壁材前驱体快速固化并将 EP 进行包覆。紫外辐射引发相比传统的热引发，具有时间短、效率高的优势。

另外，Yin 等[50,51]和 Rong 等[52]在 EP 自修复型微胶囊的研究中做了大量开创性的研究工作。他们采用 EP 微胶囊和潜伏型固化剂（溴化铜与 2-甲基咪唑络合物）为二元修复体系，这种固化剂储存期可达 2 个月，且在环氧树脂中具有良好的溶解性和分散性，能够在基体受损产生裂纹时，迅速引发固化，进行修复。当基体中 EP 微胶囊和潜伏型固化剂的添加量分别为 10%和 2%时，自修复效率达到 111%。他们还将上述二元修复体系用于编织玻璃纤维布增强环氧树脂复合材料的自修复中。研究发现，EP 微胶囊的添加量对复合材料的机械性能产生很大的影响。当基体中 EP 微胶囊和潜伏型固化剂的添加量分别为 30%和 2%时，复合材料受损进行自修复后，其断裂韧性回复率可达到 70%。而且，当基体中 EP 微胶囊和潜伏型固化剂的添加量质量比为 0.2，添加量为 20%时，复合材料的自修复效率达到 106%。

为解决单一修复剂的性能缺陷，Yuan 等[53,54]以三聚氰胺-甲醛树脂为壁材，对 EP 和活性固化剂聚硫醇分别进行包覆，制备了 EP 微胶囊/聚硫醇微胶囊二元自修复体系。由于 EP 和聚硫醇具有流动性强、固化速率快、分子可互混，可确保基体材料良好的修复性能。通过对聚合包覆工艺如催化剂浓度、反应时间、反应温度、芯材与壁材的比例、乳化剂含量、搅拌速率等的优化，大幅度减少了芯材物质的消耗，并给出了最佳制备工艺。将此二元自修复微胶囊加入到 EP 基体中，对其自修复性能进行了研究。研究发现，当环境温度为 20℃时，添加 1%聚硫醇微胶囊的基体在 24h 内自修复率可达 43.5%；添加量增加到 5%时，24h 的自修复率可达 104.5%。二元自修复体系可使基体材料在较少的自修复微胶囊添加量下，实现高效修复，减少了微胶囊对基体材料强度和韧性的影响。

开发新型的固化剂也是 EP 自修复型微胶囊的研究热点和难点。例如，三氟化硼乙醚是一个化学性质非常活泼的 EP 阳离子催化剂型固化剂，但其为无色发烟液体，遇湿气后会马上发生水解生成剧毒的氟化物。因此，如何在保证其化学活性的情况下，对其进行有效包覆以降低其毒性是个难点。Xiao 等[55,56]以二氧化碳气泡为芯材，通过紫外线辐射引发壁材前驱体进行乳液聚合反应并迅速固化，制备中空微胶囊。然后将该中空微胶囊放入三氟化硼乙醚溶液中进行浸渍和化学渗透。优化了合成工艺对微胶囊结构和形态的影响，及不同工艺条件得到的中空微胶囊对三氟化硼乙醚的负载量和负载程度的影响。研究发现，壁材组分比例的改变可以得到不同三氟化硼乙醚负载量的微胶囊，且均使三氟化硼乙醚保持了良好的化学活性。在此基础上，将 EP 微胶囊和三氟化硼乙醚微胶囊作为二元自修复体系添加到 EP 基体中，对其修复性能进行研究。由于三氟化硼乙醚的高活性，释放出阳离子型活性中心可引发 EP 开环聚合，并且在较低的环境温度和较低的催化剂浓度下，也能快速聚合反应。研究发现，当 EP 微胶囊和三氟化硼乙醚微胶囊的添加量分别为 5%和 1%时，受损产生裂纹的 EP 基体可迅速启动自修复，并在 30min 时间内，基体材料的冲击性能恢复到 80%。这说明，即便在三氟化硼乙醚微胶囊添加量非常低的情况下，也可以引发修复反应，最大限度地减少了基体材料的力学性能损失。

此外，Xiao 等[57]还以植物剑麻纤维载体吸附三氟化硼乙醚作为固化剂，具体而言，就是用聚苯乙烯将吸附了三氟化硼乙醚的剑麻纤维进行包覆，并与 EP 微胶囊一同添加到复合基体材料中，研究其自修复性能。剑麻纤维上吸附的三氟化硼乙醚可不间断地从中释放出来进入周围的基体，使其能够在基体中形成良好的分散，充当了潜伏型的固化剂。当复合材料受损产生裂纹时，EP 微胶囊释放出 EP 单体，遇到基体中分散的三氟化硼乙醚从而迅速引发聚合反应，进行自修复。研究发现，较少的三氟化硼乙醚即可引发聚合反应，并在 20℃下 30min 时间内，基体材料的冲击强度恢复到 76%。

（三）基于硅油的自修复型微胶囊

作为有机涂料的一种，有着优良的耐高低温、耐候、耐水、耐紫外降解及耐化学腐蚀性能的有机硅涂料，在特种设备涂层、户外机械设备等方面具有广泛的应用。因此，开发自修复型有机硅涂料意义重大。邢瑞英等[58]以脲醛树脂为壁材，采用两步原位聚合法，将乙烯基硅油（DY-V401-310 硅油）进行包覆，得到硅油型自修复微胶囊。有机硅分子链上的乙烯基具有较高的反应活性，可连接光敏基团。如此一来，当涂层受损产生裂纹时，微胶囊中的硅油修复剂流出，在紫外辐射下可迅速产生固化反应，从而实现涂层的自修复。脲醛树脂包覆的微胶囊，粒径较大且产率低，不利于其应用推广。为此，艾秋实等[59]以一步原位聚合法，成功合成了聚脲甲醛包覆的乙烯基硅油自修复型微胶囊，研究发现，在高浓度聚乙烯醇（3%）为分散剂时，较优合成工艺条件下可得到平均粒径小于 20μm 的微胶囊。该合成方法时间短、产率高、操作性强且得到的微胶囊粒径分布均匀，具有很好的应用前景。

除了乙烯基硅油自修复型微胶囊之外，研究人员还对其他类型的硅油自修复型微胶囊进行了研究。例如，魏文政等[60]以硅烷偶联剂 KH560 为芯材，脲醛树脂为壁材进行了微胶囊包覆。硅烷偶联剂 KH560 具有良好的储存稳定性和低黏度特性，其在催化条件下可与氨基或羟基进行反应。研究发现，低温下（5℃）得到的微胶囊粒径较小，而温度升高到25℃，微胶囊的粒径变大。搅拌速度越高，粒径越小，粒径分布也越窄。Huang等[61]同样以脲醛树脂为壁材，利用原位聚合法在乳液体系中，将1H，1H，2H，2H-全氟辛基三乙氧基硅烷(POTS)这类易发生水解的有机硅烷进行包覆，得到自修复型微胶囊，并研究其在耐腐蚀聚合物涂层中的应用。研究发现，当聚合物涂层受损产生裂纹时，自修复微胶囊破裂释放出POTS修复剂，在湿气作用下其发生水解反应形成硅氧型网络结构的物质，并逐渐沉积在裂纹处从而实现自修复，如图3-6所示。将添加有POTS自修复微胶囊的涂层浸入氯化钠溶液中，发现其具有良好的耐腐蚀性能。

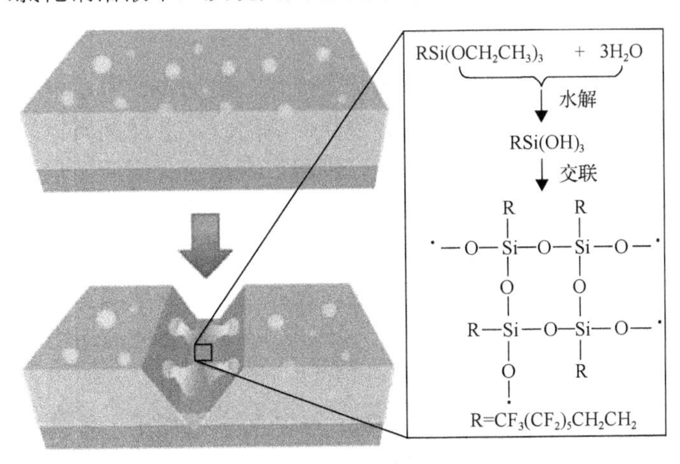

图3-6　1H，1H，2H，2H-全氟辛基三乙氧基硅烷(POTS)型自修复微胶囊的修复机理[61]

Cho等[62]以聚脲甲醛树脂为壁材，将丁基锡-甘油桂酸酯催化剂进行包覆得到微胶囊。将其与羟基封端的聚二甲基硅氧烷、硅烷化衍生聚合物一同加入到乙烯基树脂基体中固化形成具有自修复功能的乙烯基材料。Keller等[63]以同样的合成方法，将聚二甲基硅氧烷及其交联剂分别进行包覆形成微胶囊，并研究了其在聚二甲基硅氧烷弹性橡胶基体的修复过程及自修复效率。Cho等[64]在上述研究的基础上，制备了聚二甲基硅氧烷自修复涂层，并利用电化学腐蚀方法对其防腐蚀性能进行了研究，结果表明，该涂层不但具有自修复性能，而且还具有良好的防腐蚀性能。

(四)其他自修复型微胶囊

桐油作为干性油的一种，由于其含有不饱和双键，可受到氧化作用发生聚合反应形成致密的固体薄膜，从而具有了一定的自修复特性。一般而言，不饱和的程度越高，其聚合反应的速率越快。赵鹏[65]以脲醛树脂为壁材，将桐油进行包覆得到自修复微胶囊，研究了其在EP金属防腐涂料中的自修复性和耐腐蚀性能。研究发现，当芯壁比为2∶1，且微胶囊在涂料中的添加量为10%时，涂料的耐腐蚀性能和自修复效果最好。与桐油的自修复特性类似，亚麻籽油也具有一定的自修复功能。Jadhav等[66]采用苯酚-甲醛为壁材、亚麻籽油为芯材制备了自修复微胶囊，对其在漆膜涂层中裂纹的修复效果进行了研究。研究发现，漆膜涂层受损产生裂纹时，亚麻籽油微胶囊释放出亚麻籽油填充到裂纹处进行固化，形成自修复的效果。而且，经过亚麻籽油固化修复后的区域进一步阻止了基体的腐蚀。同样，Suryanarayana 等[67]以脲醛树脂为壁材，通过原位聚合法制备了亚麻籽油自修复微胶囊，微胶囊在模拟力作用下发生破裂释放出亚麻籽油，而后固化产生修复效果，该区域也能防止基体的进一步腐蚀。Yang 等[68]采用界面聚合方法，在溶胶-凝胶体系中，以硅胶作为壁材物质，将修复剂甲基丙烯酸酯和引发剂三乙基硼烷包覆形成自修复微胶囊，具有良好的自修复性能。

(五) 自修复型功能微胶囊的应用

1. 自修复涂层

物体表面的涂层具有装饰、隔绝、防护等作用。涂层在应用过程中，易受到环境因素的影响产生损伤，不但影响美观，而且损伤严重时，涂层遭到破坏，会使基体受损，缩短使用寿命。如果涂层具有自修复功能，则可以在涂层受损后产生一定的修复作用，从而能够在一定程度上减少相关维护和保养的开支。尤其是一些海上船只或近海建筑和设备，如海上风力发电机、石油钻塔等，表面易受盐雾侵蚀而被腐蚀。将自修复型微胶囊应用于这类涂层，制备形成自修复型涂层，可在一定程度上减少涂层受损的程度，减少传统修复涂层的施工次数，减少涂层的色差。因此，将自修复型微胶囊应用于防护或装饰型涂层具有一定的实际应用价值[69]。

家用汽车漆膜涂层经常受到剐蹭，为此，鄢瑛等[70]发明了一种具有自修复功能的汽车防腐涂层的制备方法。具体是，将自修复型微胶囊均匀分散于汽车的底漆与面漆之间，形成“三明治”结构的修复漆膜。当漆膜涂层表面受损时，自修复型微胶囊受力破损释放出的修复剂在空气中氧化发生聚合反应，从而使微裂纹获得修复，防止其进一步腐蚀，提高了汽车漆膜涂层的防腐性和耐久性。

2. 自修复混凝土

混凝土作为当前应用最多的建筑材料，在使用过程中受环境因素的影响，易于老化开裂，从而造成混凝土的腐蚀，如果能有方法有效地防止或减缓混凝土的开裂，则可以大幅度延长混凝土的使用寿命。

针对混凝土开裂问题，Song 等[71]制备了一种环境友好、价格低廉的修复涂层。具体方法是，将可快速填充缝隙的修复材料制备成自修复型微胶囊，并将其填充到水泥基材中，制备成自修复型水泥修复材料。当混凝土发生开裂后，水泥基材中的自修复型微胶囊释放出修复剂填充到裂缝处，实现修复。此外，所用的修复材料具有光触发性能，修复过程不用催化剂，是一种环境友好的混凝土修复方法。周凤梅[72]以脲醛树脂为壁材、双组分环氧树脂为芯材，通过原位聚合法制备了环氧树脂基自修复微胶囊，并将其添加到混凝土中，研究其对混凝土的修复效果。研究发现，由于微胶囊的加入，混凝土出现力学缺陷，导致强度有所下降。尽管自修复型微胶囊不能对宏观裂缝产生修复，但是对微裂缝的修复却很有效。随着自修复型微胶囊添加量的增加，混凝土的强度修复率和抗渗压力值也逐渐增加。这是因为，自修复型微胶囊加入越多，会有更多的修复剂参与修复微裂纹，修复效果也会更好，抗渗性能也得以加强。

3. 自修复沥青

沥青路面在长期的车辆载荷作用下会不可避免地出现裂纹和开裂，尤其是在重型车辆行驶的路面，或者环境因素较差的路面(如积水、重压等)，这种现象更为严重。长此以往，沥青路面的基体结构不可避免地产生破坏，从而使其使用寿命明显缩短。因此，如果沥青路面在产生裂纹时能得到及时有效的修复，将大幅度降低路面的修复次数。

目前最常用的路面修复方式是在路面明显发生开裂时，进行大面积修补。修补期间不但对交通造成影响，而且对人力、物力产生多次消耗。如果沥青路面在产生裂纹时进行自我修复，防止裂纹的进一步扩散，则可以克服上述问题。将自修复型微胶囊应用于沥青路面将是一个不错的选择。对此，裴建新[73]以脲醛树脂为壁材，采用原位聚合法将沥青再生剂进行包覆，制备出具有自修复功能的微胶囊。研究发现，在终点反应温度为70℃和pH为4.0，甲醛与脲的物质的量的比为4∶5，沥青再生剂与脲醛树脂比例为6∶5，乳化剂质量分数为0.5%时，得到的自修复微胶囊表面形貌致密，平均粒径约为21.14μm，包覆率可达到85%。将其用于沥青路面自修复性能研究，在微胶囊添加量为0.3%时，自修复率可达38.67%。刘哲[74]也以脲醛树脂为壁材采用原位聚合法合成了EP型自修复微胶囊，并将其添加到石油沥青中研究其自修复性能。研究发现，自修复微胶囊的添加量对石油沥青的软化点、针入度及延度影响较小，可以保证沥青性能符合现有技术指标。而且，自修复微胶囊的加入，使石油沥青的自愈合效率得到提高。此外，Su等[75]以经甲醇修饰的三聚氰胺-甲醛树脂作为壁材，对具有芳香气味的黏稠油修复剂进行包覆，得到自修复型微胶囊。该微胶囊具有优良的机械性能和热稳定性，将其添加到沥青中用于自修复实验，测试其在沥青中所进行的交联反应。研究发现，自修复型微胶囊的壁材能够与沥青形成良好的化学键，对沥青的力学性能影响较小。当温度低于200℃时，自修复微胶囊对沥青具有良好的修复性能。

4. 自修复橡胶制品

作为一类重要的高分子材料，橡胶及其制品在国民经济中占有重要的地位，其在建筑、交通、电子、机械等重工业和新兴产业领域提供各类橡胶制品和部件。不可避免地，橡胶在使用过程中会发生老化而出现裂纹或损伤，使其机械性能下降，寿命缩短。因此，如能将自修复材料加入到橡胶材料中，则可以在一定程度上延长其使用寿命。为此，刘小辰[76]采用原位聚合法，将DCPD用脲醛树脂进行包覆得到DCPD自修复型微胶囊。经硅烷偶联剂KH-550改性后，将其添加到天然橡胶中，对其自修复性能进行研究。研究发现，添加改性自修复型微胶囊后，橡胶基体的结合界面得以明显改善。赵民[77]同样以脲醛树脂为壁材制备了粒径为100～200μm、壁厚约为5μm的DCPD自修复型微胶囊，并将其与催化剂一同添加到橡胶基体中，制备了自修复橡胶材料，研究发现，自修复型微胶囊中的DCPD可在橡胶受损后释放出来，在催化剂作用下发生开环聚合反应产生自修复效果。

目前，自修复微胶囊尚未在木质功能材料领域得到开发与应用，但其在其他领域的应用为木材加工利用提供了良好的借鉴。其中，自修复涂层有望应用于木质产品涂料，自修复黏合剂有望应用于木材胶黏剂。

参考文献

[1] 胡拉, 吕少一, 傅峰, 等. 微胶囊技术在木质功能材料中的应用及展望[J]. 林业科学, 2016, 52(7): 148-157.
[2] 李晓东. 木材构造对木材化学阻燃浸渍处理方法的影响[J]. 广州化工, 2005, 33(5): 57-61.
[3] 左迎峰, 吴义强, 张新荔, 等. 低分子量酚醛树脂浸渍人工林木材研究进展[J]. 材料导报, 2015, 29(23): 7-11.
[4] 崔盼, 刘秀生, 汪洋, 等. 特种涂料中的微胶囊技术[C]//特种化工材料技术交流暨新产品、新成果信息发布会, 2010.
[5] 范斌, 胡剑青. 采用微胶囊技术制备阻燃防火涂料的研究[J]. 消防技术与产品信息, 2012, (11): 50-53.
[6] 韩晓宁, 丁璐, 胡源, 等. 微胶囊化阻燃剂对防火涂料的性能影响[J]. 消防科学与技术, 2011, 30(7): 631-634.
[7] 杨韬, 许普丽, 邱壬乙. 一种复合式木材防腐防蛀技术[P]: 中国, CN 102179847 A. 2011.
[8] 马永强. 微胶囊相变材料的制备及其在热红外隐身中的应用[D]. 兰州理工大学硕士学位论文, 2012.
[9] 国栋. 用于无毒环保海洋防污涂料的生物防污剂的制备[D]. 东北大学硕士学位论文, 2005.
[10] 肖华. 聚 α-烯烃减阻剂的包覆及分散研究[D]. 中南大学硕士学位论文, 2008.
[11] 李冰. 石油减阻聚合物微胶囊的制备与性能研究[D]. 山东大学硕士学位论文, 2008.
[12] 李晓苇, 安文, 赖伟东, 等. 隐色染料微胶囊涂层的热敏显影特性研究[J]. 中华纸业, 2011, 32(20): 13-16.
[13] 吴落义, 胡智荣, 李玉书, 等. 低温可逆变色微胶囊的制备及其在水性涂料中的应用研究[J]. 涂料工业, 2002, 32(12): 17-19.
[14] 渠艳. 可用于药物控释的聚合物材料的研究[D]. 北京化工大学硕士学位论文, 2011.
[15] 闫玉霄, 沈兰萍. 微胶囊缓释性能的理论研究及影响因素分析[J]. 北京纺织, 2002, (4): 47-49.
[16] Madan P L. Clofibrate microcapsules II: Effect of wall thickness on release characteristics[J]. Journal of Pharmaceutical Sciences, 1981, 70(4): 430-433.
[17] 郭雯婷, 崔蕊蕊, 庄占兴, 等. 农药微胶囊剂的研究现状与展望[J]. 现代农药, 2017, 16(2): 1-6.
[18] 智亚楠, 王国君, 陈利军, 等. 微胶囊农药的制备技术及发展概述[J]. 合成材料老化与应用, 2015, 44(5): 97-100.
[19] 刘丽雅, 陈水林. 缓释微胶囊及其在芳香保健纺织品上的应用[J]. 印染助剂, 2002, 19(4): 15-16.
[20] 苗红. 缓释香精微胶囊的制备及其在装饰纸中的应用[D]. 天津科技大学硕士学位论文, 2012.
[21] 槐敏, 王进, 王喆, 等. 含香精微胶囊刨花板的微观构造及释香特性[J]. 东北林业大学学报, 2014, 42(12): 126-129.
[22] 王进, 槐敏, 王喆, 等. 微胶囊技术在缓释香味刨花板制备中的应用[J]. 林产工业, 2015, 42(2): 18-22.
[23] 槐敏, 金春德, 张文标, 等. 微囊化薰衣草香型环保胶合板的研制[J]. 林业工程学报, 2013, 27(5): 108-111.
[24] 姜涛, 胡亚楠, 龙玥, 等. 刺激响应型微胶囊的可控释放研究进展[J]. 影像科学与光化学, 2015, 33(2): 168-176.
[25] Zhou J, Pishko M V, Lutkenhaus J L. Thermoresponsive layer-by-layer assemblies for nanoparticle-based drug delivery[J]. Langmuir, 2014, 30(20): 5903-5910.
[26] Hu S H, Tsai C H, Liao C F, et al. Controlled rupture of magnetic polyelectrolyte microcapsules for drug delivery[J]. Langmuir, 2008, 24(20): 11811-11818.
[27] Duan H, Qiu T, Guo L, et al. The microcapsule-type formaldehyde scavenger: the preparation and the application in urea-formaldehyde adhesives[J]. Journal of Hazardous Materials, 2015, 293: 46-53.
[28] Held K. Process for fabricating processed wood material panels[P]: U.S., Patent 4, 988, 478. 1991.
[29] 罗朝晖, 何江. 酚醛树脂的固化促进剂微胶囊丸[P]: 中国, CN 2430214 Y. 2001.
[30] 齐维君, 李莲璧. 木质人造板用的防水、防潮、防霉微胶囊产品[P]: 中国, CN2440637. 2001.
[31] 齐维君. 木质人造板用捕捉游离甲醛微胶囊产品制造技术[P]: 中国, CN 02200595 Y. 2002.
[32] 高立英, 齐振宇, 鲍洪玲. 人造板用微胶囊石蜡防水剂的开发与应用[J]. 木材工业, 2016, 30(2): 41-43.
[33] 明耀强. 潮固化自修复微胶囊的制备及性能研究[D]. 华南理工大学硕士学位论文, 2016.
[34] White S R, Sottos N R, Geubelle P H, et al. Autonomic healing of polymer composites[J]. Nature, 2001, 409(6822): 794-797.
[35] 张宇帆, 明耀强, 曾卓, 等. 自修复材料中自修复体系研究进展[J]. 广东化工, 2015, 42(14): 89-91.
[36] 刘金明. 掺杂微胶囊的自修复复合材料在可变温度场下修复性能研究[D]. 哈尔滨工业大学硕士学位论文, 2014.

[37] Brown E N, White S R, Sottos N R. Fatigue crack propagation in microcapsule-toughened epoxy[J]. Journal of Materials Science, 2006, 41(19): 6266-6273.

[38] Brown E N, White S R, Sottos N R. Retardation and repair of fatigue cracks in a microcapsule toughened epoxy composite–Part I: Manual infiltration[J]. Composites Science & Technology, 2005, 65(15-16): 2466-2473.

[39] Kessler M R, White S R. Cure kinetics of the ring-opening metathesis polymerization of dicyclopentadiene[J]. Journal of Polymer Science Part A: Polymer Chemistry, 2002, 40(14): 2373-2383.

[40] Rule J D, Sottos N R, White S R. Effect of microcapsule size on the performance of self-healing polymers[J]. Polymer, 2007, 48(12): 3520-3529.

[41] 王晴, 李海燕, 崔业翔. 自修复聚合物材料用微胶囊的研究进展[J]. 玻璃钢/复合材料, 2015, (3): 87-91.

[42] 罗永平. 自修复微胶囊的合成与应用研究[D]. 华南理工大学硕士学位论文, 2011.

[43] 李海燕. 脲醛树脂微胶囊表面改性及对环氧树脂的自修复性能研究[D]. 哈尔滨工业大学博士学位论文, 2010.

[44] 吕玲, 袁莉, 梁国正. 聚脲甲醛包覆双环戊二烯微胶囊的热稳定性研究[J]. 工程塑料应用, 2006, 34(3): 48-50.

[45] 李岚, 袁莉, 梁国正, 等. 表面活性剂对聚脲甲醛包覆双环戊二烯微胶囊的影响[J]. 精细化工, 2006, 23(5): 429-434.

[46] 卢玲茹. 用于聚合物复合材料自修复的微胶囊的制备及性能研究[D].华东理工大学硕士学位论文, 2007.

[47] Yuan L, Liang G, Xie J Q, et al. Preparation and characterization of poly(urea-formaldehyde) microcapsules filled with epoxy resins[J]. Polymer, 2006, 47(15): 5338-5349.

[48] 袁彦超, 容敏智, 章明秋. 三聚氰胺-甲醛树脂包裹环氧树脂微胶囊的制备及表征[J]. 高分子学报, 2008, (5): 472-480.

[49] Xiao D S, Rong M Z, Zhang M Q. A novel method for preparing epoxy-containing microcapsules via UV irradiation-induced interfacial copolymerization in emulsions[J]. Polymer, 2007, 48(16): 4765-4776.

[50] Yin T, Rong M Z, Zhang M Q, et al. Self-healing epoxy composites–preparation and effect of the healant consisting of microencapsulated epoxy and latent curing agent[J]. Composites Science and Technology, 2007, 67(2): 201-212.

[51] Yin T, Zhou L, Rong M Z, et al. Self-healing woven glass fabric/epoxy composites with the healant consisting of micro-encapsulated epoxy and latent curing agent[J]. Smart Materials and Structures, 2007, 17(1): 1-8.

[52] Rong M Z, Zhang M Q, Zhang W. A novel self-healing epoxy system with microencapsulated epoxy and imidazole curing agent[J]. Advanced Composites Letters, 2007, 16(5): 167-172.

[53] Yuan Y C, Rong M Z, Zhang M Q. Preparation and characterization of microencapsulated polythiol[J]. Polymer, 2008, 49(10): 2531-2541.

[54] Yuan Y C, Rong M Z, Zhang M Q, et al. Self-healing polymeric materials using epoxy/mercaptan as the healant[J]. Macromolecules, 2008, 41(14): 5197-5202.

[55] Xiao D S, Yuan Y C, Rong M Z, et al. Hollow polymeric microcapsules: preparation, characterization and application in holding boron trifluoride diethyl etherate[J]. Polymer, 2009, 50(2): 560-568.

[56] Xiao D S, Yuan Y C, Rong M Z, et al. Self-healing epoxy based on cationic chain polymerization[J]. Polymer, 2009, 50(13): 2967-2975.

[57] Xiao D S, Yuan Y C, Rong M Z, et al. A Facile strategy for preparing self - healing polymer composites by incorporation of cationic catalyst - loaded vegetable fibers[J]. Advanced Functional Materials, 2009, 19(14): 2289-2296.

[58] 邢瑞英, 张秋禹, 艾秋实, 等. 反应性乙烯基硅油/聚脲甲醛自修复微胶囊的制备[J]. 材料导报, 2009, 23(10): 87-89.

[59] 艾秋实, 张秋禹, 邢瑞英, 等. 一步法制备聚脲甲醛包覆反应性乙烯基硅油微胶囊[J]. 中国胶粘剂, 2010, 19(4): 13-17.

[60] 魏文政, 张扬, 林牧春, 等. 聚脲包覆 KH560 硅烷偶联剂微胶囊的制备研究[J]. 表面技术, 2009, 38(2): 55-56.

[61] Huang M, Zhang H, Yang J. Synthesis of organic silane microcapsules for self-healing corrosion resistant polymer coatings[J]. Corrosion Science, 2012, 65(12): 561-566.

[62] Cho S H, Andersson H M, White S R, et al. Polydimethylsiloxane-based self-healing materials[J]. Advanced Materials, 2006, 18(8): 997-1000.

[63] Keller M W, White S R, Sottos N R. A self-healing poly (dimethyl siloxane) elastomer[J]. Advanced Functional Materials, 2007, 17(14): 2399-2404.

[64] Cho S H, White S R, Braun P V. Self-healing polymer coatings[J]. Advanced Materials, 2009, 21(6): 645-649.
[65] 赵鹏. 金属防腐涂料自修复微胶囊的合成与性能研究[D]. 华南理工大学硕士学位论文, 2012.
[66] Jadhav R S, Hundiwale D G, Mahulikar P P. Synthesis and characterization of phenol-formaldehyde microcapsules containing linseed oil and its use in epoxy for self-healing and anticorrosive coating[J]. Journal of Applied Polymer Science, 2011, 119(5): 2911-2916.
[67] Suryanarayana C, Rao K C, Kumar D. Preparation and characterization of microcapsules containing linseed oil and its use in self-healing coatings[J]. Progress in Organic Coatings, 2008, 63(1): 72-78.
[68] Yang Z, Hollar J, He X, et al. A self-healing cementitious composite using oil core/silica gel shell microcapsules[J]. Cement and Concrete Composites, 2011, 33(4): 506-512.
[69] 叶三男, 王培, 孙阳超,等. 微胶囊填充型自修复涂层材料研究进展[J]. 表面技术, 2016, 45(6):91-99.
[70] 鄢瑛, 梅燕, 张会平. 一种具有自修复功能的汽车防腐涂膜及其应用[P]: 中国, CN102390147A. 2012.
[71] Song Y K, Jo Y H, Lim Y J, et al. Sunlight-Induced self-healing of a microcapsule-type protective coating[J]. ACS Applied Materials & Interfaces, 2013, 5(4):1378-1784.
[72] 周凤梅. 水泥混凝土微胶囊自修复技术研究[D]. 重庆交通大学硕士学位论文, 2015.
[73] 裴建新. 沥青裂缝自修复微胶囊的制备与表征[J]. 化工进展, 2016, 35(9): 2898-2904.
[74] 刘哲. 自修复微胶囊对沥青自愈合性能的影响研究[J]. 交通节能与环保, 2016, 12(2): 59-62.
[75] Su J F, Qiu J, Schlangen E. Stability investigation of self-healing microcapsules containing rejuvenator for bitumen[J]. Polymer Degradation and Stability, 2013, 98(6): 1205-1215.
[76] 刘小辰. 用于橡胶材料自愈合的微胶囊的制备与表征[D]. 北京化工大学硕士学位论文, 2013.
[77] 赵民. 橡胶自愈合微胶囊制备与性能研究[D]. 北京化工大学硕士学位论文, 2015.

第四章　温致变色微胶囊及其木质功能复合材料

变色材料是一种新型的功能材料，其在受到光、电、热等环境因素刺激作用后发生颜色响应[1]，属于“智能材料”的范畴。按外界刺激源的不同，变色材料可分为温致变色材料、光致变色材料、电致变色材料、压致变色材料及磁致变色材料等[2]。其中温致变色材料是指在某一特定的温度区间内由于自身结构改变而产生颜色变化的一类物质[3]，近年来在功能材料领域的研究十分活跃，广泛应用于航空化工、防伪印刷、医疗纺织、装饰装潢等领域。

在木质材料功能化需求的驱使下，温致变色材料与木质材料实现有机结合而形成了一类新型的功能材料——温致变色木质复合材料。温致变色材料的引入极大地丰富了木质产品的视觉特性，显著提升了木质产品的使用价值。无机、液晶及有机等多种类型的变色材料，可赋予木质产品特有的变色功能，以满足不同场合的使用需求。目前研究和开发的产品主要为可逆温致变色木质复合材料，其表面颜色随着外界环境温度的升高和降低可以在两种颜色之间反复变化，在地板、家具及建筑墙体材料等领域具有广阔的应用前景[4-6]。温致变色等智能型木质材料的开发与应用，将有力推动着现代家居向智能化方向发展。

第一节　温致变色机理

一、温致变色材料分类及特点

温致变色材料的开发与应用始于 20 世纪 60 年代，至今已涌现出众多品种。影响温致变色材料变色特性的因素有很多，因而其分类也出现了多种方式。依据变色的可逆性可分为可逆温致变色材料和不可逆温致变色材料。材料受热到一定温度时颜色消失，而冷却时颜色又能重新恢复，称为可逆温致变色材料；如果冷却时颜色不能恢复，则为不可逆温致变色材料。依据变色的温度范围可分为高温温致变色材料和低温温致变色材料。当变色温度高于 100℃，称为高温温致变色材料；当变色温度低于 100℃，则为低温温致变色材料。依据在某一温度范围内的变色次数可分为单变色型(有色到无色、无色到有色、颜色 A 到颜色 B)和多变色型(颜色 A 到颜色 B 到颜色 C)两大类。依据组成材料与性质可分为无机、有机和液晶三种类型。目前，该分类方法比较常用，下面论述以此种分类方法展开。

无机温致变色材料一般是含有银(Ag)、铜(Cu)和汞(Hg)的碘化物、络合物、复盐及由钴盐、镍盐与六亚甲基四胺形成的化合物等。此外，铬酸盐及其混合物、钒酸盐、铬酸盐和钨酸盐等也是较好的无机温致变色材料。液晶温致变色材料主要包括胆甾型液晶和氰基联苯类液晶。有机温致变色材料可分为两种：一类为单一组分温致变色材料(如席夫碱类、螺环类及双蒽酮类化学物质），受热后由于组成或结构改变而产生热变色现象；另一类为多组分复配温致变色材料，是由一些受热时本身并不变色的化合物复配其他化合物而形成的具有热变色特性的体系，最常见的组合为结晶紫内酯、双酚 A 和多元醇复配体系。

三类温致变色材料的主要性能如表 4-1 所示。无机温致变色材料制备工艺相对简单、成本较低、耐光性好，但其较窄的变色温度范围、较大的毒性和较低的变色灵敏度限制了其使用范围。液晶温致变色材料的变色温度范围相对较宽，并具有变色灵敏度高的优点，但也存在颜色浅、颜色种类少和价格昂贵等不足，使其应用范围受到一定限制。有机温致变色材料在三类温致变色材料中综合性能最优，具有颜色种类丰富、变色灵敏度高、变色温度较低及使用寿命长等优点，已成为当前的一个主要发展方向。

表 4-1 三类温致变色材料的性能对比[7]

性能		无机温致变色材料	有机温致变色材料	液晶温致变色材料
变色温度/℃	−100～−50	无	有	无
	−50～0	无	有	少数
	0～50	无	有	有
	50～100	少数	有	有
	100～200	有	有	有
变色性能	有色～无色	无	有	无
	颜色 A～颜色 B	有	有	有
变色温度选择性		无	有	无
变色灵敏性		较好	很好	很好
耐光性		很好	较好	较好
安全性		不好	较好	较好
价格		较低	低	高

二、无机温致变色材料

无机温致变色材料主要包括带结晶水的无机盐类、金属配合物、金属离子化合物及铬酸盐等。引起无机温致变色材料变色的主要原因包括晶格的变化、配位体几何构型的变化、结晶水的变化等[8]，其变色机理主要归为以下 4 类。

1）晶格转变机理。这类温致变色材料是结晶物质，大多数是金属离子化合物[如碘化汞铜（Cu_2HgI_4）、碘化汞银（Ag_2HgI_4）等]，在一定温度的作用下，其晶格发生位移，从而导致颜色发生变化。当温度降低时，晶型复原，颜色也随之复原[9]。

2）配位体几何构型变化机理。这类温致变色材料主要是金属配合物，常见的有机含氮碱性物与铜离子（Cu^{2+}）、镍离子（Ni^{2+}）的配合物，如四氯合铜酸二乙铵{$[(C_2H_5)_2NH_2]CuCl_4$}，变色温度为 43℃，颜色可以在绿色与黄色之间发生可逆变化。

3）结晶水得失机理。这类温致变色材料主要是含有结晶水的无机盐类[如钴（Co）、镍

(Ni)等]，加热到一定温度时，失去结晶水而发生颜色变化，冷却后又从空气中吸收水分形成结晶水而恢复颜色[10]。

4)氧化还原反应机理。该机理也被称为“电子得失机理”，是指电子在变色材料的不同组分中转移引起化合物氧化还原型的变化，从而使材料颜色改变。例如，铬酸铅($PbCrO_4$)中铬酸根(CrO_4^{2-})的氧化能力会随着温度的升高而增强，与二价铅离子(Pb^{2+})发生氧化还原反应产生四价铅离子(Pb^{4+})，由于 Pb^{4+}与 Pb^{2+}之间的电荷发生转移，吸收波长较长的蓝紫光而显红色。当温度降低时，Pb^{4+}会变得不稳定，重新被氧化成 CrO_4^{2-}的还原产物，颜色重新恢复。

三、液晶温致变色材料

液晶按分子排列方式可分为近晶型、向列型和胆甾型三大类。近晶型和向列型液晶具有特殊的电学特性，主要用于电子设备的显示器。而胆甾型液晶具有温致变色特性，在温度改变时可以发生颜色变化。

胆甾型液晶的变色机理是其结构随温度的变化而改变，引起对光的反射和透射性能发生改变，从而发生颜色的变化[11]。胆甾型液晶具有偏螺旋体结构特征，在白光照射下会对光进行选择性吸收，并反射某些波长的偏振光，从而反射和透射两种不同颜色的光，且这种颜色随着分子螺旋结构的伸长或缩短而发生变化。螺旋结构对温度异常敏感，螺旋结构的伸缩会随温度的改变而变化，使反射光和透射光的波长也发生变化，进而显示出不同的颜色。此外，即使液晶分子的螺旋结构不会发生伸缩变化，胆甾型液晶本身的光学各向异性也会使其产生颜色变化。

四、有机温致变色材料

有机温致变色材料是目前研究最多且极具应用潜力的一类温致变色材料。依据化学组成可以将其分为两大类：一类是单一的化合物，其组成或结构在温度变化时发生改变而产生温致变色现象；另一类是由一些本身不会变色的化合物复配得到的混合物，共同构成温致变色体系。通过差示扫描量热法(differential scanning calorimetry，DSC)、紫外光谱(ultraviolet spectrum，UV)、红外光谱(infrared spectroscopy，IR)、X 射线衍射(X-ray diffraction，XRD)、核磁共振(nuclear magnetic resonance，NMR)、质谱(mass spectrometry，MS)等测试手段对有机温致变色材料的变色机理进行了研究[11-15]，归纳起来主要有以下四类。

第一，pH 变化机理。主要涉及由酸碱指示剂如酚红、酚酞等，与可提供质子的弱酸如高级脂肪酸等组成的变色体系。当加热到一定温度时，羧基质子被活化，与亲和性物质反应，引起质子得失而产生颜色变化；冷却后，羧基质子复原，物质的颜色随之复原。例如，将硼酸、酚红、乙醇、水和氧化镁按一定比例混合的物质，在 90℃以下呈浅橘黄色，90～100℃为土黄色，100～150℃为黄红色，150℃以上为肉红色。

第二，物质结构变化机理。主要涉及两类物质：一类是由闭环结构变成开环结构而引起颜色变化的物质，多数是由若干杂环和芳环组成的螺环化合物，如螺吡喃类及其衍生物等；另一类是由结构异构引起颜色变化的物质，如偶氮类、席夫碱类和色酮类化合物。主要异构类型有顺反异构、构象异构、互变异构和几何异构等。

第三，电子转移机理。变色材料主要由发色剂(电子给予体)、显色剂(电子接受体)和溶剂三部分组成。电子给予体和电子接受体的氧化还原电位接近。当温度变化时，二者氧化还原电位相对变化程度不同，使氧化还原反应的方向随着温度的改变而改变，从而导致体系的颜色发生变化。在反应中电子的给予和接受过程是可循环反复的，使变色材料的颜色随温度的变化呈可逆性变化。

第四，电子自旋状态变化机理。在温度变化时，物质内部的电子自旋状态发生改变，从而引起材料的颜色变化。例如，一些研究人员利用离子交换树脂作为反离子制备的透明的自旋交联复合薄膜，在室温(27℃)时为高速自旋状态，呈无色状态；当温度降低时，为低自旋状态，变为紫色。这类材料变色明显，变色灵敏度高，示温准确，但其变色温度较低，应用受限。

复配型有机温致变色材料颜色多样且选色自由，变色温度较低且可控性好，同时其生产成本较低，最适用于木质材料的变色处理。该类变色材料通常由发色剂(结晶紫内酯、孔雀绿内酯、甲酚红等)、显色剂(双酚 A、硼酸、对硝基苯酚等)和溶剂(正十六醇、硬脂酸、月桂酸等)三部分组成，具有变色可逆性，发生颜色变化的原因可用上述“电子转移机理”解释。下面具体以热敏玫红、双酚 A 和十四醇复配而成的红色可逆温致变色剂为例具体说明变色机制。

图 4-1 所示为红色温致变色剂变色前后的红外光谱图。对比分析发现，变色前后变色剂的分子结构未发生较大变化，主要差别是在 1759cm^{-1} 处增加了一个羧酸 C═O 的伸缩振动特征峰。这表明变色前后红色温致变色剂分子结构中有酯羰基(1681cm^{-1})变成了羧酸羰基 C═O，引起了红色温致变色剂颜色的变化。

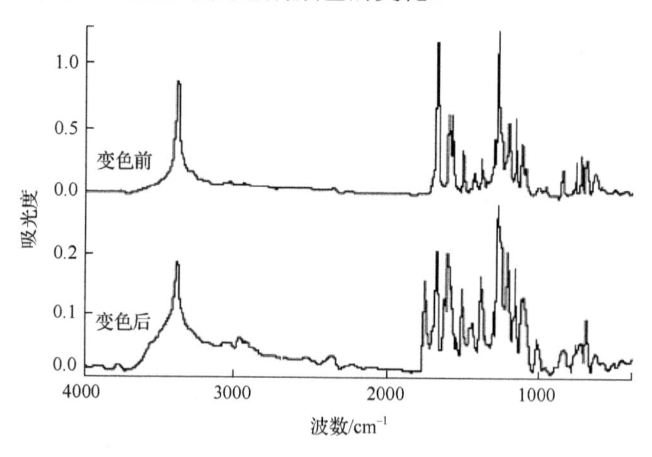

图 4-1　红色可逆温致变色剂变色前后的红外光谱图

由上述分析可知，随着环境温度的变化，发色剂(热敏玫红)在显色剂(双酚 A)的作用下，其分子结构中的内酯环呈现开环和闭环现象，电子在发色剂和显色剂之间相互转移，使得红色温致变色剂随环境温度改变在红色至无色之间变化。在低温时，发色剂的内酯环在提供电子后开裂，形成离子化共轭结构，将电子给予显色剂使变色体系呈红色；温度升高时，发色剂重新获得电子形成内酯环，变色体系恢复为无色状态。变色过程中，可逆温致变色剂的化学反应历程如图 4-2 所示。

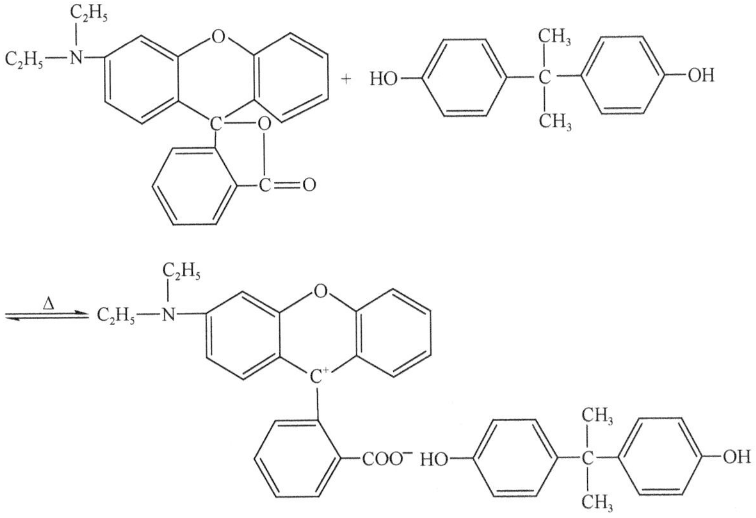

图 4-2　红色可逆温致变色剂的化学反应历程[11]

第二节　温致变色微胶囊

一、变色剂微胶囊化的目的

基于材料应用特点及原料生产成本的考虑，复配型有机温致变色材料在木质材料领域应用潜力最大。该类变色材料的溶剂组分通常为相变材料，且相变温度与变色温度接近。变色材料在循环变色过程中会伴随熔化/凝固的固/液相转变过程。对于变色温度较低的变色材料，在较高的使用温度条件下还可能完全变为液态。因此，利用液态变色材料直接浸渍处理木材制备的温致变色木质材料稳定性较差，实际应用受到很大的限制。同时，变色剂对外界环境条件较为敏感，在强酸、有机溶剂等作用下变色效果可能减弱甚至消失。为了提高变色产品的稳定性和耐久性，开发变色体系的有效保护技术是非常有必要的。

微胶囊技术可以实现芯材物质的完全包覆，使其与外界环境隔离，同时仍能保留芯材的原有特性，因而非常适用于对稳定性欠佳的变色体系进行保护处理。变色材料经微胶囊化处理后，其固/液相转变过程仅发生在壁材内部，整体上始终表现为固体颗粒形态，稳定性显著提高。壁材还可以有效地保护变色材料免受外界强酸、溶剂等因素的不利影响，提高其稳定性和耐久性。此外，油性的变色材料经亲水性的壁材(如氨基树脂)包覆后，其表面特性也发生了改变，易于在水性溶液中分散，对于水性变色涂料的开发是非常有利的。

图 4-3 给出了变色前后，蓝色温致变色剂(结晶紫内酯-双酚 A-十四醇)及三聚氰胺-尿素-甲醛树脂微胶囊的形态变化。从图中可以看出，未经包覆的温致变色剂在高于变色温度条件下会熔化流动和扩散，而变色微胶囊在变色前后形态未见明显变化。这充分证实了微胶囊技术是提高温致变色剂稳定性的有效途径之一。

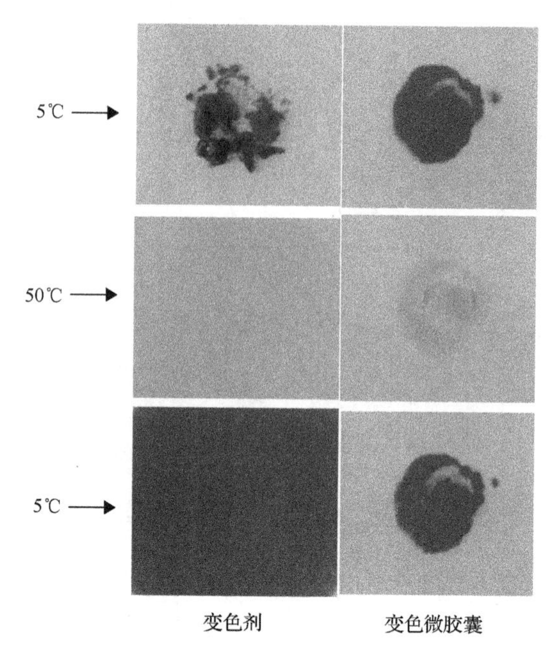

图 4-3　温致变色剂与变色微胶囊变色前后形貌对比[16]

二、有机温致变色材料的制备及性能

（一）制备方法及性能评价

有机温致变色材料一般是由发色剂、显色剂和溶剂三部分复配而成。制备过程主要涉及发色剂和显色剂在溶剂中的分散和溶解过程，工艺较为简单。以热敏玫红为发色剂制备可逆温致变色材料的具体工艺流程如下：先称取一定量的十四醇溶剂，放入装有搅拌装置的容器中，置于 70℃的恒温水浴中，加热熔融后，加入发色剂热敏玫红和显色剂双酚 A（热敏玫红、双酚 A 和溶剂的质量比控制为 1∶4∶40），在 600r/min 搅拌速度条件下混合 1h，自然冷却后即可得到可逆温致变色复配物。

对于温致变色材料而言，热色性是其最重要的特性，包括变色温度、变色灵敏度及色度学参数等。目前，变色材料的应用领域很多，其性能评价测试尚未建立统一的标准。变色温度和变色灵敏度的测试一般在模拟环境中进行，常用的设备有人工气候箱、恒温恒湿箱、玻璃水浴锅、电加热板、热电偶和表面温度计等。图 4-4 所示为深红色、橙黄色及蓝色三种可逆温致变色木材在变色前后的表面颜色。从图中可以看出，三种变色木材的颜色变化非常明显。三种不同颜色的温致变色木材变色温度区间为 26.0～32.0℃，变色灵敏。

依靠视觉只能定性地判断变色木材颜色的变化。而依据国际照明协会推荐的 CIELAB（1976）表色系统，可以用色差（ΔE）定量地表征变色木材表面颜色的变化[18]。较大的色差对应更加明显的颜色变化。依据色差值与视觉感受的关系可以判断颜色变化程度（表 4-2）。当色差值小于 12.0 时，试样仅发生颜色深浅的变化；当色差值超过 12.0 时，试样会转变成另外一种颜色。

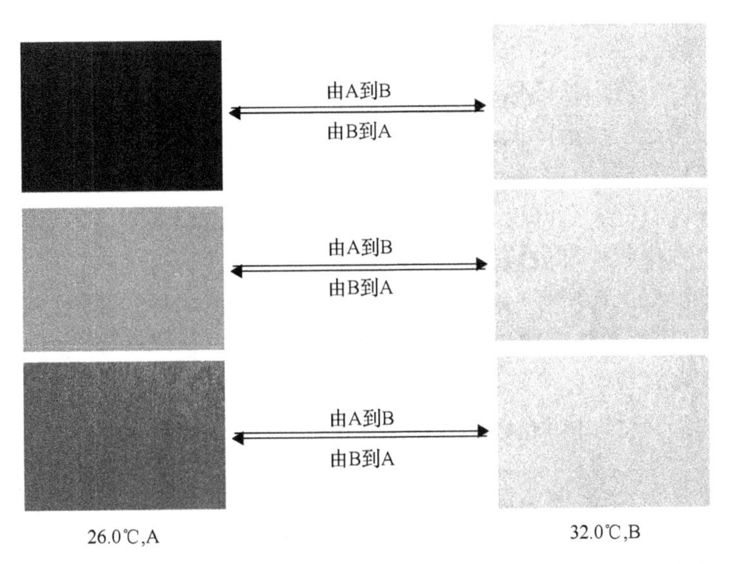

图 4-4　变色前后温致变色木材的表面颜色(木材经过漂白处理)[17]

表 4-2　色差值与视觉关系

色差 ΔE	人的视觉感受	颜色变化程度
0～0.5	极微	极轻微的变化
0.5～1.5	轻微	轻微的变化
1.5～3.0	明显	可感觉的变化
3.0～6.0	很明显	显著变化
6.0～12.0	强烈	极为明显的变化
12.0 以上	非常强烈	转变为另一种颜色

色差一般是基于色度学参数(包括明度指数 L^*、红绿指数 a^*和黄蓝指数 b^*)计算所得，而色度学参数可以利用色彩色差计、在线色差测试仪等仪器测试获得。具体而言，以某温度条件下变色材料的色度学参数 L^*、a^*和 b^*(记为 L^*_0、a^*_0和 b^*_0)作为参照值，那么该材料在另一温度(x ℃)条件下的色差(记为 ΔE_x)依据下式计算：$\Delta E_x=[(L^*_x-L^*_0)^2+(a^*_x-a^*_0)^2+(b^*_x-b^*_0)^2]^{1/2}$，其中 L^*_x、a^*_x和 b^*_x分别为 x℃条件下试样的 L^*、a^*和 b^*。图 4-4 中三种变色木材的色度学参数的变化见表 4-3。三种变色木材的变色色差均在 35 以上，均能给人以非常强烈的颜色变化感觉。

表 4-3　变色前后温致变色木材色度学参数的变化

变色剂种类	温致变色木材色度学参数变化			
	明度指数 ΔL	红绿指数 Δa	黄蓝指数 Δb	变色色差 ΔE
深红色	46.72	−7.08	15.66	49.78
橙黄色	13.83	−24.15	−22.27	35.64
蓝色	65.81	−7.28	20.48	69.31

可逆温致变色材料的变色包括消色和复色两个过程，对应的色差变化是连续的，正

好形成一个闭合的回路(图 4-5)。表面颜色变化可分为三个阶段：以消色过程为例，第一阶段为变色初期，可逆温致变色材料的总色差几乎没有变化；第二阶段为消色过程，随着温度的升高，总色差逐渐降低；第三阶段为变色后期，随着测试温度的继续升高，总色差几乎不再变化。同理，在复色过程中，可逆温致变色材料的颜色变化过程正好与消色相反，但是复色温度有所降低，消色过程曲线和复色过程曲线是不等同的。可逆温致变色材料的颜色变化不仅仅依赖于温度的变化，还与试件所受的热过程(升温或降温)有关。因此，仅仅根据试件所处的温度来判定可逆温致变色木材的热色性是不科学的。可逆温致变色过程(消色和复色)具有一定的记忆功能，在可逆温致变色材料所处热过程不确定时是无法预测其热色性的。这种现象被称为复色滞后现象[19,20]。可逆温致变色材料属于具有滞后现象的物理体系。

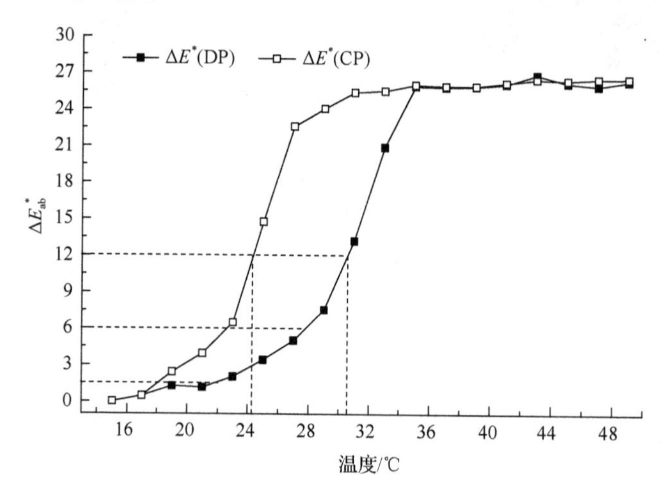

图 4-5　可逆温致变色材料的总色差与温度的关系(DP. 消色过程，CP. 复色过程)

(二)原料组分对性能的影响

复配型有机温致变色材料的性能主要取决于发色剂、显色剂和溶剂的种类及配比。其中发色剂决定材料颜色的类别，显色剂决定材料颜色的变化深浅，而溶剂决定材料的变色温度和变色时间[21]。同时，发色剂、显色剂和溶剂的质量配比关系会影响到可逆温致变色复配物的变色温度、变色时间及变色效果等。

下面具体以利用热敏玫红配制的温致变色材料为例，详细介绍原料组分对材料变色性能的影响。

1. 溶剂类型对变色性能的影响

以热敏玫红为发色剂，双酚 A 为显色剂，正辛酸、月桂酸、硬脂酸、十二醇、十四醇及十六醇为溶剂制备的变色复配物在不同温度下的色差见表 4-4。以高级脂肪醇类物质为溶剂的复配物的变色色差(ΔE_3^*)明显大于以脂肪酸为溶剂的复配物，变色效果较好。这表明溶剂种类对变色复配剂的变色特性有一定影响，需要依据发色剂和显色剂的特点优选溶剂，以获得最佳变色效果。

表 4-4　不同溶剂的变色复配物的色差

试验号	溶剂	色差ΔE^*		
		ΔE_1^*	ΔE_2^*	ΔE_3^*
1	正辛酸	65.86	28.81	37.05
2	十二醇	65.76	14.97	50.79
3	十四醇	63.13	16.76	46.37
4	十二酸	59.50	33.83	25.67
5	十六醇	62.81	19.86	42.95
6	硬脂酸	60.76	40.79	19.97

注：ΔE_1^*为在 0℃时相对素板的色差，ΔE_2^*为在 70℃时相对素板的色差，ΔE_3^*为染色薄木 0℃与 70℃的相对色差

以十二醇、十四醇和十六醇为溶剂的复配物的变色温度区间分别为 10～20℃、26～38℃、36～54℃。在升温速度为 3℃/min、温度范围为 20～80℃的条件下，利用差示扫描量热仪测试获得十二醇、十四醇、十六醇的熔点分别为 26.12℃、38.94℃、51.87℃。复配物的变色温度与溶剂的熔点相关。溶剂的熔点越低，复配物的变色温度越低。因而可以通过选用具有不同熔点的溶剂制备出满足不同变色温度需求的有机温致变色材料。如果单一溶剂不能满足需求，还可以进行溶剂复配获得更多的变色温度。对于主要用于建筑及室内外装饰装修的木质材料而言，所处的环境温度一般低于 40℃，因此利用低熔点溶剂(如十二醇、十四醇)制备的低温可逆温致变色材料是比较适用的。

2. 显色剂类型对性能的影响

以热敏玫红为发色剂，十四醇为溶剂，双酚 A、对硝基苯酚及硬脂酸等为显色剂的变色复配物在不同温度下的色差见表 4-5 和图 4-6。从表 4-5 可以看出，当隐色剂(热敏玫红)∶显色剂∶溶剂(十四醇)质量比为 1∶4∶40 时，以双酚 A 为显色剂的复配物变色效果最好，对硝基苯酚次之，以硬脂酸为显色剂的复配物不变色。同时在可逆变色过程中发现，以对硝基苯酚为溶剂的复配物在变色过程中出现黄变现象，且初始变色温度(29.0℃)略高于双酚 A(26.0℃)(图 4-6)，复色也没有双酚 A 迅速。

表 4-5　不同显色剂的可逆温致变色复配物的性能

序号	显色剂	可逆变色	升温变色温度/℃	复色速率
1	双酚 A	红色—无色	26.0～38.0	很快
2	对硝基苯酚	红色—无色	29.0～38.0	快
3	硬脂酸	不变色	—	—

注：隐色剂(热敏玫红)∶显色剂∶溶剂(十四醇)=1∶4∶40

3. 变色剂配比对性能的影响

以热敏玫红为发色剂、双酚 A 为显色剂、十四醇为溶剂制备变色复配物，组分配比对复配物变色性能的影响如表 4-6 所示。当隐色剂和显色剂比例一定时，随着溶剂用量的增加，复配物的颜色变化逐渐明显，且变色越来越迅速。在隐色剂和溶剂比例一定时，随着显色剂用量的增加，复配物颜色越来越深。

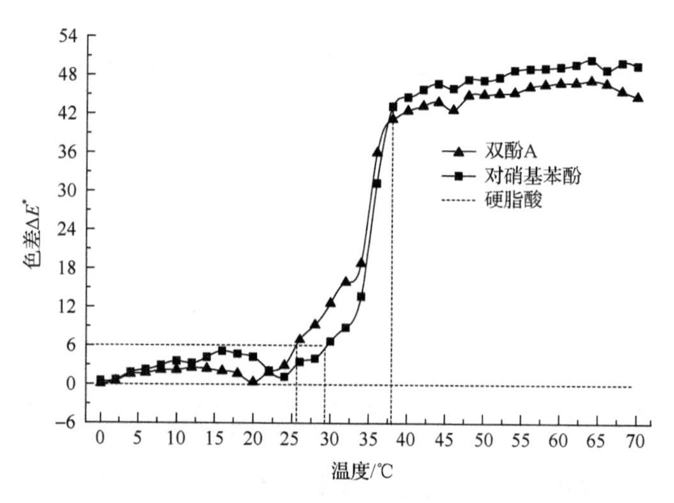

图 4-6　不同显色剂可逆温致变色复配物在消色过程中色差的变化

表 4-6　可逆温致变色复配物的变色性能(相对 15℃)

试验号	配比	变色色差	消色温度区间/℃	复色温度区间/℃	变色速率
1	1∶1∶10	28.74	27～37	35～23	很慢
2	1∶1∶20	40.99	27～39	37～27	慢
3	1∶1∶30	51.29	27～39	39～25	较慢
4	1∶1∶40	54.16	27～39	39～25	快
5	1∶1∶50	59.00	27～41	39～25	很快
6	1∶1∶60	62.98	27～41	39～25	迅速
7	1∶2∶10	27.60	25～37	37～25	很慢
8	1∶2∶20	41.77	27～41	33～25	慢
9	1∶2∶30	52.08	27～41	37～23	较慢
10	1∶2∶40	55.71	27～43	37～25	快
11	1∶2∶50	57.94	27～41	39～25	迅速
12	1∶2∶60	50.10	27～41	37～25	很快
13	1∶3∶10	24.21	27～37	37～27	很慢
14	1∶3∶20	28.22	25～39	37～25	慢
15	1∶3∶30	26.67	25～39	39～27	较慢
16	1∶3∶40	41.18	25～43	41～27	快
17	1∶3∶50	51.61	27～43	41～27	很快
18	1∶3∶60	55.87	27～43	43～27	迅速
19	1∶4∶10	23.99	27～37	35～27	很慢
20	1∶4∶20	23.98	27～37	35～25	慢
21	1∶4∶30	31.92	27～41	39～25	较慢
22	1∶4∶40	48.17	25～45	39～25	快
23	1∶4∶50	55.94	25～45	39～25	迅速
24	1∶4∶60	49.28	25～43	41～25	很快

续表

试验号	配比	变色色差	消色温度区间/℃	复色温度区间/℃	变色速率
25	1∶5∶10	19.64	27～35	35～31	很慢
26	1∶5∶20	19.53	27～37	35～25	慢
27	1∶5∶30	28.88	27～43	39～25	较慢
28	1∶5∶40	35.36	27～45	41～25	快
29	1∶5∶50	42.62	27～45	41～25	很快
30	1∶5∶60	55.19	27～45	45～25	迅速
31	1∶6∶10	14.47	25～31	31～25	很慢
32	1∶6∶20	18.89	25～33	31～25	慢
33	1∶6∶30	26.33	25～37	31～25	较慢
34	1∶6∶40	34.49	25～37	33～25	快
35	1∶6∶50	47.18	25～37	35～25	很快
36	1∶6∶60	54.77	25～39	35～25	迅速

从以上表 4-6 中选出性能最优的配方，再对它们进行变色可逆性和变色速度比较，结果见表 4-7。从表 4-7 可以看出，在隐色剂∶显色剂∶溶剂质量比为 1∶6∶60 时，可逆温致变色复配物的颜色变化最明显，并且变色速度最迅速，此时的消色温度区间为 25～39℃，复色温度区间为 35～25℃。

表 4-7　可逆温致变色复配物变色效果最佳配比的比较

试验号	配比	可逆变色	消色温度区间/℃	复色温度区间/℃	变色速率
6	1∶1∶60	红色—无色	27～39	39～25	很快
11	1∶2∶50	红色—无色	27～41	39～25	很快
18	1∶3∶60	红色—无色	27～43	41～27	快
23	1∶4∶50	红色—无色	25～45	39～25	很快
30	1∶5∶60	红色—无色	27～45	45～25	快
36	1∶6∶60	红色—无色	25～39	35～25	迅速

三、温致变色微胶囊的合成及性能

(一) 合成方法

目前，温致变色材料常用的微胶囊化方法主要有复凝聚法和原位聚合法。复凝聚法是以两种或多种带有相反电荷的高分子材料作为壁材，将芯材分散在壁材溶液中，在适当条件下(如改变 pH 或温度)，使得相反电荷的聚合物间发生静电作用，相互结合后溶解度降低并产生相分离，凝聚在芯材表面形成微胶囊。复凝聚法中最典型的壁材组合为明胶和阿拉伯胶，在包覆过程中必须保证两种聚合物离子所带电荷数恰好相等，同时要严格控制反应体系的 pH 和温度等条件的变化。

复凝聚法所使用的明胶-阿拉伯胶等高分子壁材强度较低，耐热性、耐久性欠佳。而原位聚合法使用的热固性树脂具有更好的机械强度、热稳定性和耐久性。木质材料在加工使用过程中对微胶囊的力学性能有着较高的要求。同时，用于包覆温致变色材料的壁材还需具有透光性好、吸光率低及折光率低等光学特性，以防止对变色剂的变色灵敏度和鲜艳性造成影响。综合考虑，一般选用力学性能优良、透明度高且价格低廉的尿素-甲醛和三聚氰胺-甲醛等氨基树脂为壁材，通过原位聚合法合成温致变色微胶囊。

合成预聚物是制备氨基树脂微胶囊的第一步。常用的工艺条件为 pH 8.0～9.0，反应温度 60～80℃，反应时间 30～90min。有机类温致变色材料属于疏水亲油性物质，因此后续乳化过程中需要选择水包油(O/W)型乳化剂，常用的有聚乙烯醇、阿拉伯树胶等非离子型表面活性剂及苯乙烯-马来酸酐共聚物等阴离子型表面活性剂。乳化阶段是决定微胶囊粒径的主要阶段，随着乳化转速及乳化剂用量的增加，微胶囊粒径会逐渐减小。一般而言，当乳化转速达到 10 000r/min 时，微胶囊粒径可以控制在 10μm 以下。不同类型的乳化剂其用量有所差异，通常为反应体系质量的 1%～5%。乳化时间的选择以形成分散均匀的乳滴为宜，一般为 30～60min。在第二阶段缩聚过程中，较优的工艺条件为壁材浓度 5%～10%，壳核比(3∶1)～(1∶1)，pH 4～6，反应温度 60～75℃，反应时间 2～4h。原位聚合法合成的微胶囊产品呈悬浮液状态，工业化生产中一般利用喷雾干燥法获得粉末状产品。

(二) 性能评价及影响因素

形貌和粒径是温致变色微胶囊最基本的评价指标。微胶囊的形貌一般用光学显微镜和扫描电镜进行观察，以不出现明显的团聚为宜(图 4-7)。微胶囊表面的粗糙程度也会影响其与复合基材之间的结合力：表面越粗糙，与基材的接触面越大，有利于形成牢固的结合。透射电镜等具备更高分辨率的表征手段可用于观测微胶囊壁材、芯/壁材界面等更为精细的微纳米结构。微胶囊粒径越小，比表面积相对较大，具有良好的传热性能，因此变色灵敏度提高，变色效果好，但其合成和分离难度也会相应增加。微胶囊的粒径分布一般用激光粒度仪进行测试，也可以结合微胶囊显微照片与图像测量软件进行表征。

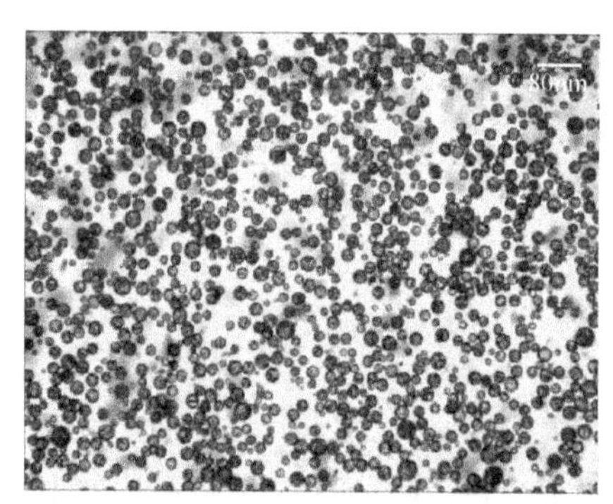
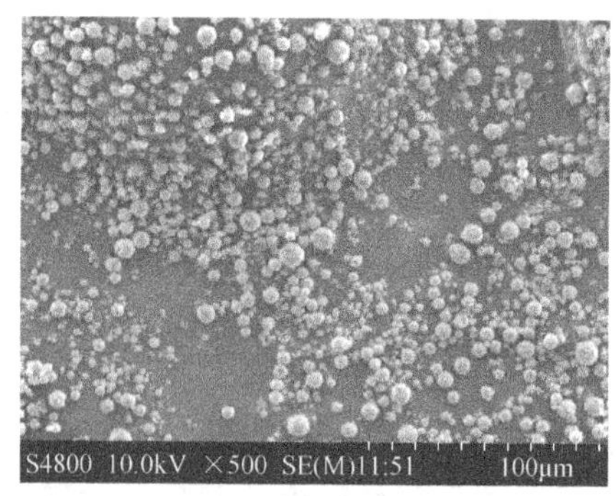

图 4-7　温致变色微胶囊形貌图(左图为光学显微镜，右图为扫描电镜)

温致变色微胶囊的化学结构一般用傅里叶红外光谱仪进行表征。通过对比分析壁材、芯材及微胶囊的红外谱图，可以辅助判断芯材的包覆情况。图 4-8 给出了微胶囊、三聚氰胺-尿素-甲醛树脂壁材及变色剂芯材(结晶紫内酯、双酚 A 和十四醇复配，质量比 1∶4∶70)的傅里叶红外谱图。变色剂芯材对应的主要特征吸收峰中，2920cm^{-1} 和 2850cm^{-1} 处对应于甲基和亚甲基中 C—H 伸缩振动，1513cm^{-1} 和 1464cm^{-1} 处对应苯环结构中 C═C

伸缩振动，1063cm^{-1} 处特征吸收峰归属于 C—OH 的伸缩振动。变色剂芯材经微胶囊包覆后，基本保留了原有的特征吸收峰，表明微胶囊包覆处理未引起变色剂芯材化学结构的明显改变。同时，变色微胶囊的谱图中，在 815cm^{-1} 位置出现了对应于三聚氰胺中三嗪环的特征吸收峰，表明微胶囊中含有三聚氰胺-尿素-甲醛树脂壁材物质。

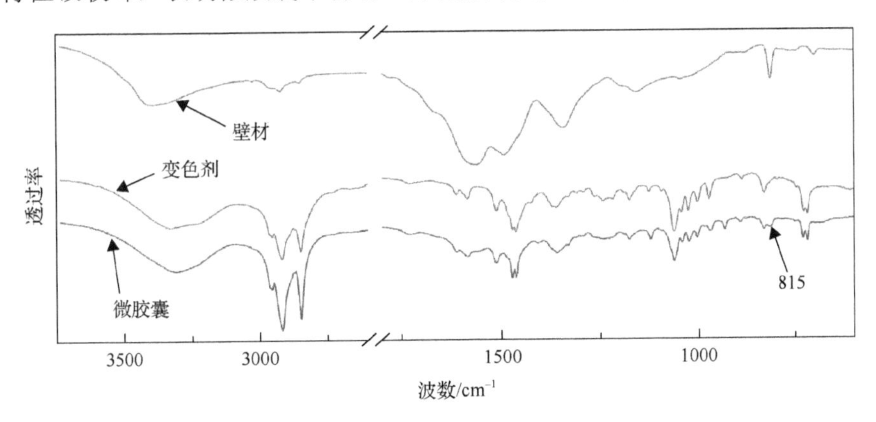

图 4-8 变色微胶囊的红外光谱图

芯材含量影响温致变色微胶囊的生产成本、变色效果，是其重要的性能指标之一。目前，温致变色材料的价格远高于壁材物质。因此，在微胶囊粒径不变的条件下，芯材含量越低，微胶囊成本越低，但变色灵敏度也会因为壁材变厚而降低。实际生产应用中，建议在满足微胶囊变色特性需求的前提下尽量减少芯材含量，有利于降低产品成本。此外，微胶囊壁材较厚时，其力学性能较优，加工利用过程中具有更好的稳定性。

温致变色微胶囊可以通过破坏壁材抽提出芯材物质的方式获得芯材含量。对于含有多元醇等相变材料的变色微胶囊而言，还可以依据芯材和微胶囊的相变焓值换算出芯材含量。依据三聚氰胺-尿素-甲醛树脂包覆变色剂芯材（结晶紫内酯、双酚 A 和十四醇复配，质量比 1∶4∶70）所得温致变色微胶囊的 DSC 曲线，计算不同油水体积比和乳化转速条件下微胶囊的相变焓值和芯材含量，结果如表 4-8 所示。随着油水体积比由 1∶8 减小至 1∶10，壁材相对芯材的量增多，原位聚合过程中生成的微胶囊壁材也较多，导致芯材含量降低。随着乳化转速的提高，微胶囊的芯材含量减少。这是由于 12 000r/min 转速条件对应微胶囊的粒径明显较小（表 4-8），在壁材厚度接近的条件下芯材相对壁材的量变少。4 组条件中，微胶囊的芯材含量均超过了 89%，较高的芯材含量将有利于减小微胶囊壁

表 4-8 油水体积比和乳化转速对变色微胶囊芯材含量的影响

编号	试样	油水体积比	乳化转速/(r/min)	相变焓值/(J/g)			芯材含量/%
				吸热	放热	平均值	
1	变色剂	—	—	195.2	194.3	194.8	—
2	微胶囊	1∶8	8 000	186.6	187.4	187.0	96.02
3	微胶囊	1∶8	12 000	185.6	185.1	185.4	95.17
4	微胶囊	1∶10	8 000	180.9	182.7	181.8	93.35
5	微胶囊	1∶10	12 000	175.9	172.6	174.3	89.47

材对整体变色功能特性的影响。

微胶囊的热稳定性用热重分析仪进行评价，应用于木质材料的微胶囊需保证其在热压加工过程中壁材不被破坏。变色微胶囊、壁材和变色剂芯材的热分解曲线如图 4-9 所示。

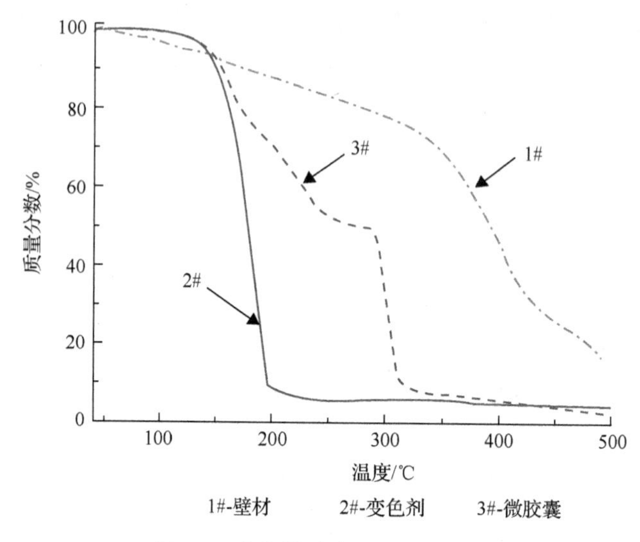

图 4-9　变色微胶囊的热分解曲线

变色剂芯材在 120℃时开始分解，150℃以后分解速度明显加快，到 200℃时已经基本分解完全。芯材经三聚氰胺-尿素-甲醛树脂壁材包覆后，热稳定性明显提高，对应的热分解曲线位于壁材和芯材之间。在 300℃附近，微胶囊壁材破裂，剩余的芯材迅速释放。热分析结果表明变色剂芯材表面形成了一层有效的壁材保护层。

微胶囊的变色特性主要取决于芯材物质，然而合成中选用的乳化剂和催化剂等化学物质也可能会给芯材的变色稳定性带来不利影响，在生产中需要注意避免。下面具体以利用尿素-甲醛树脂包覆热敏玫红合成的温致变色微胶囊为例，详细介绍合成工艺对变色微胶囊性能的影响[11]。

1. 乳化剂种类及用量

乳化剂是一种具有亲水和亲油性基团的表面活性剂，这两种基团很容易在水相与油相的界面上形成吸附层，降低水-油两相的界面张力，使互不相溶的油相与水相形成均匀、稳定的乳化体系。乳化剂能够显著改善乳化体系中多种构成相之间的界面张力，按其在两相中所形成的乳化分散体系的性质一般可分为两类，即水包油(O/W)型和油包水(W/O)型。水包油型乳液宜用亲水性强的乳化剂，而油包水型乳液则宜用亲油性强的乳化剂。

选择合适的乳化剂是制备微胶囊的前提条件，可以根据亲水-亲油平衡值(HLB 值)来选择乳化剂。HLB 值是指表面活性剂分子中的亲水基部分与亲油基(疏水基)部分的比值，它反映的是亲油与亲水这两种相反的基团的大小和力量的平衡能力，是表面活性剂的一种实用性量度，与分子结构有关。乳化剂的种类可能会影响乳液的聚合速度、乳液体系的黏度、乳液的稳定性及乳液颗粒的大小。

在变色微胶囊的合成过程中，分散相是高级脂肪醇或脂肪酸，如十二醇、十四醇、十六醇、硬脂酸等，对应的 HLB 值分别为 14.0、14.0、15.0、17.0，根据 HLB 值的适用范围，选用 4 种不同乳化剂(OT-75、Tween 80、OP-10、PVA-0588)进行了试验，结果发现 Tween 80、OP-10 在乳化过程中会产生大量泡沫，OT-75 对变色复配物的变色效果有一定的影响，而 PVA-0588 的乳化效果最好，没有泡沫产生。在乳化时间为 10min、乳化转速为 10 000r/min 的条件下，选用聚乙烯醇 0588(PVA-0588)为乳化剂，用量分别为连续相的 1%、2%和 3%(质量分数)，所制得的变色微胶囊粒径分布如表 4-9 和图 4-10 所示。

表 4-9　乳化剂用量对可逆变色微胶囊性能的影响

PVA-0588 质量分数/%	平均粒径/μm	变色效果
1.0	4.66	灵敏
2.0	4.31	灵敏
3.0	4.01	灵敏

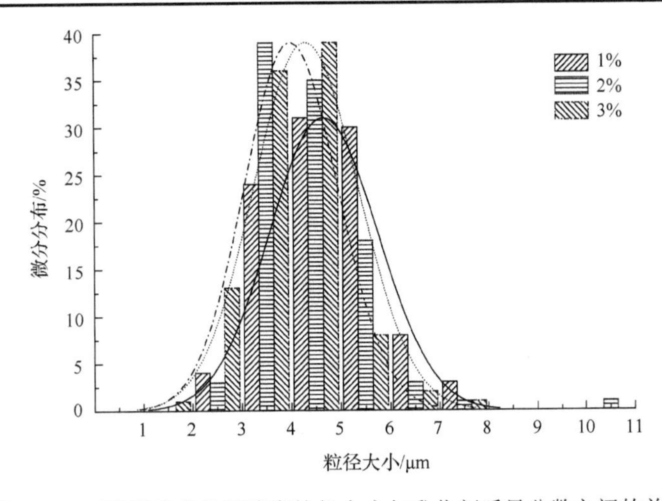

图 4-10　可逆温致变色微胶囊粒径大小与乳化剂质量分数之间的关系

由图 4-10 可知，以 PVA-0588 为乳化剂，随着 PVA-0588 质量分数的增大，制得的变色微胶囊粒径分布变窄，平均粒径变小(表 4-9)。当 PVA-0588 的质量分数增大到 3%时，变色微胶囊的粒径主要分布在 3.0～5.0μm，较质量分数为 1%、2%时有所减小。PVA-0588 的主要作用是湿润和分散变色复配物液滴，减少液滴因为碰撞而合并的机会。当 PVA-0588 的质量分数增大时，乳化剂包覆的液滴数量增多，液滴之间合并的机会减少，粒径变小，分布变得窄而集中。在所选择的质量分数中，以 3%较为合适，粒径颗粒小，分布比较集中。

从表 4-9 可以看出，乳化剂 PVA-0588 的加入对可逆温致变色微胶囊的变色灵敏度影响很小，PVA-0588 的加入使变色微胶囊分散更加容易，囊壁表面也相对光滑。

2. 乳化转速

高剪切乳化分散机主要由高速旋转的转子和定子构成，在高速旋转的转子产生的离心力作用下，被分散物质由工作头处沿轴向吸入工作腔。由于转子高速旋转所产生的高圆周线速度和高频机械效应带来的强劲动能，分散物质在定子、转子狭窄的间隙中同时受到离心挤压、撞击等作用力，使被分散物质分散乳化。被分散物质受到强烈的机械及液力剪切、离心挤压、液层摩擦、撞击撕裂和湍流等综合作用，从而使不相溶的液相在一定的工艺和乳化剂用量的作用下，瞬间被均匀地分散乳化，不间断地高速喷射出来的被分散物质在容器壁的阻力下，无规则地改变行进方向，加之与转子持续的吸入作用力结合，形成完美的翻动紊流并不断重复，最终完成高品质的分散、乳化、均质、溶解等工艺过程，得到稳定的高品质产品[22]。因此，转速的大小决定了被分散物质的分散强度。以 PVA-0588 为乳化剂，选择乳化温度为 70℃、乳化时间为 10min、乳化剂质量分数为 1%，探讨不同乳化转速(8 000r/min、10 000r/min、12 000r/min、14 000r/min)对微胶囊的粒径大小及其分布的影响，结果如图 4-11 所示。

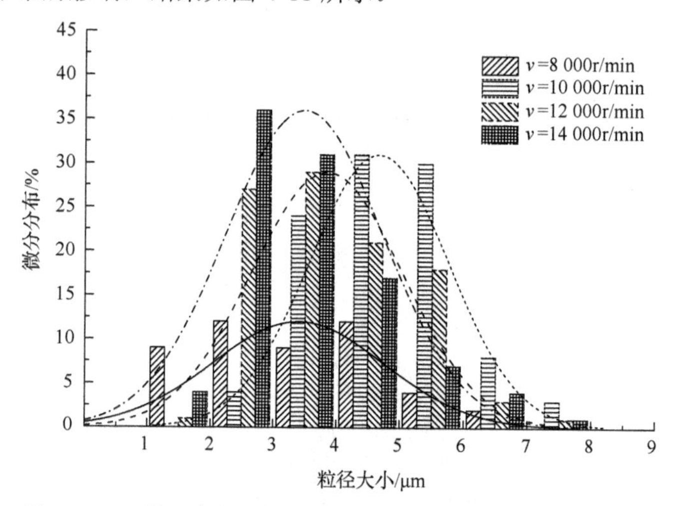

图 4-11　可逆温致变色微胶囊粒径大小与乳化转速之间的关系

从图 4-11 及表 4-10 可以看出，随着乳化转速的增大，制得的变色微胶囊的平均粒径逐渐降低。在分散体系中，作用于分散相的作用力有三种，分别为剪切应力、表面张力及分散相内部的黏性应力。剪切应力与乳化转速成正比。乳化转速越大，剪切应力也就越大。增大乳化转速可以提高液滴的分散程度，液滴分散得越细，形成的微胶囊的粒径也就越小。同时，乳化转速的大小与微胶囊的形成也有一定的关系。当乳化转速较低时，虽然可以形成微胶囊，但此条件下形成的微胶囊结构不规则，呈扁圆形，包覆的液滴较少，颜色不够鲜艳，并且会出现不同程度的黏连现象。当乳化转速在 12 000r/min 以

表 4-10　不同乳化转速对可逆变色微胶囊性能的影响

乳化转速/(r/min)	平均粒径/μm	变色效果
8 000	4.27	较灵敏
10 000	4.66	灵敏
12 000	3.84	灵敏
14 000	3.48	灵敏

上时，形成的微胶囊颜色鲜艳，粒径分布较窄，平均粒径也较小。由于小粒径微胶囊的比表面积相对较大，具有良好的传热性能，因此变色灵敏度增大，变色效果好。

3. 乳化时间

以 PVA-0588 为乳化剂，在乳化温度为 70℃、乳化转速为 10 000r/min、乳化剂用量为 1%的条件下，乳化时间对微胶囊粒径大小及其分布的影响如图 4-12 所示。随着乳化时间的延长，制得的变色微胶囊粒径变小(表 4-11)，且分布变窄，在乳化 30min 后，微胶囊效果最好。这是因为在乳化过程中，适宜的乳化时间是缩聚反应、分散作用和囊壁沉积固化作用完成的保障。时间过短，对变色复配物的包覆性较差，制得的微胶囊强度较低，若时间过长，虽有助于提高产品的性能，但会消耗大量动力，不利于提高生产效率和产量。

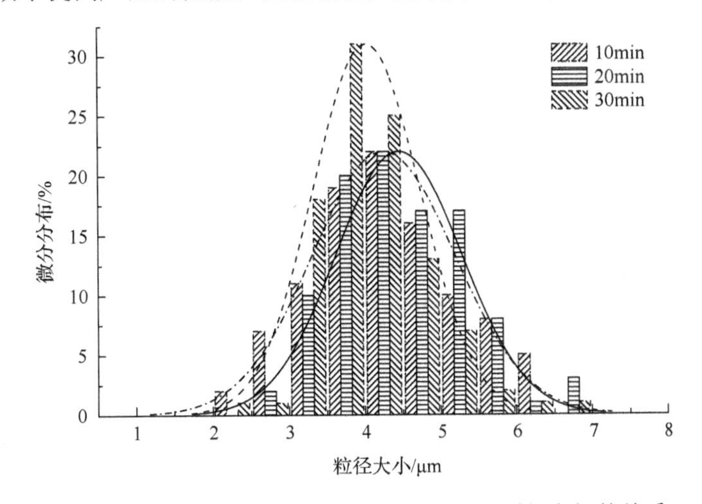

图 4-12 可逆温致变色微胶囊粒径大小与乳化时间之间的关系

表 4-11　不同乳化时间对可逆变色微胶囊性能的影响

乳化时间/min	平均粒径/μm	变色效果
10	4.25	灵敏
20	4.45	灵敏
30	4.03	灵敏

4. 壳芯比

不同壳芯比(壁材/芯材)对乳化效果、微胶囊粒径的大小及变色灵敏度有着重要的影响。以 PVA-0588 为乳化剂，在乳化温度为 70℃、乳化转速为 10 000r/min、乳化时间为 10min 的条件下，壳芯比对微胶囊的粒径大小及分布、变色效果的影响如表 4-12 和图 4-13 所示。随着壁材/芯材比例的增大，制得的变色微胶囊粒径逐渐增大，粒径分布范围也越来越宽，变色灵敏度下降。这主要是因为随着壁材/芯材比例的增加，在相同的乳化条件下，芯材的相对量逐渐减少，壁材的量相应增加，进而出现未包覆芯材的脲醛树脂块。

表 4-12　不同壳芯比对可逆变色微胶囊性能的影响

壳芯比	平均粒径/μm	变色效果
4∶2	4.66	灵敏
4∶3	4.87	灵敏
4∶4	4.92	较灵敏
4∶6	—	不灵敏

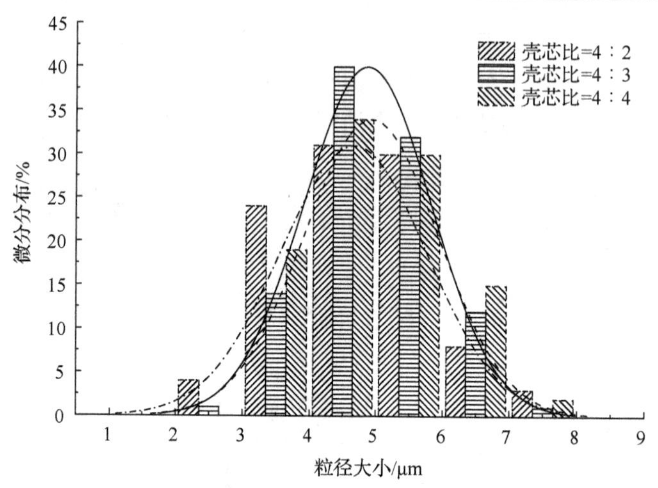

图 4-13　可逆温致变色微胶囊粒径大小与壳芯比之间的关系

5. 缩聚反应 pH

作为囊壁材料的水溶性脲醛树脂预聚体是由甲醛与尿素在弱碱性(pH 7.0～9.0)条件下，经加成反应，脱水而生成的线型低分子量预聚体。在酸性介质下，预聚体中未反应的活性基团，如胺基、游离羟甲基及亚胺基，发生缩聚反应，生成分子量较高的不溶性网状结构的脲醛树脂。在乳化剂 PVA-0588 的作用下，水-油界面的表面张力减弱，生成的脲醛树脂微粒慢慢沉积到水-油界面从而形成囊壁物质，这些囊壁物质在发生进一步的交联后形成微胶囊颗粒。pH 是脲醛树脂发生缩聚反应最重要的影响因素，预聚体中羟甲基脲在碱性条件下不会直接生成亚甲基键，而是生成二亚甲基醚键，然后再分解释放出甲醛进而形成亚甲基键。pH 过高，发生缩聚反应的速度减慢乃至不发生反应。若 pH 太低，则缩聚反应速度过快，难以控制，形成的微胶囊表面结构疏松、粗糙。研究表明，缩聚反应的最佳条件是 pH 为 4～5[23]。在酸的催化作用下，预聚体中羟甲基脲中的活性羟基(—OH)与尿素中活性氨基($—NH_2$)或一羟甲基脲中的氮上氢原子发生脱水反应，形成立体网状的大分子结构的脲醛树脂。因此在弱酸性条件下，这种立体网状的结构紧密，进而形成囊壁坚固的微胶囊。研究过程中采用柠檬酸调节缩聚反应过程中的 pH，保证反应体系的 pH 不发生太大波动。

在乳化时间为 10min、乳化转速为 10 000r/min、PVA-0588 为乳化剂的条件下，调节反应 pH 分别为 3.0、4.0、5.0，所制得的变色微胶囊及其粒径分布见图 4-14。由图 4-14 可知，随着体系 pH 的升高，制备的变色微胶囊的粒径分布变窄，平均粒径变小(表 4-13)。

当体系 pH 为 5.0 时，变色微胶囊的粒径分布最窄，主要集中在 3～5μm，平均粒径大小为 4.18μm。体系 pH 的变化对微胶囊的变色灵敏度影响不大。

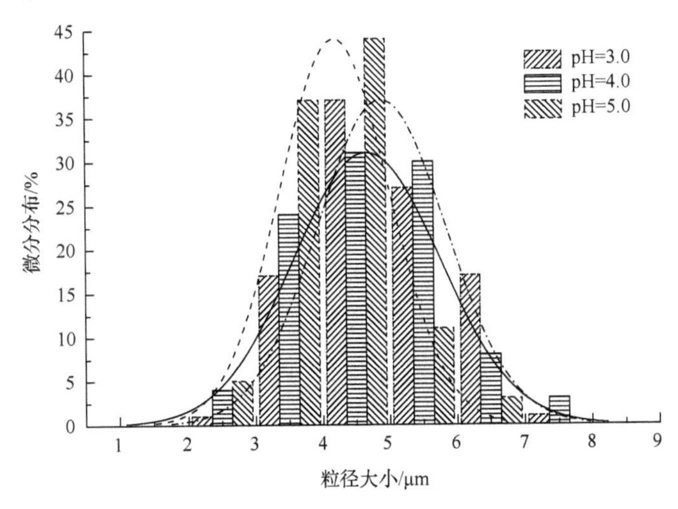

图 4-14　可逆温致变色微胶囊粒径大小与 pH 之间的关系

表 4-13　不同 pH 对可逆变色微胶囊性能的影响

pH	平均粒径/μm	变色效果
3.0	4.88	灵敏
4.0	4.66	灵敏
5.0	4.18	灵敏

第三节　温致变色木质复合材料

一、温致变色涂料

(一) 制备方法

温致变色材料的变色特性主要取决于表层材料，因此将变色微胶囊加入木质产品涂层中是制备温致变色木质材料的一种经济、便捷的方式。目前市场上的变色微胶囊产品主要有粉末状和高质量分数悬浮液两种类型，在配制温致变色涂料时需要考虑微胶囊及悬浮液中的溶剂与涂料的相容性。同时，一般选用透明涂料，以突出显示变色效果。对于三聚氰胺-甲醛树脂等氨基树脂为壁材的微胶囊产品而言，由于氨基树脂表现出亲水性，因此在水性涂料中具有良好的分散性，一般通过物理混合搅拌的方式便可以配置颜色均一的变色涂料。如果需要将粉末状氨基树脂变色微胶囊与油性涂料复配，则需要加入适量的表面活性剂改善微胶囊的分散均匀性。此外，变色微胶囊应在涂膜中分布均匀，以充分保证变色的均一性。

有机温致变色材料在某些有机溶剂作用下会失去变色特性，如以结晶紫内酯为发色剂的复配型温致变色材料在酒精中会迅速失去变色能力。因此，当涂料中含有可以破坏芯材变色特性的成分时，必须选择壁材较厚且致密性好的变色微胶囊，避免变色材料在涂料配制过程中失效。

涂层中变色微胶囊的含量必须满足产品对变色色差的要求，但不宜过多，以节约成本和减小微胶囊对涂膜性能的影响。将平均粒径为 3.36μm 的变色微胶囊粉末以物理搅拌混合的方式加入厚度约 80μm 的涂层中，不同质量分数条件下微胶囊在涂层中的分布如图 4-15 所示。当质量分数小于 7.5%时，微胶囊在涂层中分散较为均匀，基本未出现团聚现象；当质量分数达到 10%时，微胶囊在涂层中的分散效果不佳，出现明显的结块、团聚现象。因此为了充分发挥微胶囊的变色效应，微胶囊在涂层中的质量分数不宜过高。木质产品涂层的厚度为数十微米至上百微米，同时涂饰过程一般需要经过多次上漆工序，建议实际生产中使用直径不超过 10μm 的微胶囊产品。

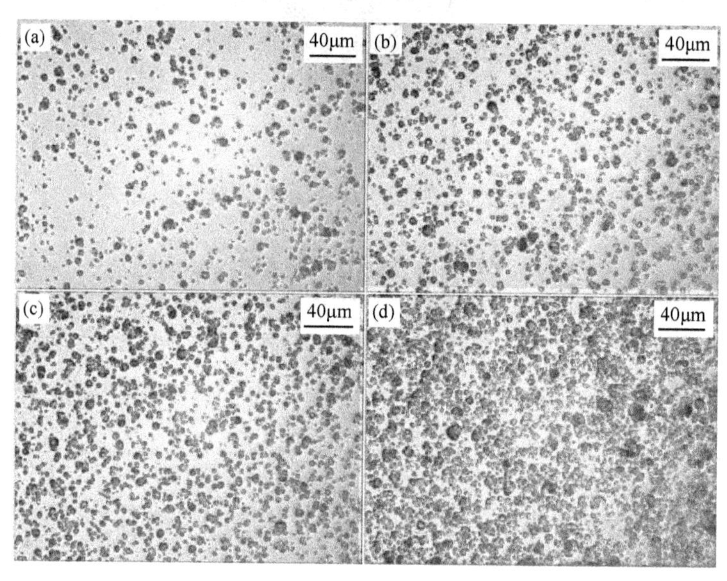

图 4-15　不同质量分数变色微胶囊在涂层中的分布

(a) 2.5%；(b) 5%；(c) 7.5%；(d) 10%

温致变色涂层的性能须满足家具、地板等相关木质产品的使用要求。将微胶囊加入面漆时，分布于涂膜表层的微胶囊在长期磨损条件下更易于受到破坏，影响变色稳定性。同时，微胶囊的加入也可能会影响面漆涂层的表面平整度。因此，不宜在面漆中加入变色微胶囊。封闭底漆中最好也不要加入变色微胶囊，以免微胶囊对木质基材和涂膜形成的界面结合产生不利影响。

（二）性能评价及影响因素

1. 热色性

对于主要用于装饰装修的温致变色木质材料（中密度纤维板和薄木）而言，热色性是其最重要的特性。与可逆温致变色材料类似，可逆温致变色涂层的变色也包括消色和复色两个过程，在升温/降温的一个循环温度变化过程中对应的色差变化正好形成一个闭合的回路。色差闭合曲线的主要特征参数包括变色温度、变温幅度和总色差[24]。如图 4-16

所示，变色温度又包括消色初始温度(T_1)、消色终止温度(T_2)、复色初始温度(T_3)及复色终止温度(T_4)。变温幅度是指最大色差值的 1/2 处对应的温度范围。总色差是指完全复色和完全消色两种状态之间的色差值。

60
45
30
15
0
色差ΔE
10
20
30
40
50
温度/℃
T3
T2
T4
T1
复色
消色

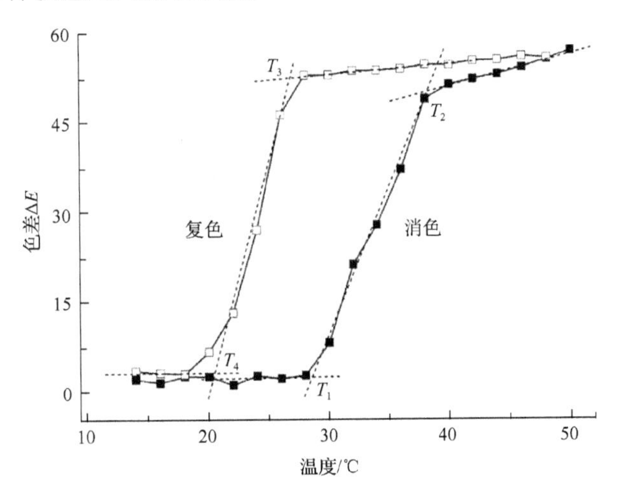

图 4-16 变色水性木器漆饰面中密度纤维板在可逆变色周期中的色差/温度曲线

变色温度和变温范围主要取决于微胶囊包覆的变色材料的特性。生产应用中需要依据具体使用需求选择变色温度适宜的变色微胶囊。多种微胶囊的复配可以呈现出更为丰富的颜色变化效果。涂层透明，对变色特性影响很小。对于某一特定的微胶囊而言，涂层中的微胶囊质量分数是影响变色色差的最主要因子。图 4-17 为不同微胶囊质量分数条件下，变色水性木器漆饰面中密度纤维板变色前和变色后的形貌。表 4-14 给出了色差闭合曲线的主要特征参数。质量分数对变色温度和变温范围无明显影响。然而，总色差随着质量分数的提高显著增加，呈指数函数关系(图 4-18)。微胶囊质量分数越大，总色差越大，颜色变化越明显，生产应用中可以通过调整微胶囊质量分数来便捷地控制颜色变化显著程度。需要注意的是，随着质量分数的增大，涂层中微胶囊的团聚、重叠现象会越来越明显，导致总色差的变化率不断下降，提高微胶囊质量分数带来的颜色变化增强效应将会越来越小。

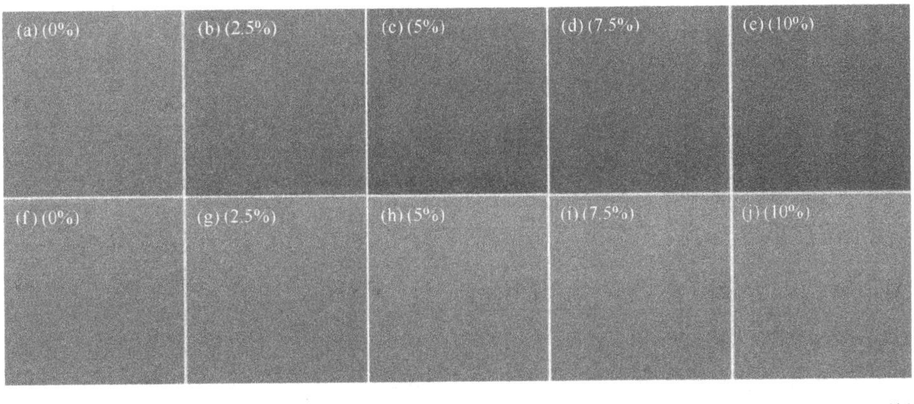

(a) (0%)
(b) (2.5%)
(c) (5%)
(d) (7.5%)
(e) (10%)
(f) (0%)
(g) (2.5%)
(h) (5%)
(i) (7.5%)
(j) (10%)

图 4-17 变色水性木器漆饰面中密度纤维板在 10℃[(a)～(e)]和 50℃[(f)～(j)]的外观形貌图

表 4-14　变色水性木器漆饰面中密度纤维板的热色性参数

编号	微胶囊质量分数/%	T_1/℃	T_2/℃	T_3/℃	T_4/℃	变温幅度/℃	总色差
1	0	—	—	—	—	—	0.77
2	2.5	28.9	38.3	26.7	20.3	9.9	31.26
3	5	29.6	39.0	26.5	21.2	10.4	46.31
4	7.5	29.5	38.7	27.0	21.1	10.8	51.59
5	10	28.6	38.6	26.9	20.8	10.6	57.03

注：T_1、T_2、T_3和T_4分别为消色初始温度、消色终止温度、复色初始温度及复色终止温度；“—”表示无此项内容

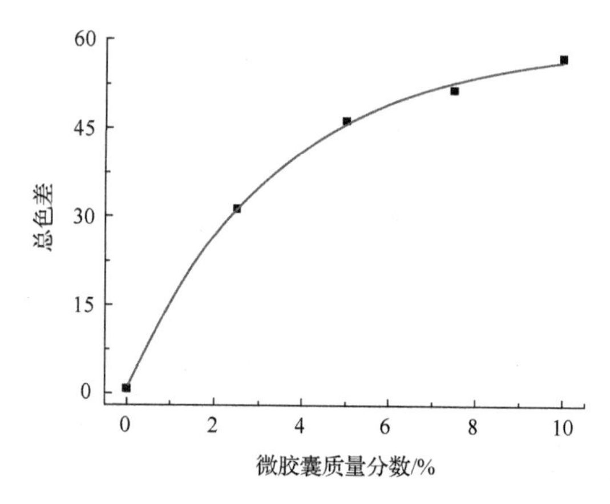

图 4-18　不同微胶囊质量分数条件下温致变色涂层的总色差

此外，微胶囊的粒径也会影响温致变色涂层的变色特性。如图 4-19 和图 4-20 所示，在相同质量分数(5.0%)条件下，粒径较小的微胶囊数量较多，其分布密集程度也明显较大；微胶囊粒径由 14.83μm 减小至 9.88μm 时，变色薄木的总色差增加 5.15。这表明在满足特定的颜色变化需求时，微胶囊粒径越小，所需的微胶囊质量分数越低，有利于节省原料、降低成本。

变色涂层在反复变色过程中，变色色差的稳定性对于产品的使用期限有着重要的影响。在 15 个冷—热循环(5～40℃)周期内，变色涂料饰面薄木的色差变化如图 4-21 所示。在连续的循环变色中，变色薄木的变色色差没有表现出明显下降的趋势，在 37.78～39.89 波动，表明变色漆膜具有较好的变色稳定性。实际生产应用中，变色涂层的有效变色次数应该满足产品使用期限的要求，通常需要达到数千次。

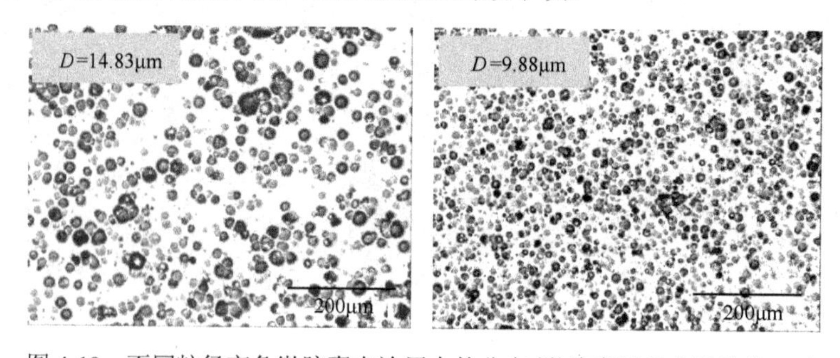

图 4-19　不同粒径变色微胶囊在涂层中的分布(微胶囊质量分数均为 5%)

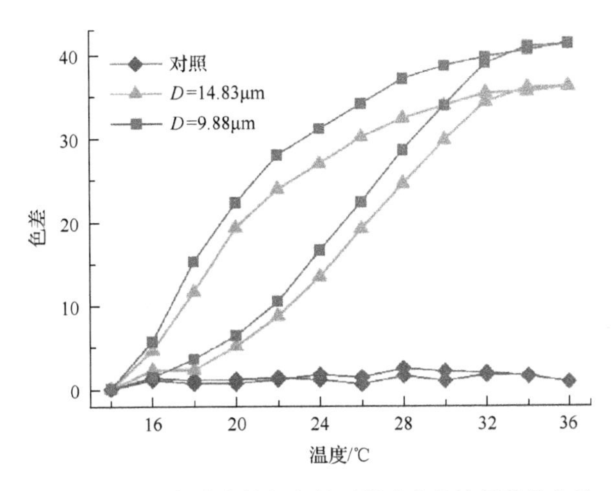

图 4-20　不同微胶囊粒径条件下温致变色涂层的总色差

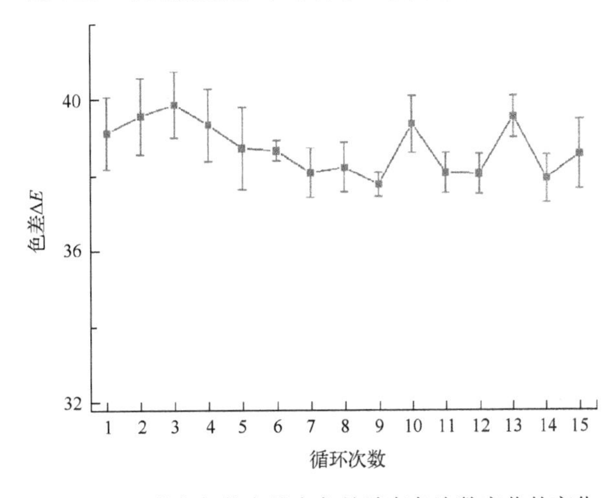

图 4-21　可逆变色薄木最大色差随变色次数变化的变化

温致变色木质材料在使用过程中可能会受到光照等气候条件的影响，其耐久性也是需要重点考虑的性能。基于时间和成本的考虑，一般选用人工加速老化试验的方法来进行耐久性评价。常见的人工气候老化试验装置主要有金属卤化物老化试验箱、紫外灯(UV)老化试验箱、氙弧灯老化试验箱及碳弧灯老化试验箱等[25]。其中氙弧灯的光谱分布与太阳光谱分布最为接近，是目前公认的最佳模拟光源。温致变色体系中常用的酚类显色剂耐光老化性较差(主要是抗紫外线能力弱)，为了延长温致变色木材的使用期限，一般通过添加紫外线吸收剂等光稳定剂进行改善[26]。

2. 涂层性能

涂层性能是温致变色涂料的基本性能。涂层性能的测定可以参考 GB/T 4893《家具表面漆膜理化性能试验》系列标准，测试指标包括：厚度、光泽、附着力、耐磨性、抗冲击、耐冷液、耐湿热、耐干热及耐冷热温差等。国家标准 GB/T 15036—2009《实木地板》中对漆饰实木地板的漆膜表面耐磨、漆膜附着力和漆膜硬度的检验方法做出了规定。涂层性能的测试还可以参考 GB/T 6742—2007《色漆和清漆　弯曲试验(圆柱轴)》、GB/T 1771—2007《色漆和清漆　耐中性盐雾性能的测定》及 GB/T 9264—2012《色漆和清漆　抗流挂性评定》等色漆和清漆系列测试标准。

变色微胶囊为粉末状固体物质，加入涂层后对其性能的影响规律是值得关注的问题。依据表 4-15 中的原料配比配制变色涂料，以 100g/m^2 的施加量涂覆于桦木薄木表面制备可逆变色木质材料，依据 GB/T 4893《家具表面漆膜理化性能试验》系列标准测定漆膜附着力和漆膜耐磨性。变色薄木的漆膜耐磨性测试结果如图 4-22 所示。微胶囊加入以后，D14.83-C5、D14.83-C2.5 和 D9.88-C5 三组试样的漆膜质量损失明显较大，这是由于摩擦过程中微胶囊较漆膜物质更易于脱落[27]。在变色漆膜表层再涂饰一层水性漆（D9.88-C5 试样），其耐磨性明显提高，漆膜质量损失与对照试样接近。这表明微胶囊不宜加入面漆中，以免对漆膜的耐磨性产生不利影响。变色薄木漆膜的交叉切割测定法结果表明，各组条件下漆膜附着力均达到等级 1 的要求，微胶囊的加入对漆膜附着力没有明显的影响。

表 4-15　变色涂料各组分配比

序号	样品标记	微胶囊粒径/μm	水性漆/g	水/g	微胶囊/g	微胶囊质量分数/%
1	对照	—	8.00	2.00	—	0
2	D14.83-C5	14.83	7.60	1.90	0.50	5.0
3	D14.83-C2.5	14.83	7.80	1.95	0.25	2.5
4	D9.88-C5	9.88	7.60	1.90	0.50	5.0
5	D9.88-C5′	9.88	7.60	1.90	0.50	5.0

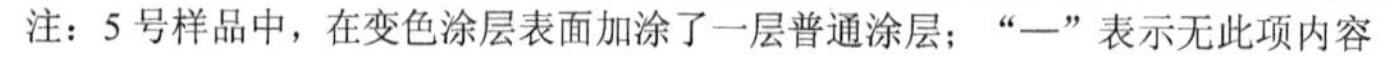

注：5 号样品中，在变色涂层表面加涂了一层普通涂层；“—”表示无此项内容

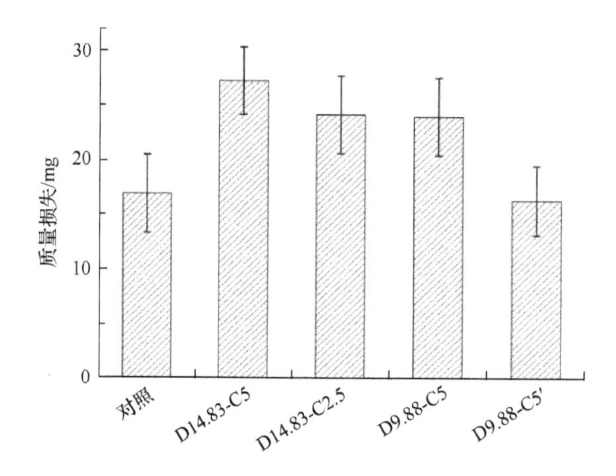

图 4-22　耐磨性测试中变色薄木漆膜的质量损失

3. 储能特性

有机温致变色材料中的溶剂（多元醇、硬脂酸、月桂酸等）一般为相变材料，当环境温度在其熔点附近升高和降低时，相变潜热会相应地储存和释放，表现出储能特性[28]。相变储能是一种应用前景广阔的储能技术，具有许多优点，如储能单元尺寸小、储能密度大及能量存储和释放循环之间的温差小[29]。因此，温致变色木材也具有一定的储能特性，在应用于建筑、家具及室内装饰等领域时表现出节能特性。

相变材料储存和释放能量的大小用相变焓值来表示，一般通过差示扫描量热仪（DSC）来测定。图 4-23 所示为三聚氰胺-甲醛树脂包覆结晶紫内酯复配变色剂制得变色微胶囊的 DSC 曲线，曲线上出现了明显的吸热、放热峰，表现出相变材料的特性。利用 DSC

曲线计算可得吸热焓值和放热焓值分别为94.82J/g和91.02J/g。添加有不同质量分数微胶囊的变色涂层的DSC曲线如图4-24所示。普通涂层对应的DSC曲线没有出现吸热、放热峰。变色涂层出现了与微胶囊类似的吸热、放热峰，表现出相变材料的特性。其相变焓值随微胶囊质量分数的提高而显著增大，呈高度线性相关关系(图4-25)。

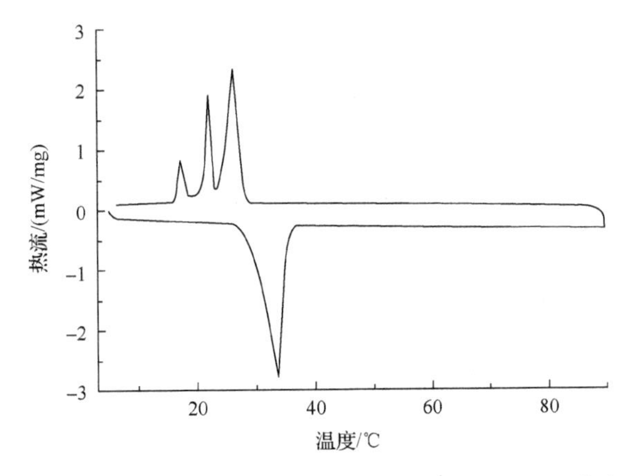

图4-23　变色微胶囊的差示扫描量热仪(DSC)测试曲线

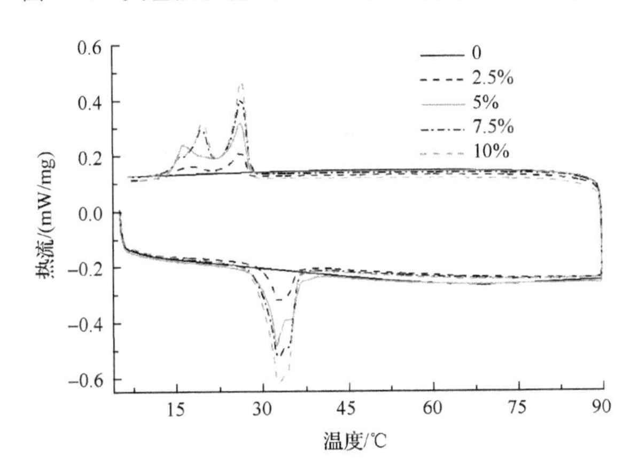

图4-24　不同微胶囊质量分数条件下变色涂层的差示扫描量热仪(DSC)测试曲线

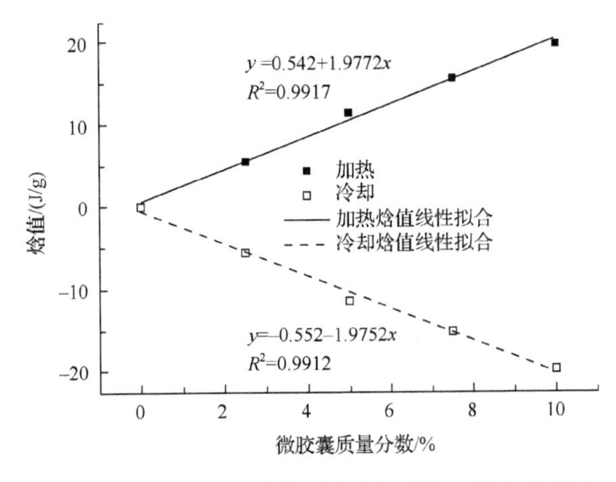

图4-25　微胶囊质量分数对变色涂层相变焓值的影响

相变材料储存和释放能量的过程一般用温度参数来描述，包括加热(冷却)过程对应的吸热(放热)初始温度、终止温度，由 DSC 曲线获得。图 4-24 对应的相变温度参数如表 4-16 所示。变色涂层的相变温度参数基本一致，这表明相变过程主要取决于相变材料自身特性，微胶囊质量分数对其影响不明显。然而，由于导热性能较差的高聚物涂层延缓了变色微胶囊与外界的热传递过程，导致变色涂层和变色微胶囊之间的相变温度参数存在明显差异，主要表现为变色涂层吸热(放热)过程的终止温度延后，温度范围变宽。

表 4-16　不同微胶囊质量分数条件下变色涂层的相变温度参数

编号	微胶囊质量分数/%	相变温度/℃			
		加热		冷却	
		初始	终止	初始	终止
1	0	—	—	—	—
2	2.5	28.47	37.21	28.01	13.26
3	5	27.77	37.29	27.90	13.62
4	7.5	28.14	36.61	27.99	13.00
5	10	28.13	36.59	28.08	12.51
6	微胶囊对照样	27.91	35.75	28.05	16.04

注：“—”表示无此项内容

二、温致变色木塑复合材料

(一)制备方法

木塑复合材料(wood-plastics composites，WPC)是指由木质纤维原料与塑料复合形成的新型复合材料。WPC 可以用于生产高性能和高附加值的产品，同时也是一种绿色环保材料，极具发展潜力。WPC 的耐候性和尺寸稳定性优于木材，而力学强度和弹性模量高于热塑性塑料，在户外景观和园林建筑等领域应用广泛。

WPC 的主要组分包括塑料、木质纤维(包括木粉/木材纤维/刨花等)、偶联剂及其他添加剂[30]。其中塑料和木质纤维是主要原料。

WPC 常用的塑料原料主要分为两大类。一类是热固性塑料，即低聚物或预聚体聚合形成的不溶不熔高分子材料，难以回收利用；另一类是热塑性塑料，它具有受热熔融、冷却固化的特点，且循环使用对其性能影响不大。热塑性塑料是目前制备木塑复合材料的主要塑料原料。热塑性塑料种类很多，由于多数植物纤维的初始降解温度低于 200℃，因此生产中主要使用熔融温度低于 200℃的聚氯乙烯(polyvinyl chloride，PVC)、聚乙烯(polyethylene，PE)、聚丙烯(polypropylene，PP)及聚苯乙烯(polystyrene，PS)等作为原料。

WPC 中木质单元的形状和大小对复合材料的强度有重要影响。一般而言，纤维状刨花对复合材料的增强效果最好，木材纤维次之，木粉相对较差。实际生产中，常选用 20～400 目大小的木质纤维原料。木质单元的树种对复合材料的强度影响较小。

偶联剂的加入可以有效改善塑料与木纤维之间的相容性，提高界面结合力，提高木纤维与塑料的分散性，降低木质纤维的吸水性，明显提高木塑复合材料的力学性能。实际应用中常用的偶联剂包括硅烷偶联剂、异氰酸盐、乙烯-丙烯酸酯、马来酸酐改性聚丙烯、过氧化异丙苯、酞酸酯类和铝酸酯等。除偶联剂外，在木塑复合材料制备过程中，可依据需要加入增塑剂、着色剂、润滑剂、防腐剂、紫外线稳定剂和发泡剂等添加剂，进一步改善和提高木塑复合材料的综合性能。温致变色微胶囊也属于一种特殊的添加剂。

依据生产设备的不同，可以将 WPC 的生产工艺分为压制成型、挤出成型和注塑成型三大类[31]。压制成型又分为模压成型和层压成型。模压成型是将混合好的物料直接放入模具中，再经油压机加热加压成型。层压成型是先用密炼机将物料炼塑，辊压成约 1mm 厚的薄片，再切割层叠后放入热压机压制成型。挤出成型的主要设备有单螺杆挤出机、同向双螺杆挤出机、异向平行双螺杆挤出机和异向锥形双螺杆挤出机等，分为一步法和两步法两大类。一步法无须造粒，但对设备、工艺要求高，在生产中很难控制；两步法则相对比较灵活，目前为多数企业所采用。注塑成型的主要设备为注塑机，注塑成型可以生产各种复杂非连续的产品，进一步拓宽了木塑复合材料的应用范围。目前的生产工艺以挤出成型为主，同时辅以注塑成型。生产过程中必须严格控制机头温度、压力、螺杆转速及冷却系统的冷却速度等工艺参数，才能生产出高质量的木塑复合材料产品。

将微胶囊与塑料、木粉等原料共混形成均一结构的材料是制备温致变色 WPC 的便捷方式。变色材料的功能特性主要取决于表层材料的颜色变化，因而温致变色木塑复合材料内部的微胶囊对其变色特性的贡献非常小。从满足功能特性上考虑，可以尽量减小复合材料的厚度，以减少微胶囊用量、降低成本。然而，木塑复合材料的力学强度会随着厚度的减小显著下降，导致薄型温致变色木塑复合材料的应用受限。利用共挤出技术制备的壳/核结构 WPC 是近年来出现的新型产品。壳/核结构的物质组成可以分别独立调整，为 WPC 的设计提供了诸多便利。壳层一般较薄，可小于 1mm，将微胶囊加入壳材中制备壳/核型变色 WPC 将显著降低生产成本，且可保证复合材料的力学强度，具有较好的应用前景。

下面给出温致变色 WPC 的一个工艺流程示例[32]，以木粉(粒径≤0.18mm)、2426H 低密度聚乙烯(LDPE)及变色微胶囊为主要原料。变色微胶囊是以脲醛树脂为壁材，结晶紫内酯、热敏玫红分别与十四醇、双酚 A 复配所得两种变色剂为芯材，通过原位聚合法进行制备。具体成型工艺为，称取马来酸酐接枝聚乙烯 5.71g、LDPE 210g，在 105℃加热条件下于高速搅拌机内混合均匀；称取乙撑双硬脂酰胺(EBS)润滑剂 0.084g 与处理过的 LDPE 在高速搅拌机中混合(120℃)，再称取木粉 90g 加入高速搅拌机继续混合；将混合好的原料加入密炼机中，设定温度为 135℃、转动速度为 40r/min，在塑料熔融完全后加入 50g 变色微胶囊粉末，继续密炼至混合均匀；用粉碎机将经过密炼的混合料粉碎成粒料，投入注塑机内注塑成型。注塑成型的主要工艺参数：料筒射嘴温度 170℃，一段温度 165℃，二段温度 160℃。所得温致变色 WPC 变色明显，力学性能满足日常使用要求。

（二）性能评价及影响因素

热色性同样是温致变色 WPC 最为重要的功能特性。其评价方法与可逆温致变色材料、温致变色涂料相同，在此不再赘述。变色温度和变温范围主要由微胶囊中的温致变色材料决定，基本不受木塑基材的影响。与温致变色涂层类似，温致变色木塑复合材料的变色色差可以通过改变微胶囊质量分数进行调整。木塑基材导热系数较小，会延缓热量的传递，导致温致变色木塑复合材料的变色灵敏度低于变色微胶囊。在木塑加工过程中，最高加热温度必须低于微胶囊的初始热分解温度，避免微胶囊发生破坏而影响温致变色材料的热色性。

目前，尚未制定温致变色 WPC 产品物理力学性能的评价标准，主要参考木塑复合材料相关标准进行测试。已经实施的国家标准包括：GB/T 24137—2009《木塑装饰板》、GB/T 24508—2009《木塑地板》、GB/T 29500—2013《建筑模板用木塑复合板》，林业行业标准有 LY/T 1613—2015《挤出成型木塑复合板材》、LY/T 2554—2015《木塑复合材料中生物质含量测定 傅里叶变换红外光谱法》、LY/T 2714—2016《木塑门套线》、LY/T 2715—2016《木塑复合外挂墙板》、LY/T 2881—2017《木塑复合材料氧化诱导时间和氧化诱导温度的测定方法》，还有部分其他行业标准、地方标准和企业标准。依据这些标准，可以对多种用途的温致变色 WPC 产品进行性能评价。

在温致变色 WPC 中，变色微胶囊是作为一种固体形态的填料加入其中，其添加质量分数、粒径大小及分布、壁材与木塑基材相容性、表面粗糙程度等均会影响产品的物理力学性能。变色微胶囊的加入通常会降低木塑复合材料的力学性能，其粒径越小，粒径分布越均匀，对产品的性能影响越小。提高变色微胶囊壁材与木塑基材的相容性，有利于改善复合产品的物理力学性能。变色微胶囊表面粗糙度的增加，将显著增大微胶囊与木塑基材的接触面积，进而形成更为牢固的界面结合，提高复合材料的物理力学性能。

三、应用

随着高档化和个性化产品需求的提升，人们对色彩的要求日益提高。木质产品与人们的生产生活息息相关，其色彩特点对人的身心健康会产生重要影响。在不同的季节或环境温度下，人们对色彩的需求也会有所不同。在夏季，蓝、绿等冷色调会使人更为愉悦；在冬季，红、黄等暖色调则会让人更为舒适。温致变色木质复合材料恰能满足上述色彩变化的需求，在不同温度条件下实现冷、暖色调之间的自动转变，呈现出色彩“动态变化”效果，无疑会增加人们生活和居住空间的情调及人体对不同色调的舒适感，符合以人为本的室内装修原则，在家具、室内装饰、汽车内饰及户外景观等领域应用前景广阔。

温致可逆变色木质复合材料在用作建筑外墙材料时，可以通过调节其变色特性达到节能的目的。环境温度较低时，材料呈现较深的颜色，有利于吸收光能，使室内吸收更多的热量。当环境温度较高时，材料则转变成较浅的颜色，有利于反射阳光，降低室内的温度。通过合理的设计，可以达到冬暖夏凉的节能效果。同时，含有相变材料组分的温致变色材料自身具备储能特性，也有利于节能。此外，温致变色木质复合材料还可以用作温度警示材料。比如，温致变色木质婴儿浴盆在水温过高时变为警示性颜色，可以有效预防洗浴时烫伤婴儿。

温致变色材料在防伪、纺织、印刷、涂料等领域已具备一定的应用规模。目前，商品化的温致变色微胶囊产品有不少，但价格偏高，色彩丰富度不足，限制了其在木质材料中的应用。同时，温致变色木质复合材料作为一种新产品被消费者广泛接纳尚需一段时间，其应用市场有待开拓。未来需要通过优选温致变色剂、优化微胶囊化工艺等途径降低变色微胶囊生产成本，进而制备出颜色品种丰富、变色特性优良、耐久性好及价格适中的温致变色木质产品。在理论基础研究方面，尚需深入研究微胶囊与木质材料的结合机制，系统研究热压、饰面等特定生产工序及产品使用条件对变色微胶囊形态、物理力学性能及变色特性的影响，为温致变色木质材料的生产和应用提供更多理论依据。同时，需要在木质材料和温致变色材料现有的评价体系基础上，逐步建立温致变色木质材料的标准化评价体系，指导生产，规范应用，为温致变色木质复合材料的健康持续发展提供保障。

总之，温致可逆变色木质复合材料的开发赋予了木质材料动态的色彩变化特性，极大地丰富了木质产品的装饰特性，也使木质产品的应用领域拓展至具有特殊颜色变化要求的场合，有望为木质材料开辟出一个全新的功能化应用方向。

参考文献

[1] Seeboth A, Klukowska A, Ruhmann R, et al. Thermochromic polymer materials[J]. Chinese Journal of Polymer Science, 2007, 25(2): 123-135.

[2] Ferrara M, Bengisu M. Materials that change color: smart materials, intelligent design[M]. New York: Springer, 2014.

[3] White M A, LeBlanc M. Thermochromism in commercial products[J]. Journal of Chemical Education, 1999, 76(9): 1201-1205.

[4] Liu Z, Bao F, Fu F. Study of manufacturing thermochromic wood[J]. Wood & Fiber Science, 2011, 43(3): 239-243.

[5] 刘志佳, 鲍甫成, 傅峰. 温致变色杨木单板浸渍工艺[J]. 林业科学, 2012, 48(1): 143-147.

[6] 蒋汇川, 傅峰, 卢克阳. 温致变色木质材料的研究进展[J]. 木材工业, 2013, 27(4): 9-12.

[7] 董翠华, 龙柱, 庞志强, 等. 可逆热致变色材料及其应用现状[J]. 材料导报网刊, 2008, 3(2): 4-7.

[8] Day J H. Thermochromism of inorganic compounds[J]. Chemical Reviews, 1968, 68(6): 649-657.

[9] 李文戈, 朱昌中. 可逆热致变色材料[J]. 功能材料, 1997, 28(4): 337-341.

[10] 席喆, 管萍, 胡小玲. 示温材料的制备及示温原理[J]. 化学工业与工程, 2009, 26(6): 547-553.

[11] 蒋汇川. 可逆温致变色功能薄木的制备与性能研究[D]. 中国林业科学研究院博士学位论文, 2013.

[12] Fischer P, Lucas B, Omary M A, et al. Reversible luminescence thermochromism in dipotassiumsodium tris[dicyanoargentate(I)] and the role of structural phase transitions[J]. Journal of Solid State Chemistry, 2002, 168(1): 267-274.

[13] Lee S C, Jeong Y G, Jo W H, et al. Thermochromism of a novel organic compound in the solid state via crystal-to-crystal transformation[J]. Journal of Molecular Structure, 2006, 825(1-3): 70-78.

[14] Oka K, Fujiue N, Nakanishi S, et al. Thermochromism and solvatochromism of non-ionic polar polysilanes[J]. Journal of Organometallic Chemistry, 2000, 611(1): 45-51.

[15] Ma Y, Zhang X, Zhu B, et al. Research on reversible effects and mechanism between the energy-absorbing and energy-reflecting states of chameleon-type building coatings[J]. Solar Energy, 2002, 72(6): 511-520.

[16] 胡拉. 三聚氰胺-尿素-甲醛树脂微胶囊形成机理及性能研究[D]. 中国林业科学研究院博士学位论文, 2016.

[17] 刘志佳. 温致变色木材的制备和机理研究[D]. 中国林业科学研究院博士学位论文, 2010.

[18] Dong C, Long Z, Pang Z, et al. Effect of papermaking conditions on the retention of reversible thermochromic microcapsule in pulp[J]. BioResources, 2011, 7(1): 66-77.

[19] Viková M, Vik M. Colour shift photochromic pigments in colour space CIE L*a*b*[J]. Molecular Crystals & Liquid Crystals, 2005, 431(1): 403-415.

[20] Kulčar R, Friškovec M, Hauptman N, et al. Colorimetric properties of reversible thermochromic printing inks[J]. Dyes and Pigments, 2010, 86(3): 271-277.

[21] Zhu C F, Wu A B. Studies on the synthesis and thermochromic properties of crystal violet lactone and its reversible thermochromic complexes[J]. Thermochimica Acta, 2005, 425(1): 7-12.

[22] 任晓文. 药物制剂工艺及设备选型[M]. 北京: 化学工业出版社, 2010.

[23] 顾继友. 胶粘剂与涂料[M]. 北京: 中国林业出版社, 1999.

[24] Hajzeri M, Basnec K, Bele M, et al. Influence of developer on structural, optical and thermal properties of a benzofluoran-based thermochromic composite[J]. Dyes and Pigments, 2015, 113: 754-762.

[25] 代彩红, 黄勃, 于家琳. 材料老化领域中的光辐射度计量与量值溯源[J]. 中国计量, 2010, (8): 13-16.

[26] 傅峰, 蒋汇川, 卢克阳. 紫外线吸收剂对温致变色木材耐光性能的影响[J]. 木材工业, 2013, 27(6): 9-12.

[27] Hu L, Lyu S, Fu F, et al. Preparation and properties of multifunctional thermochromic energy-storage wood materials[J]. Journal of Materials Science, 2016, 51(5): 2716-2726.

[28] Wu Z, Ma X, Zheng X, et al. Synthesis and characterization of thermochromic energy-storage microcapsule and application to fabric[J]. Journal of the Textile Institute, 2014, 105(4): 398-405.

[29] Mondal S. Phase change materials for smart textiles—An overview[J]. Applied Thermal Engineering, 2008, 28(11-12): 1536-1550.

[30] 李兴艳, 吴章康. 木塑复合材料生产工艺与发展前景[J]. 林业建设, 2008, (5): 32-34.

[31] 窦立岩, 汪丽梅, 陈晨. 国内木塑复合材料研究进展及应用现状[J]. 科技视界, 2015, (14): 103-104.

[32] 吴秋宁, 杨文斌, 余方兵, 等. 可逆热致变色竹塑复合材料的性能[J]. 高分子材料科学与工程, 2013, 29(4): 41-45.

第五章　阻燃微胶囊及其木质功能复合材料

阻燃是指抑制、减缓或终止火焰传播，目的在于预防和减少可燃、易燃材料的火灾危害。木质材料作为一种绿色环保的家具、室内装饰和建筑材料，广泛应用于人们生产生活的各个领域。然而，木材通常具有易燃性，使用时存在火灾安全隐患。阻燃处理是提高木质材料防火安全性能、保障人民生命财产安全的必要措施。

我国已经于2008年10月28日公布了最新修订的《中华人民共和国消防法》，也先后制定了一些有关建筑防火的国家标准，如《建筑内部装修设计防火规范》(GB 50222—95)、《高层民用建筑设计防火规范》(GB 50045—95)、《建筑内部装修防火施工及验收规范》(GB 50354—2005)、《建筑设计防火规范》(GB 50016—2014)及《公共场所阻燃制品及组件燃烧性能要求及标识》(GB 20286—2006)等，其中对应用于建筑、室内及公共场所的木质材料及制品给出了明确的防火要求。因此，利用阻燃技术制备符合标准要求的阻燃木质产品，成为拓宽木质材料应用领域的重要途径。

阻燃技术在木质材料中的应用已有数千年的历史，利用阻燃剂配制的水溶液对木材进行浸渍处理是应用最为广泛的处理方式。随着20世纪以来人造板和化工产业的迅速发展，木质材料的阻燃处理技术也不断创新和丰富，纳米技术、微胶囊技术等先进技术开始应用于阻燃木质材料的开发。微胶囊技术以其优良的隔绝特性在阻燃剂的包覆改性处理中表现出独特优势，红磷、聚磷酸铵等部分阻燃剂的微胶囊化产品已经成功实现了商业化生产，并应用于合成高分子材料领域。阻燃微胶囊在木质材料中的应用将为阻燃木质产品的开发注入新活力。

第一节　阻 燃 机 理

物质燃烧需要具备可燃物、着火源和助燃物三要素。阻燃机理本质上就是通过物理或化学的作用破坏、中断这三要素。木材是一种由纤维素、半纤维素和木质素等多种组分构成的天然高分子材料，热解过程非常复杂。木材热解产物不仅有甲烷、乙烷、乙酸、甲醇、木焦油等可燃性产物，还包括具有隔热隔气作用的焦炭、不燃性水蒸气。木质复合材料制品中还引入了胶黏剂、涂料、改性剂等非木质组分，使热解过程更为复杂。因此，木质材料的阻燃机理较均一高分子材料复杂，而不同类型阻燃剂对应的阻燃机理也有差异。

木质材料阻燃机理的研究主要依靠锥形量热仪、热重分析仪、热重-红外联用仪和扫描电镜等分析仪器。通过这些分析手段，可获得阻燃剂和阻燃材料的热分解特性，以及阻燃材料燃烧过程中的热释放、产烟、成炭和烟气特性，结合合理的试验设计可总结出阻燃剂的阻燃机理。下面主要从覆盖理论、热理论、气体理论和化学阻燃理论4个方面阐述木质材料的阻燃机理。需要说明的是，4 种阻燃理论并非完全独立的，实际中往往需要结合多种理论进行木质材料的阻燃机理分析。

一、覆盖理论

覆盖理论是指阻燃剂在受热熔融时形成流体或泡沫状物覆盖在木材表面，阻碍木材热分解产生的一氧化碳、甲烷等可燃性气体的逸出，并隔绝热量及氧气的供给，有效地减缓木材的热分解，从而达到阻燃的目的。典型的阻燃剂为硼砂/硼酸混合物，其在高温下会形成连续的釉状物覆盖在木质材料表面而发挥阻燃效应。需要指出的是，硼砂或硼酸单独作为阻燃剂时仅能产生不连续的晶体状沉积物，覆盖效果差，因此阻燃效果也显著降低。

与熔融液体或釉状物相比，泡沫状覆盖层更能高效地隔绝空气、火焰和热量，并捕捉挥发性焦油，表现出更好的阻燃效果。近期受到广泛关注的膨胀型阻燃剂其主要阻燃机理便是在高温下形成致密的多孔泡沫炭层，通过高效隔绝作用而减缓和阻止燃烧。膨胀型阻燃剂一般由酸源(聚磷酸胺、有机磷酸酯等)、碳源(季戊四醇、淀粉等)和气源(三聚氰胺、双氰胺等)三部分组成，也常添加协效剂(金属盐及其氧化物、无机硅酸盐类等)起催化、增强作用。多孔泡沫炭层的主要形成过程如下[1]：在较低温度下，酸源可以生成多元醇和酸，前者可以发生酯化反应，而后者可作为脱水剂；当温度稍高于释放酸时，酸与多元醇(碳源)发生酯化反应，此时体系中的胺可以充当催化剂加速酯化反应的进行；在酯化反应之前或酯化过程中体系发生熔化使其处于熔融状态，而反应过程中产生的水蒸气和由气源产生的不燃性气体共同作用，能够使熔融态的体系发生膨胀形成发泡结构；进一步，多元醇和反应生成的酯发生脱水炭化，形成无机物及炭的残余物，此时体系会进一步发生膨胀发泡；当反应快结束时，体系形成胶化和固化结构，最后得到多孔泡沫炭层。

对于覆盖理论而言，阻燃处理液完全浸透木材内部是不必要的。如果阻燃剂形成的釉状物或泡沫覆盖层在火焰温度下可保持稳定和附着，那么仅需木材表层具有阻燃剂就能发挥阻燃效应。例如，膨胀型阻燃涂料几乎完全位于木材表面，但也能发挥出高效的阻燃作用。涂刷防火涂料等表面阻燃处理方式具有操作便捷、阻燃剂用量少等优势，并可以用于已经组装好的成品的阻燃处理。然而，如果外部供热足够持久的话，隔绝层所覆盖的木材仍会发生热解，因此深度浸渍木材具有更高的安全性。

然而，覆盖理论不能解释全部已知有效阻燃剂的阻燃机理。例如，阻燃剂磷酸铵、氨基磺酸铵、卤化铵等受热时不会形成熔融液体、釉状物或泡沫覆盖层，但对木质材料同样具有优良的阻燃效果。

二、热理论

热理论涉及木质阻燃材料受热、燃烧各个阶段。在木材开始受热处于低温阶段时，木材中金属化合物等阻燃剂的添加可以增加木材本身的导热性，从而使木材中的热量得以迅速散发，降低木材的升温速率，一定程度上延缓了木材的热解过程。当温度进一步升温至中温时，由于阻燃剂的受热分解和熔融大部分为吸热反应，从而可以吸收一定的热量降低木材温度，从而延缓木材燃烧进程或减缓木材燃烧的剧烈程度。在高温时，磷酸钙、碳酸钙等阻燃剂燃烧形成导热不良的炭化层，发挥隔热的作用。综上所述，热理论是指阻燃剂在木材燃烧中起隔热、散热和吸热作用，从而抑制木材达到热分解温度和着火温度。

第一，热隔绝——阻滞热量接近木材。覆盖理论部分提及釉状物和泡沫层便发挥了有效的热隔绝作用。当木材的尺寸足够大时，可以通过在其表面形成一层木炭层而阻滞热量穿透，从而达到自身热隔离的目的。这也是厚度较大的木结构用方材不易燃烧的原因。膨胀型阻燃剂受热形成的致密多孔状炭层，具有优良的热隔绝效果。

第二，热传导——增加热量耗散速率。与热隔绝理论相反，理想的热传导理论是指通过增加木材热导率，使热量耗散速率大于着火源供热速率而防止木材燃烧。但目前尚无实验性证据支持此假设，也许木材的热导率必须升高到接近金属热导率的水平，才能具备足够大的散热速率而达到阻燃目的。

第三，热吸收——减少木材热解所需的热量。如果阻燃剂分解或状态的改变能吸收足够多的热量，从而维持木材的温度低于着火点，则可以有效阻止木材的燃烧。此理论最好的例子是湿木材的可燃性差。然而，由于水的比热容很大，很少有物质分解或状态转变时吸收的热量能够与水的汽化热相比。即使阻燃剂中含有水，为保证阻燃效果需要很高的载药量。此外，依靠热吸收达到的阻燃效果只是暂时的，热量继续增加时木材仍会燃烧。

三、气体理论

气体理论是指通过气相的物理、化学作用达到阻燃的目的。一般分为不燃性气体稀释理论和自由基捕集理论两种。木材燃烧过程在实质上是木材热解产生的可燃性气体的燃烧过程，燃烧的最终过程发生于气相，因此气相的阻燃是非常重要的。

第一，不燃性气体稀释理论。阻燃剂分解释放的不燃性气体将稀释木材热解释放的可燃性气体，当稀释性气体积累至一定量时会在木材表面形成毯状层，隔离氧气与可燃性热解气体或者将可燃性气体排挤离开高温区，从而中断燃烧所需的助燃物或着火源而实现阻燃。常见的有效稀释性气体有水、二氧化碳、氨气、二氧化硫和氯化氢，主要来自高度水合盐、碳酸碱(或重碳酸碱)、卤化铵、磷酸铵、硫酸铵、氯化锌、氯化钙、氯化镁和氨基磺酸铵等。为了保证阻燃效果，阻燃剂不应在木材正常使用温度下分解；需要在略低于木材初始热解温度(约 275℃)的条件下迅速生成稀释性气体。

第二，自由基捕集理论。在热解温度下，某些特定阻燃剂释放出自由基抑制剂，捕集木材燃烧释放的自由基，并与之作用生成不燃物，破坏燃烧过程中的反应链增长而有效阻止木材燃烧。自由基捕集理论依赖于自由基抑制剂的种类及生成温度。常见抑制剂为卤素、氢卤酸等，其中阻燃效果按氟、氯、溴、碘依次增加。有焰燃烧的发生是基于自由基的分支链式反应。稀释性气体(如水蒸气)可以吸热并减少反应分子或自由基间的碰撞频率，但不能改变链反应。自由基抑制剂可以中断反应链，因此具备极高的阻燃效力。然而，由于部分卤素阻燃剂的燃烧产物已被证实存在致癌可能性，卤素阻燃剂已经很少用于木质材料的阻燃处理。

四、化学阻燃理论

化学阻燃理论又被称为成炭理论。在阻燃剂催化作用下，木材的热解过程向固体炭量增加、气体挥发量较少的方向进行，在燃烧表面形成导热性很低的木炭保护层，从而有效抑制有焰燃烧的传播。阻燃剂加热时生成的酸或碱能使纤维素脱水，形成水和炭。纤维素脱水使反应性很强的纤维素侧链 C_6 碳原子上的游离羟基失去活性变成水，使炭量增多，生成炭残渣，从而减少可燃性气体的产生。木炭热导率和热扩散率低、比热高，具备的多孔结构有良好的隔热作用，可以有效地抑制木材的燃烧过程。木质材料常用的磷酸铵盐类阻燃剂，在受热时会产生偏磷酸，促使纤维素发生脱水形成炭化保护层，形成隔热隔气的阻燃效果。在成炭理论中，为保证阻燃效果，阻燃剂的催化成炭作用温度应低于木材热解初始温度，否则会导致木材提前分解。

第二节　阻燃微胶囊

一、阻燃剂微胶囊化的目的

依据阻燃剂与基体材料的作用方式，可将阻燃剂分为反应型和添加型两大类。反应型阻燃剂是指在高分子基体材料形成过程中，以单体形式参与化学反应而形成化学键结合的阻燃剂。反应型阻燃剂的优势在于阻燃剂成为复合材料的一部分，结合力强，材料结构稳定，阻燃性能持久。然而反应型阻燃剂的品种少，价格较高，应用领域窄。目前使用的绝大部分阻燃剂均为添加型阻燃剂，即阻燃剂仅作为一种“外来”添加成分与基体材料进行复合。添加型阻燃剂处理工艺简单，适用性强，但也可能由于界面相容性不佳而对材料物理力学性能产生不利影响。例如，聚磷酸铵、氢氧化铝等无机阻燃剂的加入会降低高分子塑料及木质材料的力学性能，且添加量越高，影响越大。利用三聚氰胺-甲醛树脂等高分子材料对无机阻燃剂包覆，可显著改善阻燃剂与聚合物的界面相容性，进而提高阻燃产品的物理力学性能。

微胶囊化处理可以改变阻燃剂的物理特性，提高阻燃剂的适用性。液体阻燃剂(如磷酸酯)经微胶囊包覆后可转变为固体粉末，稳定性明显提高，储存和运输更为便捷，应用范围更广。聚磷酸铵等具有一定吸湿性的阻燃剂直接应用于聚合物时，随着使用时间的延长，阻燃剂会吸收水分而逐渐迁移至基体材料表面，影响复合材料的表面特性和整体阻燃性能。微胶囊处理可在阻燃剂表面形成连续的保护层，显著降低阻燃剂的吸湿性，避免阻燃剂迁移现象的出现。微胶囊化处理还能改变阻燃剂的颜色，屏蔽部分阻燃剂的不良气味，提升阻燃剂的使用价值。

此外，红磷等具有一定毒性的阻燃剂经微胶囊包覆处理后，其储存及使用安全性能明显提高。选用热分解温度较高的壁材物质包覆阻燃剂，有利于提高阻燃剂的热稳定性。充分发挥壁材物质与芯材阻燃剂的协同阻燃作用，可以实现阻燃体系的高效复合，如微胶囊膨胀型阻燃剂。

二、阻燃微胶囊的合成及性能

(一) 合成方法

微胶囊技术在阻燃剂中的应用已成为热点研究问题，文献报道中也出现了许多的阻燃微胶囊合成工艺。从原理上来说，固体阻燃剂的微胶囊合成工艺基本都属于原位聚合法，液体阻燃剂的微胶囊合成方法主要包括原位聚合法和界面聚合法。原位聚合法由于具有壁材种类丰富、壁材致密且可控性强、生产工艺较为简单、芯材适用性广等优点，成为阻燃微胶囊产品研发中的首选方法。

目前，用于微胶囊包覆的阻燃剂主要包括：聚磷酸铵、红磷、氢氧化物、卤系阻燃剂和膨胀型阻燃剂等。三聚氰胺-甲醛、尿素-甲醛等氨基树脂以其优良的力学性能和较低的价格成为最常用的壁材。其他壁材还包括：酚醛树脂、环氧树脂、聚氨酯、硼酸锌、氢氧化铝、氢氧化镁、硅化合物等。常用的分散剂和乳化剂有乙醇、十二烷基硫酸钠、苯乙烯-马来酸酐树脂、吐温和十六烷基三甲基溴化铵等。原位聚合法合成阻燃微胶囊的工艺主要包括两个过程：一是在乳化剂、分散剂及机械搅拌等作用下，固体阻燃剂在壁材溶液中分散或液体阻燃剂在壁材溶液中乳化，形成芯材分散体系；二是在升温、调节 pH 等特定条件下，壁材物质通过缩聚反应、溶胶-凝胶反应等沉积在芯材表面形成连续壁材。壁材浓度、芯壁材比例、反应温度、反应时间等因子对阻燃微胶囊的性能均有重要影响，在其合成过程中必须严格控制。同一种阻燃剂往往可以用多种壁材包覆，如适用于包覆聚磷酸铵的壁材多达十余种[2]。实际生产应用中需要根据阻燃微胶囊的应用需求及生产成本进行合理选择。

阻燃微胶囊的开发过程中，还出现了双层或多层包覆工艺。一方面，双层或多层包覆可以进一步提高壁材的阻隔性能；另一方面，双层或多层包覆可以实现有机、无机多种组分之间的高效复合。例如，在红磷微胶囊的制备过程中[3]，可以先包覆一层三聚氰胺-甲醛树脂，再包覆一层硼酸锌树脂，形成的双层壁材不仅对红磷起到有效的隔绝保护作用，还可以发挥硼酸锌的抑烟作用及磷-氮协同阻燃作用。双层或多层包覆的工艺和常规包覆类似，一般为两次原位聚合，也可以先界面聚合再原位聚合。两次或多次包覆过程一般在一次合成反应中依次完成，以节省工序，避免微胶囊颗粒在干燥过程中出现结团现象影响二次包覆效果。双层或多层包覆虽然具备一定的优势，但也存在工艺复杂、成本高的不足，实际生产中较少应用。固体芯材阻燃微胶囊稳定性好，其悬浮液可以采用过滤干燥或喷雾干燥的后处理方式。液体芯材阻燃微胶囊在真空抽滤过程中易于出现结团、变形问题，因此工业化生产中一般采用喷雾干燥的后处理方式。

膨胀型阻燃剂以其低烟、低毒、高效等优势被越来越多地应用于各种聚合物和复合材料的阻燃处理。传统的膨胀型阻燃剂由可以充当酸源、炭源和气源的三种组分复配而成。其中聚磷酸铵等常用组分具有一定的吸湿性，且与高分子聚合物相容性较差，限制了其应用。利用微胶囊技术在阻燃剂表面形成一层致密的壁材，成为提高传统膨胀型阻燃剂稳定性及改善其与基体相容性的有效途径。在微胶囊膨胀型阻燃剂中，聚磷酸铵因其价廉效优而成为研究中最常用的芯材，乙醇是常用的分散剂。三聚氰胺-甲醛树脂是典型的壁材，具有优良的成膜性，同时还能充当气源。为了进一步提高阻燃效率，可在三聚氰胺-甲醛预聚物合成过程中引入聚乙烯醇、淀粉和聚乙二醇等炭源，制备“三元一体”微胶囊膨胀型阻燃剂。此外，利用双层包覆技术，在聚磷酸铵表面先后包覆三聚氰胺-甲醛树脂、环氧树脂[4]，或者包覆二苯基甲烷二异氰酸酯、三聚氰胺和季戊四醇[5]，也可制备“三元一体”膨胀型阻燃微胶囊。还可以利用三聚氰胺-甲醛树脂包覆聚磷酸铵和双季戊四醇的混合物来制备微胶囊化膨胀型阻燃体系[6]。

下面介绍几种典型的阻燃微胶囊合成工艺。

聚磷酸铵阻燃微胶囊[7]。将 15g 聚乙烯醇(聚合度 1750，醇解度 98%～99%)、4g 三聚氰胺和 200mL 蒸馏水混合，在 pH 4～5、90℃条件下反应 1.5h，调节 pH 至 8～9 后加入 4g 三聚氰胺和 10mL 质量分数为 37%的甲醛溶液，继续反应 1h，制得预聚物溶液；将 40g 聚磷酸铵分散于 100mL 乙醇中(搅拌转速 1000r/min，搅拌时间 5min)，加入适量预聚物溶液，调节 pH 至 4～5，在 80℃条件下反应 3h，将悬浮液过滤、洗涤和干燥后得到粉末状聚磷酸铵微胶囊产品。聚磷酸铵经微胶囊包覆后，水溶性降低，耐水性提高，对聚丙烯的阻燃效果显著提升。

双层包覆红磷阻燃微胶囊[8]。利用三聚氰胺和质量分数为 37%的甲醛溶液(物质的量比 1∶3)，在 70℃、pH 8～9 条件下反应 1h 时制得三聚氰胺-甲醛预聚物溶液；用质量分数为 5%的硫酸和氢氧化钠溶液依次对红磷进行预处理，去除铁、铜等金属杂质；将 5g 处理红磷、0.05g 十二烷基硫酸钠、50mL 蒸馏水和适量硫酸铝溶液(质量分数 10%)混合，加热升温至 70℃；搅拌分散 10min 后，调节悬浮液的 pH 至 8～9，氢氧化铝生成并沉积在红磷表面；2h 后，将适量的三聚氰胺-甲醛预聚物溶液加入悬浮液，调节 pH 至 4～5，原位聚合反应开始；保温 2h 后，将悬浮液过滤、洗涤、研磨，得到粉末状红磷微胶囊产品。红磷经微胶囊包覆后，吸湿性降低，燃点升高，壁材和红磷芯材之间具有协效阻燃效果。

双酚 A-双(二苯基磷酸酯)[bisphenol-A bis (diphenyl phosphate)，BDP]微胶囊[9]。将 75g 聚氧乙烯失水山梨醇月桂酸酯(Tween 20)溶解于 4000mL 蒸馏水中，得到溶液 I；将 150g BDP 和 150g 正硅酸乙酯混合，在 6000r/min、45℃条件下乳化 30min，得到乳液 II；将乳液 II 加入溶液 I 中，调节 pH 至 3.5，在 400r/min 条件下反应 1h；调节 pH 至 3，在 45℃条件下反应 2h，逐渐调节 pH 至 7，搅拌 1h 后，将悬浮液过滤、洗涤、干燥后得到粉末状微胶囊产品。

(二) 性能评价及影响因素

阻燃微胶囊形貌和粒径的评价与温致变色微胶囊类似。形貌一般用光学显微镜和扫描电镜进行观察，利用透射电镜等具备更高分辨率的表征手段可以观测微胶囊壁材、芯壁材界面等更为精细的微纳米结构。微胶囊的粒径及其分布一般用激光粒度仪进行测试，也可以结合显微成像技术与图像测量软件进行评价。

阻燃剂一般为固体芯材，其形貌在包覆前后相差不大，需要结合其他分析手段判断芯材是否被包覆完全。最常用的为 X 射线光电子能谱(X-ray photoelectron spectroscopy，XPS)和能谱仪(energy dispersive spectroscopy，EDS)。利用这两种测试技术可以分析阻燃微胶囊表面(层)的元素组成，对比阻燃剂的分析结果来判断壁材的完整性。当微胶囊壁材和阻燃剂的致密性差异明显时，在透射电镜图像中可以观察到微胶囊的壳核结构。

此外，利用傅里叶红外光谱仪对比分析阻燃微胶囊和阻燃剂的化学结构，也可以辅助判断芯材的包覆完整性。对于聚磷酸铵等具有吸湿性的阻燃剂，还可通过分析微胶囊的吸湿性、水溶性、表面接触角等间接判断芯材包覆情况。

阻燃微胶囊的壁材和芯材之间发挥协效作用时(如膨胀型阻燃微胶囊)，其芯材含量决定了各阻燃成分之间的配比，对其阻燃效果有显著影响，因此是重要的性能评价指标。包覆前后分别对阻燃剂芯材和阻燃微胶囊称重，是获得芯材含量最为便捷的方式。然而，此种方法在实际生产中的可操作性不强，因为阻燃微胶囊产品收集和干燥时易于损失，称量法也不适于大规模产品的评价。因此，直接对微胶囊产品进行芯材含量测定是更适宜的方法。液体芯材阻燃微胶囊可以通过破坏壁材释放出芯材的方式获得芯材含量，测定较为便捷。固体芯材阻燃微胶囊一般无法释放出芯材，需要将阻燃剂和阻燃微胶囊分别溶解在溶剂中，然后利用分析仪器获得阻燃剂中特有元素(不存在于壁材中)的含量，从而换算出芯材含量。三聚氰胺-甲醛树脂/聚磷酸铵微胶囊的芯材含量可用如下方法测定[10]：在 150℃条件下将少量聚磷酸铵和阻燃微胶囊粉末溶解在硝酸中，利用电感耦合等离子体原子发射光谱(inductively coupled plasma atomic emission spectrometry，ICP-AES)测定溶液中磷元素浓度，计算出聚磷酸铵和阻燃微胶囊中磷元素含量，进而换算出微胶囊中的芯材含量。

阻燃微胶囊与塑料、木质材料等基材复合过程中，往往需要经历高温处理阶段，其热稳定性也是影响其使用的重要性能指标。热稳定性通常用热重分析仪进行评价。三聚氰胺-尿素-甲醛树脂/聚磷酸铵微胶囊的热分解曲线如图 5-1 所示。三聚氰胺-尿素-甲醛树脂壁材的热分解温度低于聚磷酸铵，导致微胶囊的初始分解温度较聚磷酸铵有所提前，热稳定性降低。微胶囊的残炭量远高于聚磷酸铵，表明壁材和芯材在高温下相互作用生成了稳定的炭。对于卤系阻燃剂、有机磷酸酯等热稳定较差的阻燃剂而言，微胶囊包覆处理将显著提高其热稳定性。在我们设计和开发阻燃微胶囊产品时，必须保证其热稳定性满足加工、使用需求[11]。

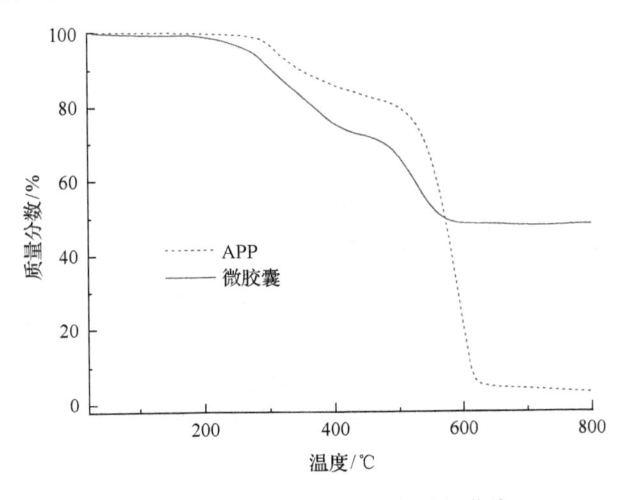

图 5-1　聚磷酸铵微胶囊的热分解曲线

下面具体以聚乙二醇改性三聚氰胺-甲醛树脂/聚磷酸铵微胶囊为例，说明合成工艺对阻燃微胶囊性能的影响，以便探索最优的工艺条件，为实际应用做准备[12,13]。

1. 样品制备

预聚体制备：分别将 9g 三聚氰胺、34g 聚乙二醇 1000 和 230g 蒸馏水加入三口烧瓶，用乙酸溶液调节 pH 至 4～5；搅拌条件下，水浴升温至 90℃并保温 1.5h；加入 9g 三聚氰胺和 25g 甲醛溶液，用碳酸钠溶液调节 pH 至 8.5～9.0，保温 1h，迅速降温至 40℃以下，出料备用。

典型的微胶囊合成工艺如下：将 20g 上述预聚体、30g 蒸馏水和 16g 乙醇混合均匀，用乙酸溶液准确调节 pH 至 5.0，加入 8g 聚磷酸铵后在 400r/min 搅拌转速下分散 5min；以 2.5℃/min 速率升温至 70℃，在 400r/min 搅拌速度下保温 2h，抽滤、洗涤、干燥后得到微胶囊产品。

2. 形貌特征

图 5-2 所示为聚磷酸铵(APP)和聚磷酸铵微胶囊(MCAPP)在光学显微镜下的形貌。从图中可以看出，MCAPP 并未出现团聚现象，其形态与 APP 相似，表明乙醇在微胶囊合成过程中发挥了有效的分散作用。进一步用扫描电镜观察发现(图 5-3)，MCAPP 表面较 APP 粗糙，表明有树脂沉积在 APP 表面形成了壁材[14]。

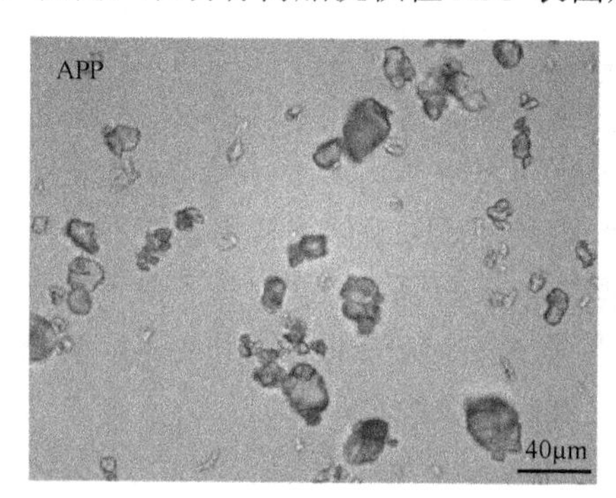

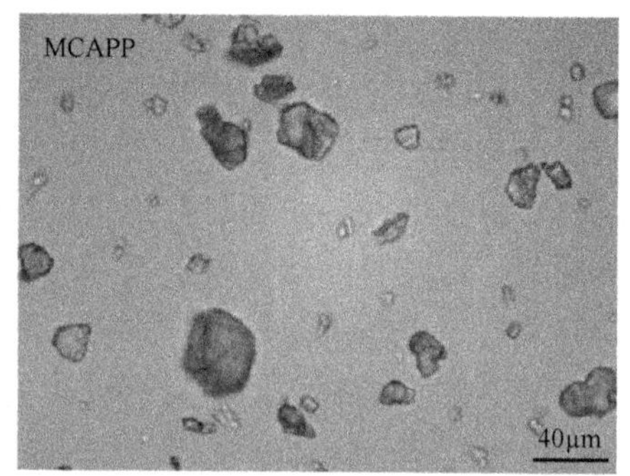

图 5-2 聚磷酸铵(APP)和聚磷酸铵微胶囊(MCAPP)的光学显微图

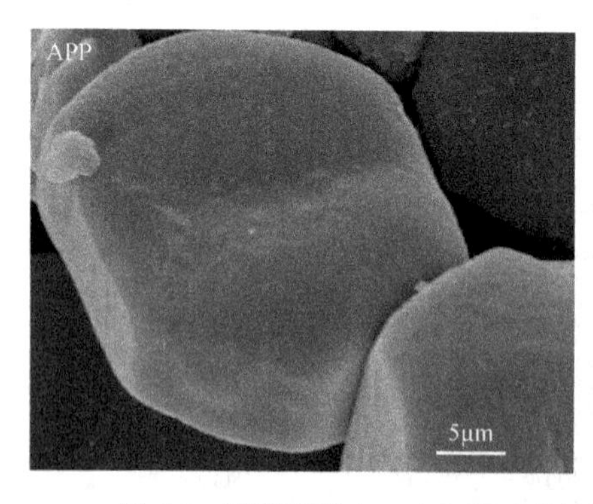

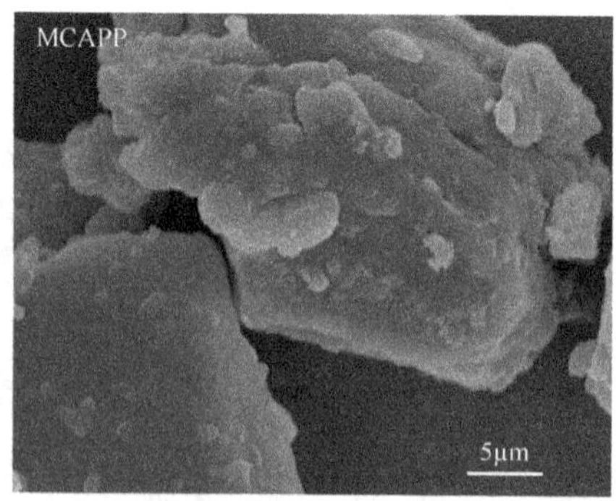

图 5-3 聚磷酸铵(APP)和聚磷酸铵微胶囊(MCAPP)的扫描电镜形貌图

3. 化学结构

图 5-4 为聚磷酸铵和聚磷酸铵微胶囊的红外光谱图。图中 APP 的典型吸收峰为

3400～3030cm^{-1}(N—H 对称伸缩振动)、1436cm^{-1}(N—H 弯曲振动)、1252cm^{-1}(P═O 伸缩振动)、1068cm^{-1}(P—O 对称伸缩振动)、1016cm^{-1}(PO_2 和 PO_3 对称振动)和 886cm^{-1}(P—O 非对称伸缩振动)。MCAPP 谱图中除具备 APP 特征吸收峰外，在 1560cm^{-1} 和 1504cm^{-1} 还出现了三聚氰胺含氮杂环的振动峰，表明 MCAPP 中存在聚乙二醇改性 MF 树脂。这进一步证实 APP 已经包覆成功。

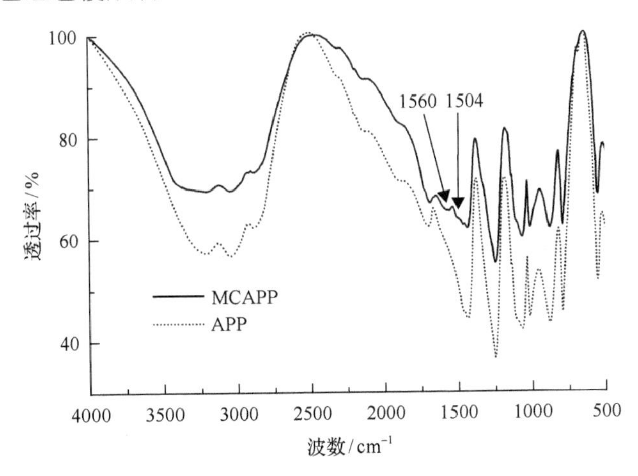

图 5-4 聚磷酸铵(APP)和聚磷酸铵微胶囊(MCAPP)的红外光谱图

4. 产率及壁材含量

不同工艺条件下制备的 MCAPP 产率及壁材含量如图 5-5 所示。随着 pH 由 6 降低至 4.5，产率从 65.18%持续增加至 71.50%；随着反应温度从 50℃升高至 70℃，产率从 66.77%增加至 69.92%。这表明在较多的酸或热量的催化作用下，预聚物分子缩聚速度变快，在相同时间内可以在芯材表面沉积更多的壁材。然而，当温度升高至 80℃时，预聚物缩聚速度过快，在连续相溶液中析出的树脂量增多，产率与 70℃时接近。反应时间越长，沉积在 APP 表面的树脂越多，产率也相应增加。当时间超过 3h 后，缩聚反应进行完全，继续延长反应时间至 4h，产率无明显变化。

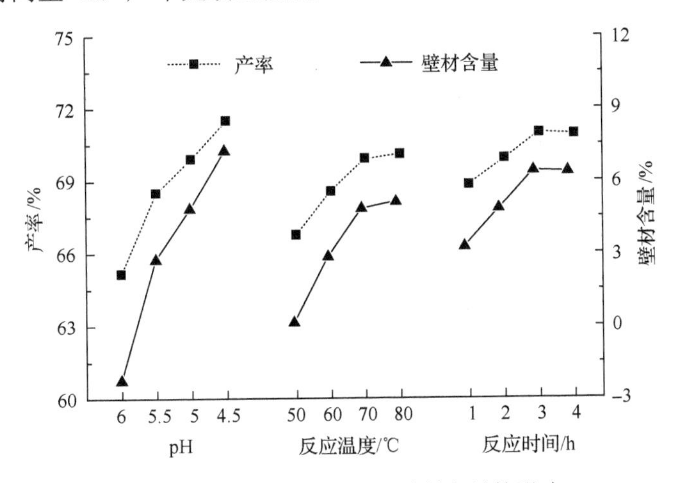

图 5-5 工艺条件对产率及壁材含量的影响

壁材含量的变化趋势与产率类似，最大值 7.25%出现在 pH4.5 实验组。值得注意的是，pH6 及温度 50℃两组实验中，壁材含量为负值。这是因为壁材含量是通过直接称重法获得，而 APP 在合成过程中会少量溶解，同时过滤过程中不可避免地会损失少量样品。而这两组实验条件下生成的壁材偏少，小于实验中样品的损失量，导致负值的出现。这表明直接称重法适合定性地分析微胶囊芯材(壁材)含量，而不宜用于定量表征。

5. 吸湿性

经微胶囊包覆后，在 APP 表面形成了树脂隔离层，有效减少了 APP 中氨基对空气中水分子的吸附，因此 MCAPP 的吸湿增重率均明显低于 APP(图 5-6)。随着 pH 的降低或温度的升高，吸湿增重率表现出上升趋势，与产率的变化趋势相反。这是由于随着预聚物分子缩聚速度增加，树脂沉积速度加快，形成的壁材结构较为疏松，壁材的致密程度降低。反应时间对缩聚速度没有明显影响，因此在 1～4h 内 MCAPP 吸湿增重率基本不变，在 2.61%～2.76%波动。这也表明经过 1h 的原位聚合反应后，APP 表面已经形成了一层完整的壁材。

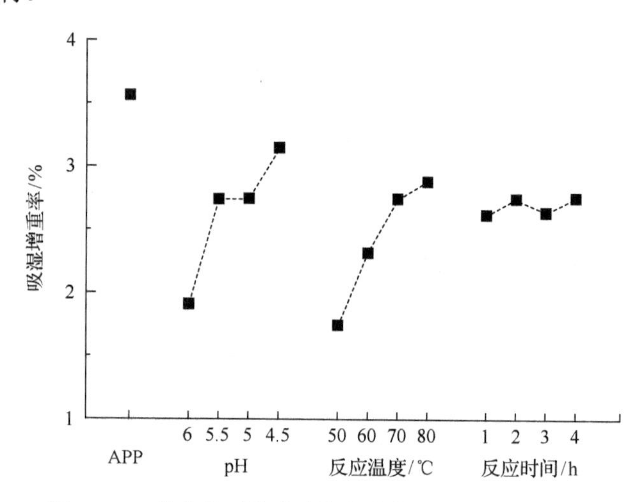

图 5-6　工艺条件对聚磷酸铵微胶囊吸湿增重率的影响

6. 热稳定性

聚磷酸铵微胶囊在应用于高分子材料时，必须考虑加工过程中的热稳定性。利用热重分析曲线，分别获得 100℃、200℃、300℃和 400℃时样品质量减少的比例(分解率)，结果如图 5-7 所示。在 200℃以内时，APP 和 MCAPP 均有少量分解，但分解率均低于 1.4%。此阶段主要是水分、氨气及甲醛等气体的挥发。在 300℃时，MCAPP 分解率接近 5%，明显高于 APP，表明壁材已经开始降解。工艺条件对此温度下分解率未表现出明显的影响。当温度进一步上升至 400℃时，MCAPP 中壁材与芯材发生反应，MCAPP 分解率较 APP 高出 5%以上。同时，随着 pH 的降低，MCAPP 分解率明显增加。随着反应温度的增加，MCAPP 分解率明显上升后略有下降。随着时间从 1h 延长至 4h，微胶囊分解率明显增加后在 19.7%～20.3%波动。总体而言，壁材含量越高，在 400℃条件下 MCAPP 的分解率较高，热稳定性较差。

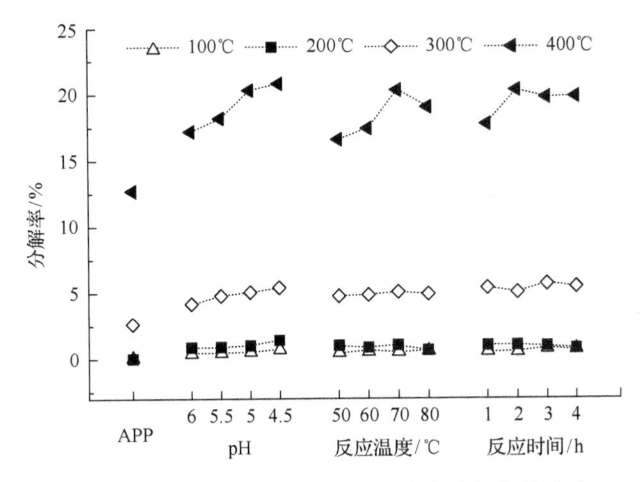

图 5-7　工艺条件对聚磷酸铵微胶囊热分解率的影响

7. 成炭性能

成炭性能是膨胀型阻燃剂的重要特性。阻燃剂在受热过程中生成的致密炭层越多，其隔绝效果越好。实验中各组条件下所制备的 MCAPP 残余质量分数(热解残重)如图 5-8 所示。从图 5-8 中可以看出，在 700℃条件下经过 30min 的处理后，APP 热解残重仅为 2.36%。而 APP 经过微胶囊包覆后，其热解残重均明显上升，其值在 3.86%～8.32%变化。实验结束后在 MCAPP 组坩埚中均残留有黑色的炭状物质，表明受热过程中壁材与芯材发挥了协同作用，生成了热稳定性优良的残炭。随着时间的延长，MCAPP 壁材含量增加，炭源和气源所占比例增大，其热解残重逐渐上升，3h 后基本不变。随着 pH 的降低和温度的升高，MCAPP 的热解残重均表现出先增长后下降的趋势，最大值分别出现在 pH5.0 和温度 60℃两组实验中。这表明，热解残重不仅与壁材含量相关，也与壁材的致密程度等性质相关。

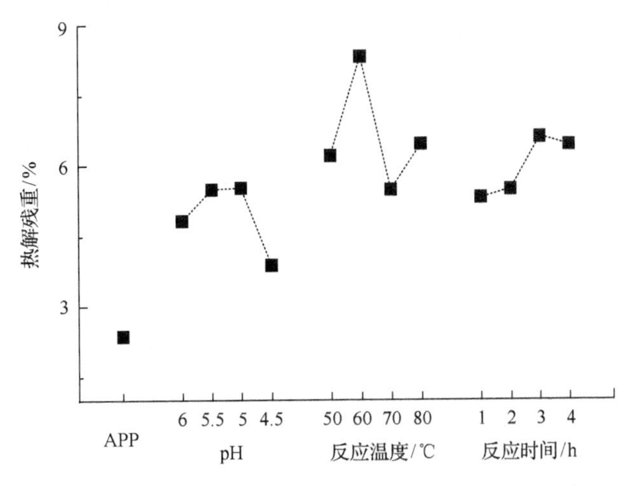

图 5-8　工艺条件对聚磷酸铵微胶囊热解残重的影响

第三节 阻燃木质复合材料

一、阻燃涂料

在木材、纸、纤维、塑料等易燃建筑基材上，或在电缆、金属构件等制品上，用阻燃性的涂料进行涂饰，可总称为阻燃涂料。依据防火机理可分为膨胀型和非膨胀型两类。从阻燃效果、装饰效果及经济成本方面考虑，膨胀型阻燃涂料的应用更加广泛。水性膨胀型阻燃涂料安全环保，是目前市售阻燃涂料的主要品种。

水性膨胀型阻燃涂料主要由基料(主要成膜物质)、阻燃体系和其他填料组成。基料与阻燃体系之间是否能实现有机结合，是决定阻燃效果和成膜性能优劣的主要因素。基料一般为丙烯酸树脂、聚乙酸乙烯酯树脂、乙烯-乙酸乙烯酯和氨基树脂等木质材料涂饰常用树脂中的一种或几种的组合[15-18]。而最常用的阻燃体系为聚磷酸铵、季戊四醇和三聚氰胺这一经典组合，三种不同成分之间的配比对涂料阻燃效果影响甚大[15]。同时，也可在三组分基础上加入协效剂，如磷酸胍基脲[17,18]、有机黏土[19]等。此外，也有研究利用更为廉价的磷酸氢二铵代替聚磷酸铵作为气源使用[20]。

膨胀型阻燃涂料可在木质基材表面形成有效的阻隔层，可明显降低木质材料在燃烧过程中热量和烟气的生成，从而减少火灾危害。利用阻燃涂料进行防火处理，在对木质材料进行表面修饰的同时赋予其优良阻燃性能，是一种简单易行的阻燃处理方式。然而，水性膨胀型阻燃涂料在使用过程中存在耐候性差特别是耐水性差的问题。影响防火涂料耐水性的主要因素有成膜物质和添加的阻燃剂，在成膜物质确定的前提下，阻燃剂的耐水性能为关键因素[21]。

在水性膨胀型阻燃涂料中，聚磷酸铵等无机类阻燃剂是最常用的组分之一。此类阻燃剂为亲水性物质，耐水性较差，其与成膜物质之间的相容性也较差，因而在实际使用过程中易脱离基材，导致涂层的阻燃性能和理化性能下降。利用氨基树脂、聚氨酯等高分子树脂对聚磷酸铵等无机类阻燃剂进行微胶囊化包覆，可显著提高其耐水性、稳定性，改善阻燃剂与成膜材料之间的相容性，改善涂料的综合性能。在水性膨胀型阻燃涂料制备过程中，一般由成膜物质、阻燃剂共同构成膨胀型阻燃体系。对于不具备酸源、炭源和气源特性的基料而言，选用“三元一体”微胶囊膨胀型阻燃剂可以制备综合性能优良的阻燃涂料。

木质材料用阻燃涂料的性能评价可依据国家标准 GB 12441—2005《饰面型防火涂料》进行。标准中对涂料的细度、附着力、柔韧性、耐冲击性、耐水性、耐湿热性等技术指标进行了规范。对于其他未列入标准中的涂层理化性能指标，则可以参考 GB/T 4893《家具表面漆膜理化性能试验》系列标准，以及 GB/T 6742—2007《色漆和清漆 弯曲试验(圆柱轴)》、GB/T 1771—2007《色漆和清漆 耐中性盐雾性能的测定》以及 GB/T 9264—2012《色漆和清漆 抗流挂性评定》等色漆和清漆系列测试标准。利用阻燃涂料制备的家具、地板等阻燃木质产品，其阻燃性能分级需依据 GB 8624—2012《建筑材料及制品燃烧性能分级》进行评定。

二、阻燃人造板

(一) 阻燃木塑复合材料

木塑复合材料是一类应用广泛的绿色环保材料。其基本生产工艺已在“温致变色木塑复合材料”一节中详细介绍，在此不再赘述。木塑复合材料中常用的聚乙烯、聚丙烯和聚氯乙烯等塑料组分属于易燃材料，木质材料也属于易燃材料，因此木塑复合材料的阻燃处理是非常重要的。

木塑复合材料的阻燃处理工艺较为简单，将阻燃剂和原材料充分混合后，再以挤出、层压、模压或注塑的成型方式制备阻燃复合材料。在木塑加工过程中，最高加热温度必须低于阻燃微胶囊的初始热分解温度，避免微胶囊提前热解而影响复合材料的阻燃性能。

聚磷酸铵等常用无机阻燃剂会存在吸湿迁移、耐水性较差及与基体材料界面相容性较差等问题，而微胶囊包覆处理是克服这些不足的有效途径。以三聚氰胺-尿素-甲醛树脂或尿素-甲醛树脂为壁材，通过原位聚合法包覆聚磷酸铵合成阻燃微胶囊，可以降低聚磷酸铵的水溶性，明显减小阻燃剂对木粉/聚丙烯复合木塑复合材料力学性能的削弱程度；壁材与芯材的磷-氮协效作用将进一步增强阻燃剂的阻燃效果[22]。利用三聚氰胺-甲醛树脂对氢氧化铝或氢氧化铝/聚磷酸铵进行微胶囊包覆，可以有效改善阻燃剂与木塑基材的相容性，提高阻燃木塑复合材料的拉伸强度和弯曲强度[23]。以氢氧化镁包覆的红磷微胶囊为阻燃剂制备木粉/聚丙烯阻燃木塑复合材料，壁材和芯材之间发挥协同阻燃作用，在微胶囊添加量占比仅为 8%时其氧指数为 28，阻燃性能达到 UL-94 垂直燃烧测试的 V-0 级[24]。对于壳/核结构阻燃木塑复合材料而言，将膨胀型阻燃微胶囊集中添加至壳层，将显著降低阻燃剂用量，降低生产成本。

目前，尚未制定阻燃木塑复合材料的性能评价标准，主要参考木塑复合材料相关标准进行物理力学性能测试。具体标准名称已在“温致变色木塑复合材料”一节中进行了详述。一般来说，塑料行业按照标准 UL 94《设备和器具部件塑料材料燃烧测试》来评定产品的阻燃等级，由 HB、V-2、V-1 向 V-0 逐级递增。阻燃木塑复合材料的阻燃等级评价可以参考 UL 94 标准进行。对于用作建筑材料及制品的阻燃木塑复合材料而言，其阻燃性能分级依据强制性国家标准 GB 8624—2012《建筑材料及制品燃烧性能分级》进行评定。在试验研究和产品研发过程中，鉴于成本和测试效率的考虑，也常用极限氧指数仪、锥形量热仪、热重分析仪、烟密度仪等仪器设备评价阻燃木塑复合材料的阻燃性能。

与温致变色木塑复合材料类似，阻燃微胶囊也是作为一种固体填料加入木塑复合材料中，其添加浓度、粒径大小及分布、壁材与木塑基材相容性、表面粗糙程度等均会影响阻燃木塑复合材料的物理力学性能。一般而言，阻燃微胶囊添加量越少、粒径越小、粒径分布越均匀，壁材与木塑基材的相容性越好，所制备的阻燃木塑产品物理力学性能越好。在满足特定阻燃等级要求的前提下，可以通过调整壁材种类和芯材含量来增强壁材与芯材的阻燃协效作用，降低阻燃微胶囊的添加量，改善阻燃木塑产品的物理力学性能。

（二）阻燃刨花板和阻燃纤维板

阻燃刨花板和阻燃纤维板是两类主要的阻燃人造板产品，广泛应用于家具、室内装饰及建筑等领域。聚磷酸铵等无机阻燃剂，具有价格低、阻燃效率高、无卤环保等优势，是刨花板和纤维板常用阻燃剂。在阻燃刨花板(纤维板)的制备过程中，无论是将阻燃剂添加至胶黏剂中，还是将阻燃剂直接与原料进行混合，与胶黏剂树脂相容性较差的聚磷酸铵等无机阻燃剂均会对阻燃产品的物理力学性能产生不利影响。利用三聚氰胺-甲醛树脂等与胶黏剂树脂相容性好的壁材对阻燃剂进行微胶囊包覆处理后，阻燃剂与胶黏剂的相容性得到显著改善，从而降低阻燃剂对人造板性能的不利影响。

有专利指出[25]，以磷-氮类阻燃剂为芯材，通过两次原位聚合法依次将氨基树脂、氢氧化铝、氢氧化镁或氢氧化锌进行包覆，可使无机阻燃剂和有机阻燃剂进行有效结合；利用阻燃微胶囊制备植物纤维板时，不会对纤维板的物理化学性能、加工性能和使用性能产生损伤。还有专利报道[26]，将一定配比的铵化合物、氢氧化铝(或碳酸钙)、硼化合物、二氧化硅及乳化剂，于常温搅拌下加入甲醇(或乙醇)中分散均匀；再往分散液中加入一定比例的硅溶胶，每隔30～50min依次加入硅烷偶联剂和甲基含氢硅油；经过过滤和干燥获得微胶囊产品。该阻燃微胶囊内部主要为磷、氮、硼等元素组成的阻燃成分，而外层为二氧化硅和硅油，形成磷-氮-硼-硅四元协效体系，阻燃抑烟效果好，对纤维板性能的影响小。

阻燃刨花板和阻燃纤维板的阻燃性能等级依据强制性国家标准GB 8624—2012《建筑材料及制品燃烧性能分级》进行评定，主要包括燃烧增长速率指数、燃烧滴落物/微粒及产烟毒性三个方面的评价指标。阻燃刨花板和阻燃纤维板的物理力学性能一般依据GB/T 17657—2013《人造板及饰面人造板理化性能试验方法》进行测定。同时，还可依据现行的公安部标准GA 87—1994《防火刨花板通用技术条件》和国家标准GB/T 18958—2013《难燃中密度纤维板》对阻燃刨花板和阻燃纤维板进行性能评价。在科学研究和产品研发过程中，鉴于成本和测试效率的考虑，也常用锥形量热仪、极限氧指数仪、热重分析仪、烟密度仪等仪器设备评价阻燃刨花板和阻燃纤维板的阻燃性能。

下面以聚磷酸铵阻燃剂为例，分析微胶囊化对阻燃刨花板性能的影响[12]。

利用聚磷酸铵和三聚氰胺-尿素-甲醛树脂制备微胶囊化聚磷酸铵，依据表5-1中的原料配比制备阻燃刨花板，幅面300mm×300mm，利用厚度规设定板材厚度为6mm。热压工艺参数为：压板温度160℃，热压时间6min，加压压力2.5～3.0MPa；施胶量占刨花绝干质量的14%；阻燃剂在刨花拌胶后加入，添加量为刨花绝干质量的10%。

表5-1　阻燃刨花板原料配比

编号	刨花/g	胶黏剂/g	聚磷酸铵/g	聚磷酸铵微胶囊/g
1	1236.4	169.0	—	—
2	1128.8	154.3	110.2	—
3	1128.8	154.3	—	110.2

阻燃刨花板的含水率、密度和2h吸水厚度膨胀率如表5-2所示。三组试样的厚度、含水率分别为6.04～6.10mm、3%～3.4%，没有明显差别。两种阻燃刨花板的密度接近，

比普通板密度高出 5%～7%。阻燃刨花板的 2h 吸水厚度膨胀率小于普通刨花板。这是因为聚磷酸铵和聚磷酸铵微胶囊吸水后不会膨胀，添加至刨花中使复合材料整体的吸水厚度膨胀率变小。试验中三组试样的吸水厚度膨胀率均高于 GB/T 4897.2—2003《刨花板 第 2 部分：在干燥状态下使用的普通用板要求》中≤8.0%的要求。实际生产中需要加入一定量的防水剂，进一步降低刨花板的吸水厚度膨胀率。

表 5-2　阻燃刨花板的物理特性

编号	阻燃剂	厚度/mm	含水率/%	密度/(kg/m^3)	2h 吸水厚度膨胀率/%
1	—	6.10	3.16	700.87(4.75)	12.16(6.71)
2	聚磷酸铵	6.09	3.00	735.50(4.10)	9.47(8.29)
3	微胶囊	6.04	3.40	747.97(12.59)	10.32(16.40)

注：括号内为变异系数(%)

三种刨花板的主要力学性能如图 5-9 所示。普通刨花板的静曲强度为 13.41MPa，满足 GB/T 4897.2—2003 中≥12.5MPa 的要求。阻燃剂加入以后，刨花板的静曲强度显著下降，低于标准要求值。聚磷酸铵经三聚氰胺-尿素-甲醛树脂包覆后，相应阻燃刨花板静曲强度值由 6.11MPa 提高至 9.75MPa，提高了 59.6%。阻燃剂的加入同样也使刨花板的弹性模量显著减小。微胶囊化聚磷酸铵阻燃刨花板的弹性模量比聚磷酸铵阻燃刨花板高出 41.5%。普通刨花板的内结合强度为 1.24MPa，远超过 GB/T 4897.2—2003 中≥0.28MPa 的要求。这是因为试验中所用原料为表层细刨花，其尺寸均匀，比表面积大，刨花单元之间可形成良好的胶接，胶接力强。两组阻燃刨花板内结合强度明显小于普通刨花板，而微胶囊化处理使阻燃刨花板的内结合强度由 0.81MPa 提高至 0.87MPa。综合分析三个力学指标可知，阻燃处理显著降低了刨花板的力学强度，主要是由于颗粒状的阻燃剂影响了刨花之间的有效胶接面积[27]，进而影响刨花之间的结合力。聚磷酸铵经微胶囊化处理后，与脲醛树脂胶黏剂的相容性得到改善，减少了聚磷酸铵对刨花单元之间结合力的不利影响，使阻燃刨花板力学强度有明显提高。

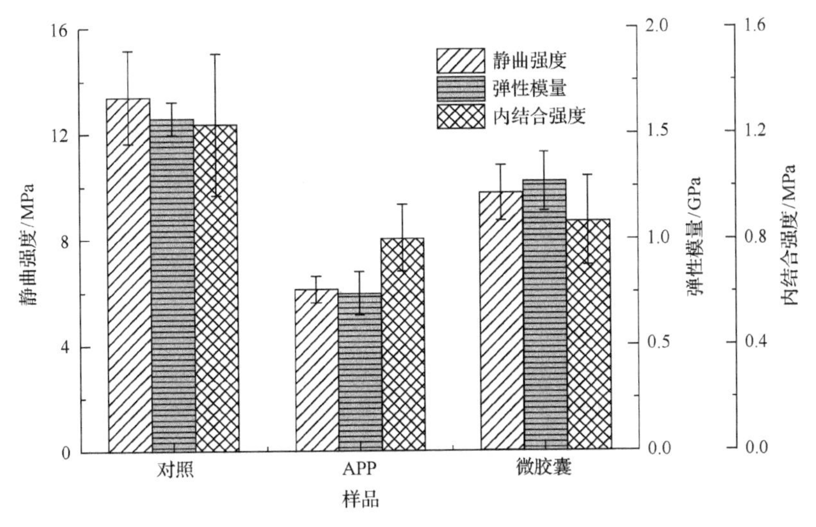

图 5-9　阻燃刨花板的力学性能

对照组刨花板的极限氧指数为 26.4。经聚磷酸铵阻燃处理后，刨花板的阻燃性能得到明显改善，氧指数提高至 32.8。利用微胶囊化聚磷酸铵制备的阻燃刨花板，氧指数达到 33.4，高于聚磷酸铵阻燃刨花板。表明三聚氰胺-尿素-甲醛树脂壁材与聚磷酸铵发挥了协同阻燃效应，使刨花板的阻燃性能进一步提高。

三、应用

木质材料的阻燃处理成为预防和减少火灾危害、拓宽产品应用领域及提高产品附加值的重要途径。阻燃木质材料行业经历快速的发展，标准规范和市场已趋于成熟。目前企业生产的阻燃材料几乎涵盖了所有种类的木质材料，如木材、纤维板、刨花板、胶合板、细木工板和木塑复合材料等。阻燃木质产品广泛应用于公共场所、高层建筑及车船内部等防火等级要求较高的场合。

阻燃剂是木质材料阻燃技术的核心。阻燃剂的发展大致经历了无机阻燃剂、有机阻燃剂和树脂型阻燃剂等多个发展阶段。聚磷酸铵、磷酸铵等磷-氮类阻燃剂阻燃效率高、生产成本低，仍然占据市场主导地位。这类阻燃剂普遍存在易吸湿、影响胶黏剂胶合等不足，而微胶囊技术是降低阻燃剂吸湿性、提高阻燃剂与胶黏剂相容性的有效途径。阻燃微胶囊合成设计过程中，选用与芯材具有协同阻燃效果的壁材，还可以明显增强阻燃剂的阻燃效果。因此，微胶囊技术在阻燃木质材料领域具有很大的应用潜力。

氨基树脂成膜性能好、价格较低，同时自身具有一定的阻燃作用，是制备阻燃微胶囊中最常用的壁材。近年来，国内外学者相继研究和开发了微胶囊化红磷、氢氧化物、聚磷酸铵、膨胀型阻燃剂等阻燃微胶囊产品，部分已成功实现商业化生产，推动了阻燃技术的发展。目前，阻燃微胶囊主要应用于聚乙烯、聚丙烯和聚氨酯等合成高分子材料，在改善阻燃剂与聚合物相容性、提高阻燃剂耐水性和热稳定性及构建高效膨胀型阻燃体系等方面表现出令人满意的效果。

阻燃微胶囊在木质材料中的应用尚处于起步阶段。一方面，微胶囊化处理增加了阻燃剂的生产成本；另一方面，微胶囊作为固体粒子，在木材中的渗透性差，难以应用于浸渍型阻燃处理工艺。然而，阻燃微胶囊在木塑复合材料及人造板中的应用研究表明，微胶囊技术在改善阻燃剂不足、提高阻燃产品性能方面具有独特的优势。未来需要充分利用壁材和阻燃剂芯材的协效作用，进一步减少阻燃剂添加量，降低生产成本。同时，随着纳米胶囊技术的不断发展，微胶囊化阻燃剂的尺寸可以小至纳米级，其在木材中的渗透性将显著增加，有望应用于浸渍处理型阻燃木质产品。

参考文献

[1] 欧育湘, 李建军. 阻燃剂——性能、制造及应用[M]. 北京: 化学工业出版社, 2006.

[2] 蔡欣, 潘明珠. 原位聚合法制备聚磷酸铵微胶囊及其应用的研究进展[J]. 高分子通报, 2016, (1): 47-53.

[3] 吕建平, 吴强, 瞿保钧. 密胺树脂/硼酸锌双层包覆微胶囊化红磷的制备及其在阻燃聚烯烃中的应用[J]. 功能高分子学报, 2003, 16(4): 507-512.

[4] 张延奎, 吴昆, 张卡, 等. 双层包裹聚磷酸铵微胶囊合成及其在环氧树脂中阻燃研究[J]. 高分子学报, 2012, (7): 759-765.

[5] Zheng Z, Qiang L, Yang T, et al. Preparation of microencapsulated ammonium polyphosphate with carbon source-and blowing agent-containing shell and its flame retardance in polypropylene[J]. Journal of Polymer Research, 2014, 21(5): 443.

[6] Wang Z, Wu K, Hu Y. Study on flame retardance of co-microencapsulated ammonium polyphosphate and dipentaerythritol in polypropylene[J]. Polymer Engineering & Science, 2008, 48(12): 2426-2431.

[7] Wu K, Song L, Wang Z, et al. Microencapsulation of ammonium polyphosphate with PVA-melamine-formaldehyde resin and its flame retardance in polypropylene[J]. Polymers for Advanced Technologies, 2008, 19(12): 1914-1921.

[8] Chang S, Zeng C, Yuan W, et al. Preparation and characterization of double-layered microencapsulated red phosphorus and its flame retardance in poly (lactic acid) [J]. Journal of Applied Polymer Science, 2012, 125(4): 3014-3022.

[9] Salaün F, Creach G, Rault F, et al. Microencapsulation of bisphenol-A bis (diphenyl phosphate) and influence of particle loading on thermal and fire properties of polypropylene and polyethylene terephtalate[J]. Polymer Degradation and Stability, 2013, 98(12): 2663-2671.

[10] Wu K, Wang Z, Liang H. Microencapsulation of ammonium polyphosphate: preparation, characterization, and its flame retardance in polypropylene[J]. Polymer Composites, 2008, 29(8): 854-860.

[11] 韩申杰, 吕少一, 陈志林, 等. 微胶囊化聚磷酸铵及其在木基材料中的应用[J]. 林产工业, 2018, 45(11): 31-36.

[12] 胡拉. 三聚氰胺-尿素-甲醛树脂微胶囊形成机理及性能研究[D]. 中国林业科学研究院博士学位论文, 2016.

[13] 胡拉, 吕少一, 傅峰, 等. 制备工艺对聚磷酸铵微胶囊性能的影响[J]. 塑料工业, 2015, 43(9): 95-98.

[14] 胡拉, 吕少一, 傅峰, 等. 三聚氰胺-甲醛树脂微胶囊成壁机理的探讨[J]. 热固性树脂, 2016(3): 35-38.

[15] Chuang C S, Tsai K C, Wang M K, et al. Effects of intumescent formulation for acrylic-based coating on flame-retardancy of painted red lauan thin plywood[J]. Wood Science and Technology, 2008, 42(7): 593-607.

[16] Chuang C S, Tsai K C, Wang Y C, et al. Impact of wetting and drying cycle treatment of intumescent coatings on the fire performance of thin painted red lauan plywood[J]. Journal of Wood Science, 2010, 56(3): 208-215.

[17] 冯建稳, 王奉强, 孙理超, 等. MUF-PVAc 共混树脂基膨胀型水性木材阻燃涂料的研究[J]. 北京林业大学学报, 2012, 34(4): 160-164.

[18] 王奉强, 张志军, 王清文, 等. 膨胀型水性改性氨基树脂木材阻燃涂料的阻燃和抑烟性能[J]. 林业科学, 2007, 43(12): 117-121.

[19] Chuang C S, Tsai K C, Yang T H, et al. Effects of adding organo-clays for acrylic-based intumescent coating on fire-retardancy of painted thin plywood[J]. Applied Clay Science, 2011, 53(4): 709-715.

[20] 郑崇微. 膨胀型木材阻燃涂料的研制[J]. 山西化工, 2004, 24(2): 56-57.

[21] 韩晓宁, 丁璐, 胡源, 等. 微胶囊化阻燃剂对防火涂料的性能影响[J]. 消防科学与技术, 2011, 30(7): 631-634.

[22] Wang W, Zhang W, Zhang S, et al. Preparation and characterization of microencapsulated ammonium polyphosphate with UMF and its application in WPCs[J]. Construction and Building Materials, 2014, 65(9): 151-158.

[23] 马长城. 氢氧化铝微胶囊的制备及在 WPC 中的应用研究[D]. 福建农林大学硕士学位论文, 2014.

[24] 李娜, 鲍远志, 翁世兵, 等. 微胶囊红磷在木塑复合材料中的阻燃研究[J]. 林产工业, 2016, 43(7): 28-31.

[25] 罗文圣. 一种含有氨基树脂的阻燃剂及其制备方法[P]: 中国, CN 201010607138. X. 2010.

[26] 吴子良, 黎小波, 左艳仙, 等. 一种阻燃中密度纤维板用微胶囊型阻燃剂及其制备方法[P]: 中国, CN 103056941A. 2013.

[27] 罗文圣, 夏元洲. 无机阻燃剂阻燃刨花板的研究[J]. 建筑人造板, 1994, (3): 3-7.

第六章　微胶囊的纳米改性技术

随着功能微胶囊的应用日益广泛，普通微胶囊已不能满足某些特殊场合的使用需求。微胶囊技术用于包覆低分子量药物、挥发性香料和愈合剂等特殊芯材时，要求壁材具备很低的渗透性，氨基树脂等常规壁材可以在一定时期内阻止芯材物质的释放，然而对于实际应用而言芯材释放仍然过快，壁材的阻隔性能仍需提高[1,2]。高强度或强度可控的液体芯材微胶囊一直是材料和生命科学领域的研究热点，潜在的应用领域包括自愈材料、生物医学材料、成像技术、传感器、药物输送和食品添加剂，如何利用绿色环保材料来精确增强壁材是功能微胶囊进一步发展面临的挑战[3]。

纳米材料一般是指在三维空间中至少有一维处于纳米尺度范围（1～100nm）的材料，具有小尺寸效应、量子效应、表面效应及优良的物理、力学、电学、磁学等特性，在精细陶瓷、微电子学、生物工程、化工、医学等领域应用前景广阔[4]。利用纳米材料对微胶囊进行改性处理，具有改性效果显著、工艺简单、绿色环保等优势[5]。纳米材料种类繁多，依据材料成分可分为无机纳米材料、有机纳米材料和金属纳米材料。其中，二氧化硅（SiO_2）、二氧化钛（TiO_2）和氧化铝（Al_2O_3）等纳米无机氧化物无毒环保、来源广泛，是最常用的纳米改性材料，在材料增强改性和功能化处理中应用广泛[6]。同时，碳纳米管、石墨烯等新型纳米碳材料的开发和应用为未来材料和器件的发展带来了新的机遇，将在功能微胶囊的纳米改性技术中扮演重要角色[7]。

纳米纤维素是一类绿色环保、来源广泛的天然高分子纳米材料[8]，可通过生物法、物理法及化学法从植物纤维素、细菌纤维素及被囊类动物纤维素中制得。纳米纤维素质轻、力学性能优异、透光性佳、热膨胀系数低，且具有生物降解性和可再生性，与其他纳米增强材料相比具有独特的优势。普通有机聚合物膜片的杨氏模量一般低于5GPa。而纯纳米纤维素制成干膜，其杨氏模量可超过140GPa，抗张强度1.7GPa[9]。纳米纤维素作为增强材料添加到各种聚合物材料中可以显著提高材料的力学性能。纳米纤维素表面具有丰富的羟基，与基体材料易于形成化学结合，还可以进行多种功能化改性处理。纳米纤维素具有优良的层层自组装和成膜特性，非常适用于微胶囊包覆技术。纳米纤维素作为一种新型纳米级改性单元，在功能微胶囊领域具有一定的应用潜力。

第一节　微胶囊纳米改性技术简介

一、纳米材料改性微胶囊的优势

功能微胶囊一般由壁材和功能型芯材组成，其中壁材是决定微胶囊物理力学性能、稳定性及耐久性的主要组分。微胶囊壁材物质的种类有很多，包括天然高分子材料、半合成高分子材料、合成高分子材料及无机材料四大类。总体而言，高分子壁材成膜性好、工艺可控性强，但普遍存在热导率低、易破损、耐久性差、强度低等问题；无机壁材的强度、传热性、耐热性、耐腐蚀性优于高分子壁材，但存在成膜性不好、制备工艺复杂等不足[10]。因此，实际生产应用中大多使用高分子壁材。利用纳米材料改性技术制备复合壁材能够充分发挥纳米材料和高分子材料的优势，提高微胶囊的综合性能。

功能微胶囊的高分子壁材一般是由单体聚合而成，内部结构通常呈网状，其网状间的微孔尺寸和纳米材料恰好处于相同数量级。纳米材料可以镶嵌在其微孔中与壁材形成一个整体，可以有效缓解外界冲击或者材料本身存在的力学缺陷等问题，从而有效降低其囊壁破损率，提高微胶囊的强度和稳定性[11]。同时，选用纳米氧化钛、纳米氧化铁等具有抗菌、吸收紫外线、磁性等功能特性的纳米材料作为改性单元，还可以赋予微胶囊以特殊的功能特性。纳米材料经合适的表面预处理后在溶液中具有良好的分散性和稳定性，用于改性微胶囊时一般不需要调整原有的壁材聚合工艺，改性工艺简单。

二、纳米材料改性微胶囊的原理

无机纳米颗粒是最常见的一类纳米材料。在利用无机纳米颗粒对微胶囊壁材进行改性之前，通常需要对纳米材料进行表面处理，使其与微胶囊壁材物质具有较好的相容性，以提高纳米颗粒与壁材物质的结合效率。当微胶囊选用水溶性壁材物质时，需要对无机纳米颗粒进行亲水改性；当选用油溶性壁材物质时，则进行疏水改性。为了使纳米颗粒更好地向微胶囊成壁反应的界面聚集，可以制备同时含有亲水性基团和疏水性基团的“双亲性”无机纳米颗粒。“双亲性”无机纳米颗粒类似于乳化剂，在壁材形成过程中会趋于聚集在油水界面参与反应，通过调节亲水性基团和疏水性基团的比例可以使改性纳米颗粒适用于水包油(O/W)或油包水(W/O)反应体系。

无机纳米颗粒接近球形，在壁材中能较为均匀地分散填充于壁材物质中，提高壁材的强度、密实程度和热稳定性。图 6-1 给出了纳米 SiO_2 改性甲基丙烯酸甲酯-丙烯酸共聚物/石蜡微胶囊的原理示意图[10]：石蜡与乳化剂在高速分散条件下形成稳定的 O/W 型乳液，在乳液中加入经硅烷偶联剂(KH-570)改性的纳米 SiO_2 和甲基丙烯酸甲酯/丙烯酸单体混合液；依据极性相似相容原理，在搅拌过程中改性纳米 SiO_2 和单体会不断进入石蜡乳胶粒并均匀包裹在石蜡液滴表面，在引发剂作用下单体双键及 SiO_2 表面双键聚合，获得由有机-无机复合壁材包覆的石蜡微胶囊。

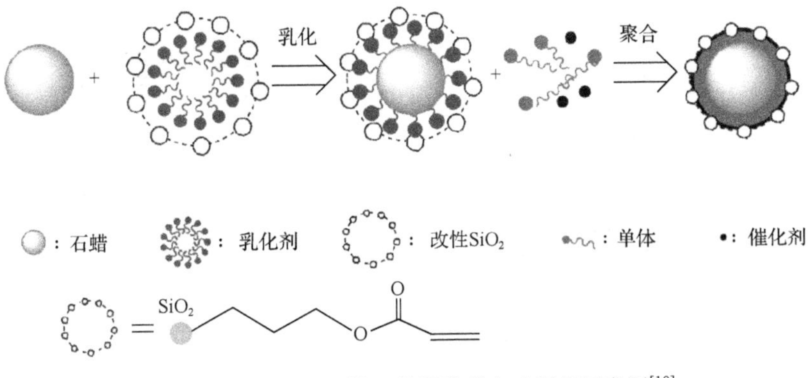

图 6-1　纳米 SiO_2 改性石蜡微胶囊合成原理示意图[10]

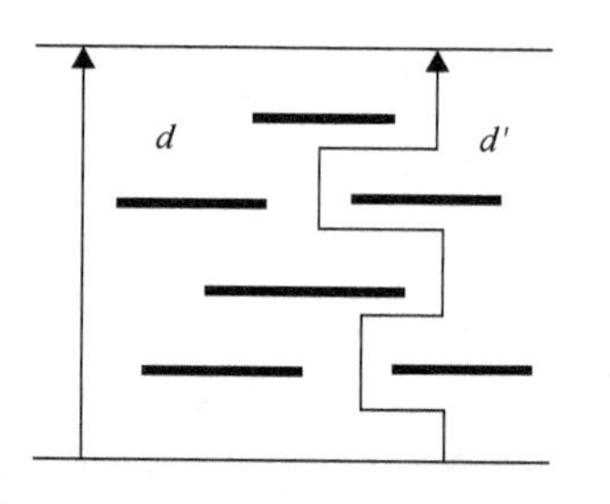

图 6-2　层状纳米材料对微胶囊壁材阻隔作用示意图[2]

d. 壁材厚度；*d′*. 芯材物质释放移动最小距离

层状纳米材料是一类结构较为特殊的纳米材料。它具有规整的二维层板结构，二维层板定向有序排列形成三维晶体结构；层板内原子之间以共价键的形式相互连接，层与层之间则以范德华力或静电引力相互作用[12]。按照层板所带电荷的不同，层状纳米材料可以分为阴离子型(如层状双氢氧化物、层状类水滑石)和阳离子型(如层状蒙脱土、层状过渡金属氧化物)及中性(如层状硫化物)三大类。如图 6-2 所示，利用层状纳米材料改性微胶囊壁材时，由于其特殊的层状结构，将会明显增加芯材释放的移动距离，提高微胶囊壁材对芯材的阻隔性。层状纳米材料改性功能微胶囊的工艺技术与无机纳米颗粒类似，即在微胶囊合成过程中将层状纳米材料分散于壁材溶液中进行共聚反应。

纳米碳材料主要包含富勒烯、碳纳米管、石墨烯和纳米介孔碳等，具有稳定性好、强度高、比表面积大和来源丰富等优点，并以其独特而优异的力学、电学和热学等性质在纳米材料领域占有不可替代的地位和作用[13]。目前用于功能微胶囊改性的主要为碳纳米管和石墨烯。纳米碳材料表面呈惰性，化学稳定性高，纳米单元之间存在范德华力等结合力，因而在溶液中的分散性较差，易于团聚。为了获得稳定的纳米碳材料悬浮液，通常需要对其进行表面修饰，分为共价化学修饰法和表面活性剂非共价修饰法两类方法[14,15]。微胶囊合成过程中，经过改性处理的纳米碳材料吸附在芯材表面与成壁物质形成复合壁材，提高了微胶囊的稳定性，改善了微胶囊壁材的电学、热学等功能特性。

图 6-3 所示为碳纳米管改性聚电解质微胶囊的原理示意图及微胶囊微观形貌[16]。碳纳米管在原子力显微(atomic force microscope，AFM)图像中呈典型的网状形态，其经聚(4-苯乙烯磺酸钠)稳定化处理后，嵌入聚(丙烯胺盐酸盐)中形成复合壁材。

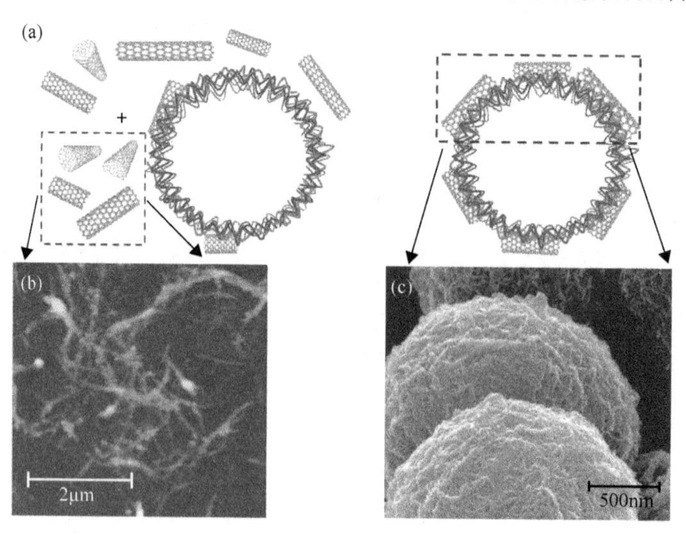

图 6-3　碳纳米管改性聚电解质微胶囊的形成原理及形貌[16]

(a)碳纳米管/聚电解质微胶囊形成示意图；(b)碳纳米管的 AFM 图像；(c)微胶囊的 SEM 图像

纳米纤维素又可以分为纳米纤维素晶体(cellulose nanocrystals，CNC)和纳米纤维素纤丝(cellulose nanofibrills，CNF)。其中CNF尺寸较大、分布宽，其长度可达数百微米，一般不宜用于微胶囊改性处理；而CNC的尺寸较小、分布窄，一般为长度100～300nm、直径3～20nm，具有更高的结晶度和强度，在功能微胶囊改性中应用潜力大。CNC分子链上具有丰富的羟基，亲水性强，在水溶液中分散性好，因而一般用于水包油型微胶囊体系的改性处理。同时，利用生产中常用的酸解法制备的CNC在水溶液中显负电性，进一步增加了其分散体系的稳定性，且在静电吸引作用下可以与显正电性的氨基树脂预聚物分子等单体实现良好结合。CNC不仅可以通过与成壁物质的共聚反应生成复合壁材，还能通过自身的层层自组装特性实现对微胶囊壁材的增强处理[3,17]。

第二节　无机纳米材料改性功能微胶囊

一、纳米无机氧化物改性微胶囊

纳米SiO_2具备高表面活性、优异的分散性及良好的耐热、耐老化性，是增强高分子壁材性能的优良材料。纳米SiO_2易于进行疏水、疏油处理，能很好地满足各种功能微胶囊的改性需求。利用经硅烷偶联剂(KH-570)改性纳米SiO_2对甲基丙烯酸甲酯-丙烯酸共聚物/相变石蜡进行改性处理，质量分数为3%(占壁材物质比例)时微胶囊的热分解温度提高约40℃，1000次热循环测试中石蜡渗透率由18.82%下降至2.66%[10]。通过溶胶-凝胶法在三聚氰胺-尿素-甲醛树脂/石蜡微胶囊表面进行纳米SiO_2改性处理，所制备的改性微胶囊的亲水性、耐热性能和机械强度均有提高[18]。

纳米金属氧化物是一类具有高强度、高稳定性的纳米材料，与微胶囊壁材复合后可以明显增强微胶囊的强度、稳定性和耐久性。将经过预分散的纳米Al_2O_3嵌入三聚氰胺-甲醛树脂/石蜡微胶囊壁材，可以使微胶囊的初始热分解温度提高20℃[19]。利用纳米压痕技术对纳米Al_2O_3改性尿素-甲醛树脂/双环戊二烯微胶囊的壁材进行微观力学性能表征，发现纳米Al_2O_3的加入使尿素-甲醛树脂壁材的微观弹性模量和硬度分别提高了46.4%和150%[20]。纳米TiO_2对尿素-甲醛树脂的增强改性处理可以有效减少吸水性，提高热稳定性，增加力学强度，改善密封性能，从而提高微胶囊的使用寿命[21]。

二、层状纳米材料改性微胶囊

纳米蒙脱土是一类原料来源丰富、性能优良、价格低廉及改性效率高的纳米材料，应用非常广泛[22]。如上一节内容所述，利用纳米蒙脱土改性功能微胶囊时，由于其结构特殊会在壁材中形成层状阻隔屏障，有利于提高壁材对芯材的阻隔性能。将酸改性蒙脱土加入尿素-甲醛树脂预聚物乳液中，通过原位聚合法制备改性双环戊二烯微胶囊[2]：利用透射电镜可以观察到蒙脱土成功嵌入脲醛树脂壁材中(图6-4)，红外光谱、透射电镜和X射线衍射测试进一步证实了这一观测结果；改性处理显著提高了微胶囊的热稳定性及阻隔性能。

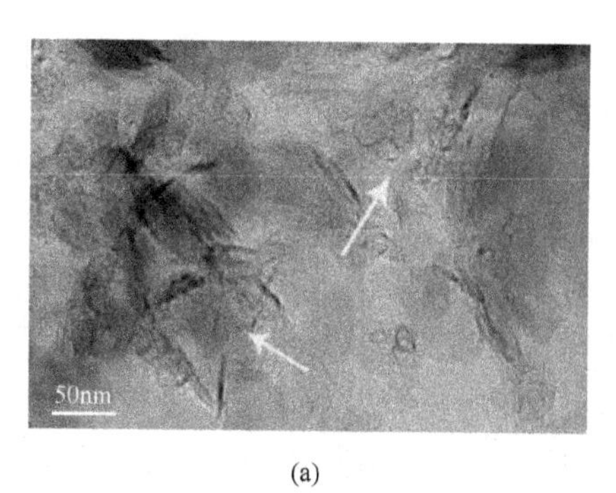

(a)

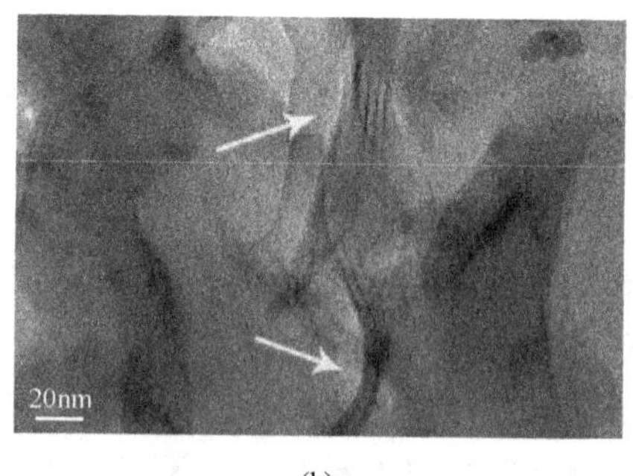

(b)

图 6-4　酸改性蒙脱土在微胶囊壁材中的分布(TEM 图像)[2]

三、纳米碳材料改性微胶囊

碳纳米管具有优良的力学和热学性能，将其加入壁材中形成棒状增强单元，有利于改善微胶囊的强度和导热性。将碳纳米管进行功能化预处理，可以赋予复合壁材特殊的功能特性。将经过酸化预处理的碳纳米管在三聚氰胺-甲醛预聚物中进行超声分散，利用原位聚合法制备改性石蜡相变微胶囊[23]：碳纳米管在壁材中的掺杂改性提高了微胶囊的芯材含量和热稳定性；相变微胶囊添加 2.87%(相对于壁材质量)的碳纳米管后，导热系数由 0.271W/(m·K)上升至 0.356W/(m·K)，导热性显著提高，有利于改善其过冷现象。尿素-甲醛树脂/双环戊二烯微胶囊经碳纳米管改性后，微观弹性模量和硬度分别由 2.78GPa 和 0.06GPa 提高至 3.17GPa 和 0.08GPa[20]。以经聚-4-苯乙烯磺酸钠预处理的碳纳米管为改性单元，利用层层自组装法制备改性聚电解质微胶囊[16]。碳纳米管在壁材中形成网状结构(图 6-5)，有利于提高微胶囊的力学强度和稳定性；改性壁材在紫外-近红外光谱波段具有广泛吸收性，使微胶囊可以进行点式激活和激光打开等微细加工，属于一种新型的光寻址微容器。

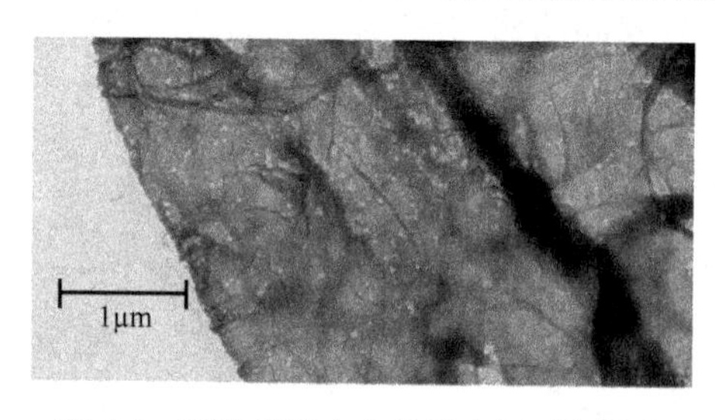

图 6-5　碳纳米管在改性聚电解质微胶囊壁材中的分布(TEM 图像)[16]

石墨烯是目前世界上最薄的二维材料，单层厚度仅为 0.3354nm，是构成富勒烯、碳纳米管、金刚石及石墨块材等碳材料的基本单元。石墨烯上长程有序的键电子结构，使其有独特的电学性能、热性能和力学性能，石墨烯在室温下的载流子迁移率达 $1.5\times10^4cm^2/(V\cdot s)$，理论热导率达 5000W/(m·K)，机械强度可达 130GPa[15]。石墨烯改性处理可以提高微胶囊的强度，改变壁材的电磁学特性。石墨烯的独特热学特性使其非常适用于相变储能微胶囊的改性处理。将石墨烯或氧化石墨烯加入三聚氰胺-甲醛树脂相变微胶囊的壁材中，可以显著提高相变微胶囊的热导率，赋予其优异的光热转化特性，在太阳能热利用系统中具有很大的应用潜力[24,25]。

第三节　纳米纤维素改性功能微胶囊

作为自然界来源最为丰富的一类纳米材料，纳米纤维素具有良好的生物相容性、可生物降解等优点，是一类力学性能优异、反应活性高且来源广泛的绿色纳米材料，是功能微胶囊纳米改性的理想材料。纳米纤维素一般分为纳米纤维素晶体(CNC)和纳米纤维素纤丝(CNF)，其特有的生物降解性和低细胞毒性，在生物医学领域极具应用潜力。利用CNC和CNF(长度<1μm)复合纳米材料对聚氨酯/正十六烷微胶囊进行增强改性处理，形成的复合壁材具有类似于黄瓜植株细胞初生壁的结构(图6-6)，CNC/CNF添加量为17%时改性微胶囊的弹性模量(AFM进行测试)增加至未改性微胶囊的6倍[3]。CNC可以和疏水性药物(如姜黄素)形成良好的结合。利用CNC和壳聚糖之间互补的静电和氢键作用，通过层层自组装反应可以制备出具有运载疏水性药物功能特性的微胶囊[17]。

(a)

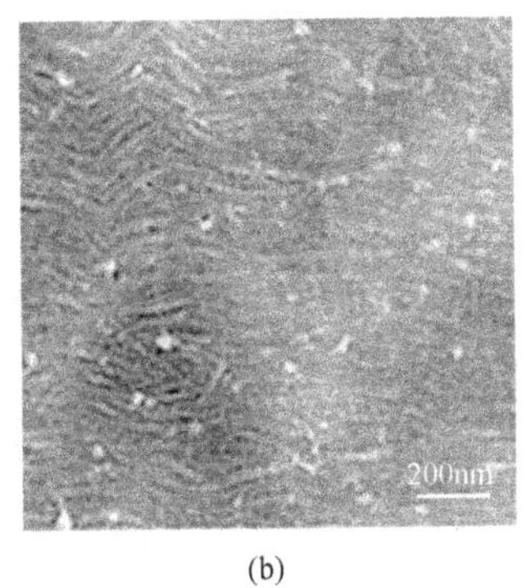

(b)

图6-6　纳米纤维素(CNC/CNF)改性正十六烷微胶囊(a)和黄瓜植株细胞初生壁(b)的微观形貌[3]

下面以三聚氰胺-尿素-甲醛(MUF)树脂为壁材，玻璃微珠和四氯乙烯分别为代表性固体和液体芯材，苯乙烯-马来酸酐共聚物(SMA)为乳化剂，探讨CNC改性微胶囊的合成工艺及性能，为今后纳米纤维素在微胶囊领域的应用奠定基础[26-28]。

一、固体芯材的纳米改性微胶囊

激光粒度仪测试所得CNC粒径分布情况如图6-7(a)所示。CNC的分散指数(polydispersity index，PdI)为0.381，表明CNC在MUF预聚体中分散良好，没有出现大颗粒物质。同时，CNC尺寸小，等效平均直径仅为85.31nm，小于100nm。CNC在MUF预聚体中的均匀分散，为其增强改性微胶囊壁材提供了良好的条件。图6-7(b)为CNC的X射线衍射曲线。CNC的最强峰出现在$2\theta=22.6°$处，为典型的纤维素I特征峰[29]。在$2\theta=14.9°$和$2\theta=15.2°$处的特征峰也归属于纤维素I晶型结构。依据衍射峰强度计算可知，CNC结晶度为74.3%。

不加乳化剂条件下，玻璃微珠芯材表面生成由大颗粒树脂聚集而成的不规则壁材(图6-8)。然而，加入CNC以后，壁材物质悬浮在溶液中，未能沉积至芯材表面。这是由于本试验中CNC是经硫酸水解法制得，引入了部分硫酸根基团而显弱的负电性，与显正电性的 MUF 预聚物分子存在静电吸引力，影响了壁材在芯材表面的沉积。因此，加入乳化剂，在芯材表面形成有效原位聚合点，对 CNC 改性微胶囊的合成是必要的。

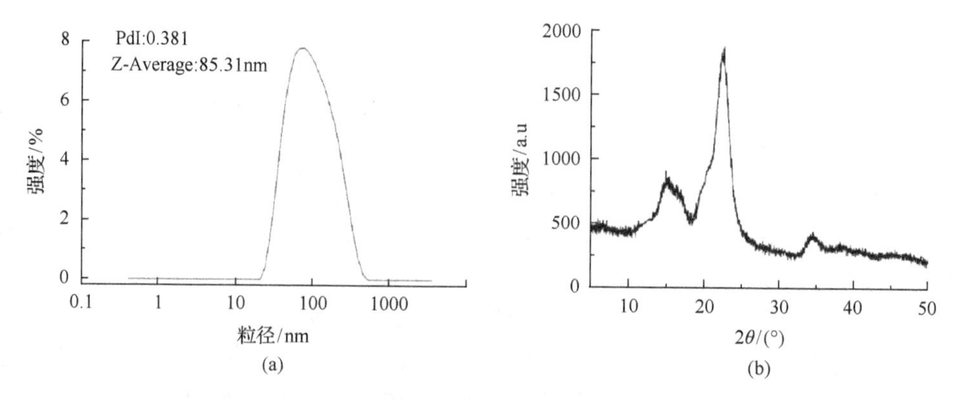

(a)　(b)

图 6-7　纳米纤维素的粒径分布(a)及 X 射线衍射曲线(b)

(a) 不加CNC　(b) CNC(0.05%)

图 6-8　未加乳化剂条件下 CNC 加入对微胶囊微观形貌的影响

不同乳化剂浓度条件下，CNC 质量分数为 0.5%时所得微胶囊壁材的微观形貌如图 6-9 所示。从图中可以看出，乳化剂质量分数显著影响着微胶囊壁材的微观形貌。乳化剂是决定壁材物质在芯材表面沉积的重要因素，随着乳化剂质量分数的增加，玻璃微珠表面生成的壁材趋于平整，厚度也明显减小。在乳化剂质量分数为 0.2%时，在高倍扫描电镜下可观察到壁材是由纤维状物质与颗粒状树脂相互交联而成，表明原位聚合过程中 CNC 与 MUF 结合形成了复合壁材。

(a) 0.2%，×600

(b) 0.2%，×50 000

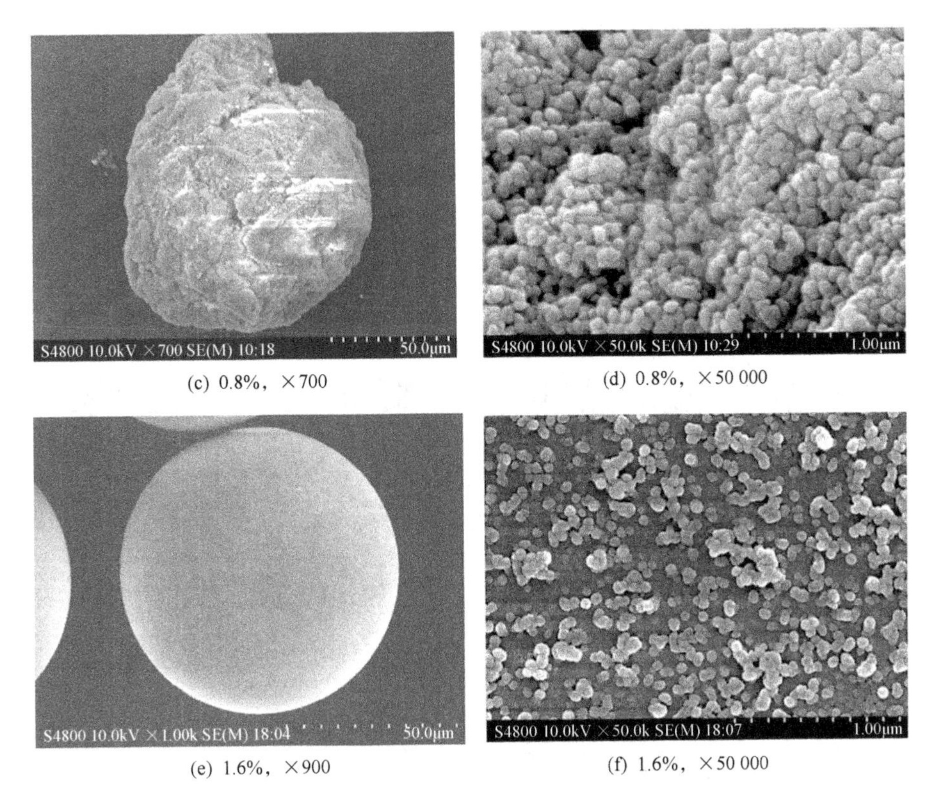

(c) 0.8%，×700　(d) 0.8%，×50 000

(e) 1.6%，×900　(f) 1.6%，×50 000

图 6-9　不同乳化剂质量分数条件下 CNC 改性微胶囊的微观形貌

二、液体芯材的纳米改性微胶囊

图 6-10 所示为不同 CNC 添加量条件下所合成微胶囊的微观形貌及壁材含量。当 CNC/MUF(质量比)小于 1∶100 时，所合成的 CNC 改性微胶囊呈规则球形、形态完整，与未经改性的微胶囊相比没有明显变化。然而，微胶囊的壁材含量随着 CNC 质量分数的提高呈上升趋势，表明 CNC 的加入可以促进壁材在芯材表面的沉积。当 CNC/MUF 进一步提高至 1∶60 时，可观察到少量破裂的微胶囊，壁材含量也增加至 11.75%。当 CNC/MUF 达到 1∶20 时，破裂的微胶囊明显增多，壁材含量高达 51.70%。综合分析可知，微胶囊合成过程中 CNC 与 MUF 之间会发生结合影响壁材的生成。当 CNC 加入量较少时，CNC 与 MUF 之间的结合使壁材的生成效率提高；当 CNC 过量时，部分 MUF 与 CNC 结合形成悬浮微粒，影响壁材物质在芯材表面的沉积，导致微胶囊的强度降低。

微胶囊、CNC 及 CNC 改性微胶囊的红外光谱图如图 6-11 所示。在 CNC 的主要特征吸收峰中，3550cm^{-1} 和 3444cm^{-1} 处对应纤维素分子中羟基的伸缩振动，1634cm^{-1} 处归属于水分子中羟基的弯曲振动，2904cm^{-1}、1372cm^{-1} 和 1060cm^{-1} 归属于 C—H 结构，896cm^{-1} 为 C—O 振动特征吸收峰，1429cm^{-1} 和 1112cm^{-1} 处为结晶 I 型纤维素的特征吸收峰[30,31]。CNC 改性微胶囊的谱图与对照微胶囊相似，出现了 MUF 壁材和四氯乙烯芯材的特征吸收峰。同时，在 1116cm^{-1} 和 1060cm^{-1} 处还出现了新的吸收峰，可归属于壁材中的 CNC。红外光谱分析结果表明，原位聚合过程中形成了 CNC-MUF 复合壁材。

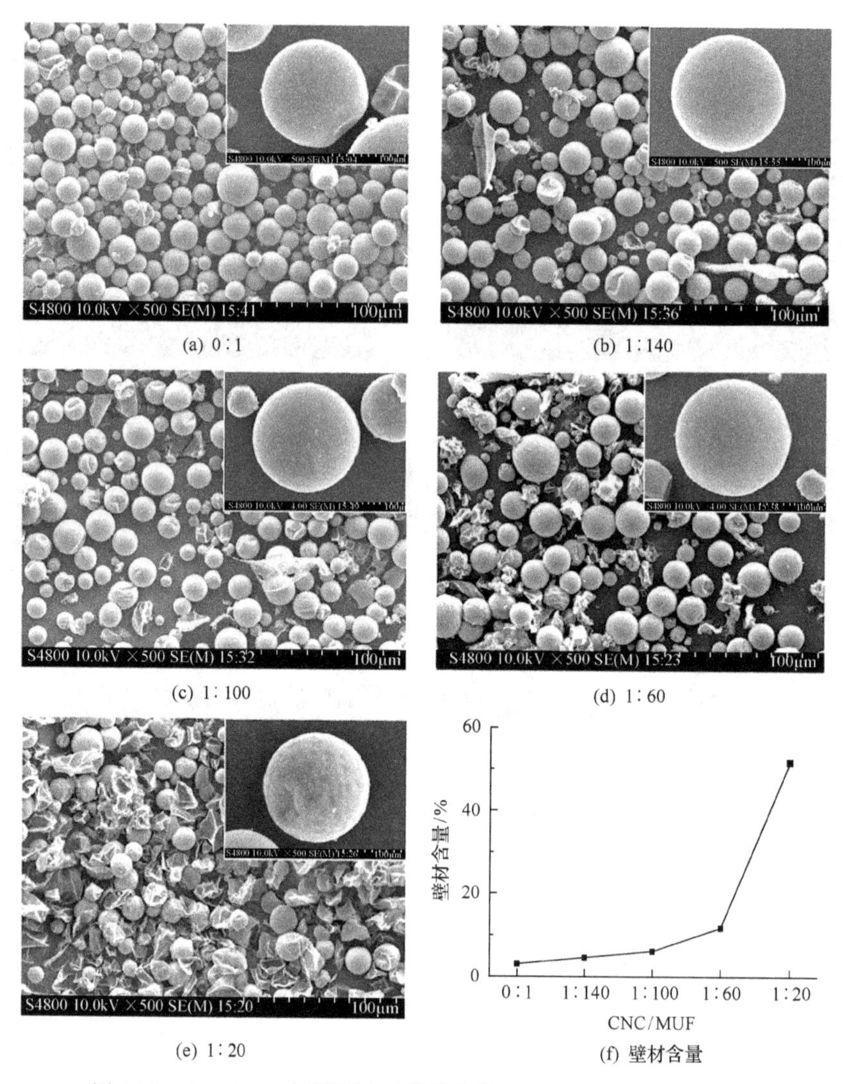

(a) 0∶1　(b) 1∶140　(c) 1∶100　(d) 1∶60　(e) 1∶20　(f) 壁材含量

图 6-10　CNC/MUF(质量比)对微胶囊微观形貌及壁材含量的影响

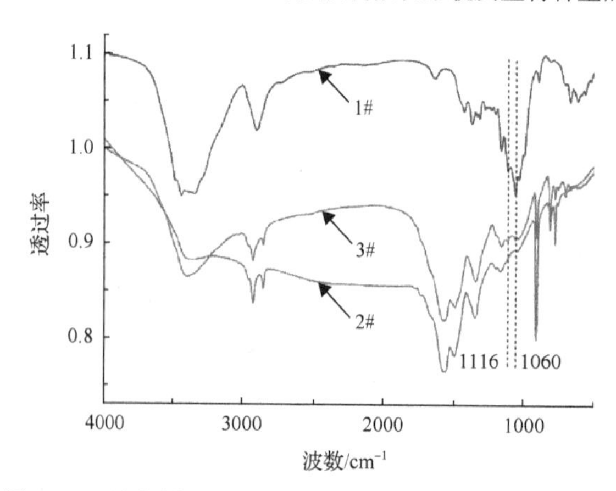

图 6-11　纳米纤维素改性四氯乙烯微胶囊的红外光谱图

1#. CNC；2#.微胶囊；3#. CNC 改性微胶囊

不同 CNC 添加量条件下合成的微胶囊平均粒径及粒径分布情况如图 6-12 所示。CNC/MUF 小于 1∶60 时，CNC 的加入对微胶囊粒径无明显影响，各组条件对应微胶囊的粒径在 10.36～11.56μm 波动。CNC/MUF 为 1∶20 时，CNC 浓度较高，溶液黏度增大，乳化剪切作用力相对减小，微胶囊粒径增大至 13.44μm。

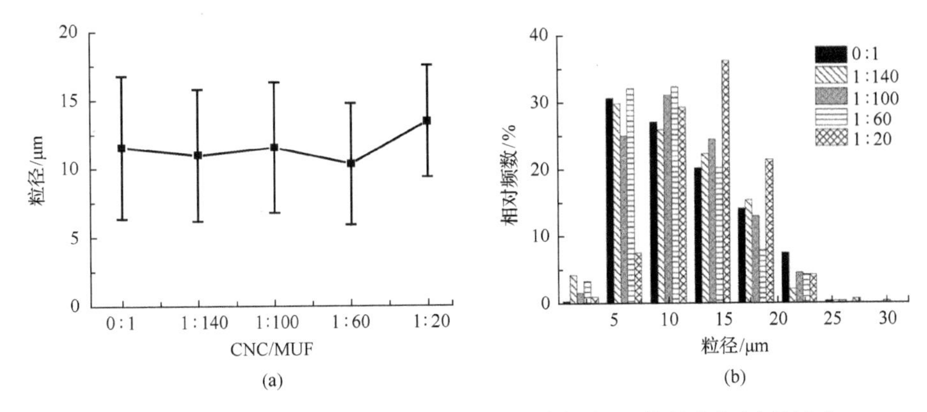

图 6-12　CNC/MUF（质量比）对微胶囊平均粒径(a)及粒径分布(b)的影响

CNC 改性微胶囊的热分解曲线如图 6-13 所示。CNC/MUF 小于 1∶60 时，CNC 改性微胶囊的热分解曲线与对照样接近，破裂温度均在 250℃附近，CNC 的加入未对微胶囊的破裂温度产生不利影响。CNC/MUF 为 1∶20 时，微胶囊的破裂温度降低了 20℃，强度明显下降，与微胶囊形貌观察结果（图 6-10）一致。

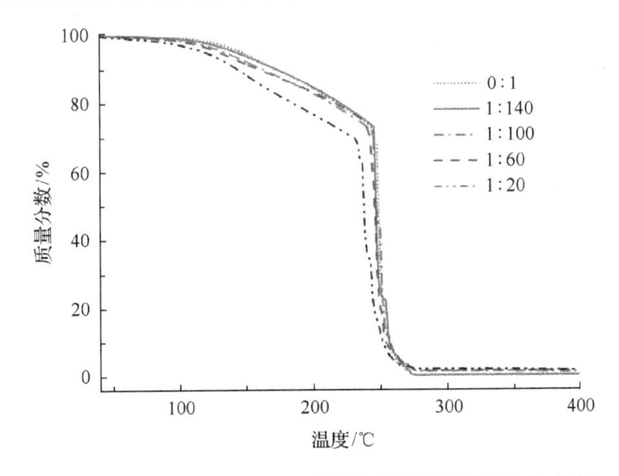

图 6-13　不同 CNC/MUF（质量比）微胶囊的热分解曲线

纳米压痕测试过程中，CNC 改性 MUF 胶膜的载荷-位移曲线如图 6-14 所示。从图中可以看出，CNC 改性 MUF 胶膜对应的最大压入位移明显小于对照胶膜，表明 CNC 的加入提高了胶膜的硬度；随着 CNC 用量的增加，最大位移进一步减小。依据曲线计算各个样品的弹性模量和硬度，结果如图 6-15 所示。MUF 胶膜的弹性模量和硬度分别为 12.71GPa 和 1.05GPa，高于文献[32,33]中报道的 UF 胶膜的测试值。CNC 改性 MUF 胶膜的硬度高于 MUF 胶膜，且随 CNC 用量的增多而呈上升趋势。CNC/MUF 小于 1∶100 时，CNC 改性 MUF 胶膜的弹性模量与 MUF 胶膜接近；当 CNC/MUF 提高至 1∶60，CNC

加入后胶膜的弹性模量明显增大。CNC/MUF 为 1∶60 时，CNC 改性 MUF 胶膜的弹性模量、硬度分别比对照样高出 10.4%和 14.8%。总体而言，研究结果证实 CNC 在 MUF 树脂中具有增强作用，主要得益于 CNC 的高强度和优异力学性能。Veigel 等[34]在研究中也发现，CNC 的加入可以明显提高木材用水性涂料的微观力学强度。

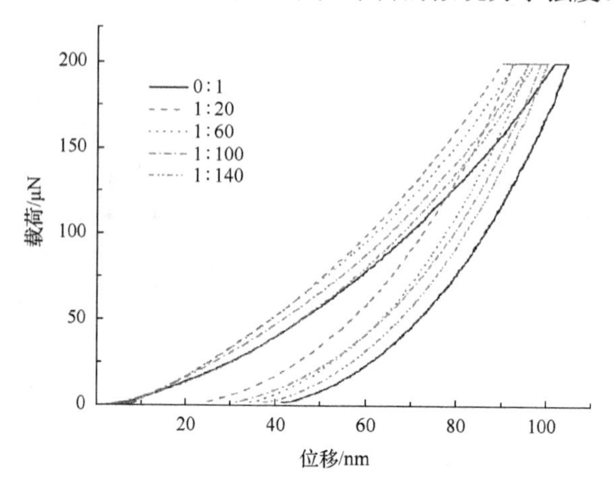

图 6-14　CNC 改性 MUF 胶膜的载荷-位移曲线图

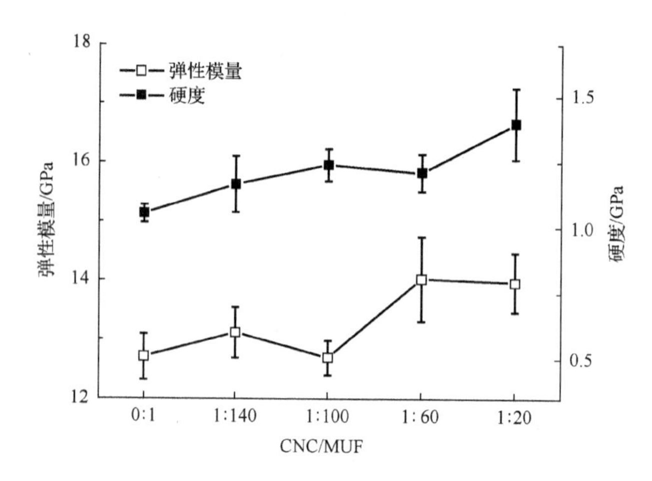

图 6-15　CNC 改性 MUF 胶膜的微观力学性能

参 考 文 献

[1] Sagis L M, Rd R, Miranda F J, et al. Polymer microcapsules with a fiber-reinforced nanocomposite shell[J]. Langmuir the ACS Journal of Surfaces & Colloids, 2008, 24(5): 1608-1612.

[2] Fan C, Zhou X. Preparation and barrier properties of the microcapsules added nanoclays in the wall[J]. Polymers for Advanced Technologies, 2009, 20(12): 934-939.

[3] Svagan A J, Musyanovych A, Kappl M, et al. Cellulose nanofiber/nanocrystal reinforced capsules: a fast and facile approach toward assembly of liquid-core capsules with high mechanical stability[J]. Biomacromolecules, 2014, 15(5): 1852-1859.

[4] 曹国忠. 纳米结构和纳米材料合成、性能及应用[M]. 北京: 高等教育出版社, 2012.

[5] 李乐园, 邹得球, 詹建. 纳米粒子复合相变微胶囊的制备及性能研究进展[J]. 化工新型材料, 2016, (6): 4-6.

[6] 田翠花, 吴义强, 罗莎, 等. 纳米材料与纳米技术在功能性木材中的应用[J]. 世界林业研究, 2015, 28(1): 61-66.

[7] Choudhary N, Hwang S, Choi W. Carbon Nanomaterials: A Review[A]//Bhushan B, Luo D, Schricker S, et al. Handbook of Nanomaterials Properties[M]. Berlin: Springer, 2014: 709-769.

[8] Kim J, Shim B S, Kim H S, et al. Review of nanocellulose for sustainable future materials[J]. International Journal of Precision Engineering and Manufacturing-Green Technology, 2015, 2(2): 197-213.

[9] 甄文娟, 单志华. 纳米纤维素在绿色复合材料中的应用研究[J]. 现代化工, 2008, 28(6): 85-88.

[10] 张秋香, 陈建华, 陆洪彬, 等. 纳米二氧化硅改性石蜡微胶囊相变储能材料的研究[J]. 高分子学报, 2015, (6): 692-698.

[11] Hasan A S, Socha M, Lamprecht A, et al. Effect of the microencapsulation of nanoparticles on the reduction of burst release[J]. Int J Pharm, 2007, 344(1-2): 53-61.

[12] 马莺, 陈玉萍, 徐林, 等. 一些层状纳米复合材料的制备和应用[J]. 无机化学学报, 2010, 26(4): 551-559.

[13] 李亚男, 何文军, 杨为民. 新型纳米碳材料的应用新进展[J]. 化工新型材料, 2014, (3): 179-182.

[14] 王宝民, 韩瑜, 宋凯. 碳纳米管分散性研究进展[J]. 材料导报, 2012, 26(7): 23-25.

[15] 乔玉林, 赵海朝, 臧艳, 等. 石墨烯的功能化修饰及作为润滑添加剂的应用研究进展[J]. 化工进展, 2014, 33(1): 216-223.

[16] Yashchenok A M, Bratashov D N, Gorin D A, et al. Carbon nanotubes on polymeric microcapsules: free-standing structures and point-wise laser openings[J]. Advanced Functional Materials, 2010, 20(18): 3136-3142.

[17] Mohanta V, Madras G, Patil S. Layer-by-layer assembled thin films and microcapsules of nanocrystalline cellulose for hydrophobic drug delivery[J]. ACS Applied Materials & Interfaces, 2014, 6(22): 20093-20101.

[18] 童晓梅, 张敏, 雷垒, 等. 纳米 SiO_2 和石墨改性相变储热微胶囊的研究[J]. 化工新型材料, 2010, 38(9): 128-130.

[19] Chen L, Zhang L Q, Tang R F, et al. Synthesis and thermal properties of phase-change microcapsules incorporated with nano alumina particles in the shell[J]. Journal of Applied Polymer Science, 2012, 124(1): 689-698.

[20] Ahangari M G, Fereidoon A, Jahanshahi M, et al. Effect of nanoparticles on the micromechanical and surface properties of poly(urea-formaldehyde) composite microcapsules[J]. Composites Part B, 2014, 56(5): 450-455.

[21] 时雨荃, 蔡明建. 无机纳米粒子填充相变微胶囊壁的研究[J]. 高分子材料科学与工程, 2006, 22(6): 201-204.

[22] 谢友利, 张猛, 周永红. 蒙脱土的有机改性研究进展[J]. 化工进展, 2012, 31(4): 844-851.

[23] 李军, 黄际伟, 李庆彪. 壁材掺杂碳纳米管的相变微胶囊的制备及热性能研究[J]. 功能材料, 2014, 45(2): 110-114.

[24] Chen Z, Wang J, Yu F, et al. Preparation and properties of graphene oxide-modified poly (melamine-formaldehyde) microcapsules containing phase change material n-dodecanol for thermal energy storage[J]. Journal of Materials Chemistry A, 2015, 3(21): 11624-11630.

[25] Liu J, Chen L, Fang X, et al. Preparation of graphite nanoparticles-modified phase change microcapsules and their dispersed slurry for direct absorption solar collectors[J]. Solar Energy Materials & Solar Cells, 2017, 159: 159-166.

[26] 胡拉. 三聚氰胺-尿素-甲醛树脂微胶囊形成机理及性能研究[D]. 中国林业科学研究院博士学位论文, 2016.

[27] 韩申杰, 傅峰, 吕少一, 等. 纳米纤维素在微胶囊中应用的进展[J]. 木材工业, 2018, 32(4): 22-26.

[28] Han S, Lyu S, Chen Z, et al. Fabrication of melamine-urea-formaldehyde/paraffin microcapsules modified with cellulose nanocrystals via in situ polymerization[J]. Journal of Materials Science, 2019, 54(9): 7383-7396.

[29] Jin E, Guo J, Yang F, et al. On the polymorphic and morphological changes of cellulose nanocrystals (CNC-I) upon mercerization and conversion to CNC-II[J]. Carbohydrate Polymers, 2016, 143: 327-335.

[30] Lamaming J, Hashim R, Leh C P, et al. Isolation and characterization of cellulose nanocrystals from parenchyma and vascular bundle of oil palm trunk (*Elaeis guineensis*)[J]. Carbohydrate Polymers, 2015, 134: 534-540.

[31] Tan X Y, Hamid S B A, Lai C W. Preparation of high crystallinity cellulose nanocrystals (CNCs) by ionic liquid solvolysis[J]. Biomass and Bioenergy, 2015, 81: 584-591.

[32] Park B, Frihart C R, Yu Y, et al. Hardness evaluation of cured urea-formaldehyde resins with different formaldehyde/urea mole ratios using nanoindentation method[J]. European Polymer Journal, 2013, 49(10): 3089-3094.

[33] Wang X, Li Y, Wang S, et al. Investigating the nanomechanical behavior of thermosetting polymers using high-temperature nanoindentation[J]. European Polymer Journal, 2015, 70: 360-370.

[34] Veigel S, Grüll G, Pinkl S, et al. Improving the mechanical resistance of waterborne wood coatings by adding cellulose nanofibres[J]. Reactive and Functional Polymers, 2014, 85: 214-220.

第七章　其他功能微胶囊

温致变色微胶囊和阻燃微胶囊在木质功能材料领域的应用有了较为深入的研究。除此之外，防腐微胶囊、释香微胶囊、储能微胶囊等也开始应用于木质材料。这些功能微胶囊的研究，为未来功能微胶囊与木质材料功能化的有机结合提供了一个良好的平台。因此，本章重点介绍了防腐、释香、储能微胶囊的概况及其在木质材料中的应用，以及中空、光致发光两类特殊功能微胶囊的研究进展，为下一步该类型的微胶囊在木质材料的应用提供一定的研究思路。

第一节　防腐微胶囊

一、防腐微胶囊的特点

在钢材、水泥、木材、塑料四大材料中，木材是唯一可再生且可循环使用的生物资源，已成为世界各国经济建设中的重要原料之一。木材具有容积重小、强重比大、耐久性好、耐冲击、纹理和色调丰富美观、健康环保、加工容易等诸多优点。但木材是生物材料，其细胞壁主要由纤维素、半纤维素和木质素组成，三者含量常常占到90%以上，这些组成成分也正是腐朽菌的主要营养来源[1]。因此木材在使用中常受到腐朽菌侵染，降低木材的使用寿命，缩短产品更换周期，从而加速了天然资源的过度采伐，对生态环境带来不利影响。因此，为防止木材遭到腐朽菌降解，需要采取一定的措施，延长木材的天然耐久性。目前，对木材进行防腐处理是延长其使用寿命、保护森林生态资源的最佳途径。

防腐剂主要通过化学的方法杀死有害微生物或者抑制其生长，从而达到防止腐朽或延缓腐朽时间的目的。通常情况下所指的防腐剂主要是指抑制微生物生长的物质。常用的木材防腐剂主要分为以下三类：①水载型(水溶性)防腐剂，即能溶于水或以水为载体的木材防腐剂，如铬化砷酸铜(CCA)、氨溶烷基胺铜(ACQ)、铜唑(CA-B)、铜硼唑(CB-A)、酸性铬酸铜(ACC)等；②有机溶剂(油载型、油溶性)防腐剂，是指含有杀虫剂、杀菌剂的复合物溶解于有机溶剂中形成的木材防腐剂，如五氯酚、百菌清、环烷酸铜、8-羟基喹啉酸铜等；③油类防腐剂，如防腐油、煤焦油、蒽油。上述木材防腐剂对植物和哺乳动物等有害，容易造成环境和健康问题。

防腐剂在处理木材的同时，由于其自身的毒性和抑制性，不可避免地会对环境造成伤害。若能对防腐剂进行包覆隔离，使其在使用过程中缓慢释放防腐剂，可以最大限度地减少防腐剂处理木材时出现的环境和健康危害。如果这项技术得到充分发展，将能够以有效的低剂量释放木材防腐剂，而不会释放游离化学物质进入环境。微胶囊技术是实现芯材(木材防腐剂)缓慢释放的有效途径之一，在木材防腐处理中具有很大的应用潜力。然而对于木材的孔径而言，微胶囊很难渗透进入木材内部，微胶囊包覆防腐剂一般限于木材表面应用[2]。目前，适用于包裹液体防腐剂的成膜剂可以分为两类：一类是适用的水溶性成膜剂包括甲基纤维素、羟乙基纤维素、羟丙甲基纤维素等；还有一类水不溶性成膜材料包括甲基丙烯酸酯树脂、烷基树脂、紫胶、水不溶性纤维素衍生物、呋喃树脂、石油烃聚合物树脂、异丁烯树脂、异氰酸酯树脂、密胺树脂、酚醛树脂、聚酰胺树脂、天然合成橡胶、苯乙烯树脂、脲醛树脂、乙烯树脂、天然或合成蜡和酪蛋白等。

二、防腐微胶囊在木质材料中的应用

Hayward 等[3]在专利中指出微胶囊化有机防腐剂的优点：降低防腐剂在使用中对操作者产生的毒性或敏感性，并且可以有效地渗透到木材中；防腐剂的有效剂量能够保留更长时间，同时减少活性物质的扩散或降解，达到缓慢释放，延长使用期限的目的。专利中所用微胶囊制备方法为，将有机防腐剂溶于包含反应性油溶性预聚物的非水溶性溶剂中，在含有反应性聚合引发剂的水相中乳化油，在油水界面处通过界面聚合作用形成微胶囊悬浮液。此外，封装的有机防腐剂可以与其他水溶性杀生物剂混合使用，如季铵化合物金属盐或硼盐，或其他渗透助剂如脂肪胺氧化物等。通过喷雾、浸渍等方式能够将防腐剂微胶囊悬浮液应用于木质材料表面，也可通过加压浸注处理方式将微胶囊防腐剂渗入木材内部。当加压处理辐射松木材(MC=10%～15%)时，联苯菊酯微胶囊粒径显著影响其在木材中的渗透性。当平均载药率约为 100g/m^3 时，随着联苯菊酯微胶囊的平均粒径由 20μm 逐渐降低至 3.3μm，木材内部的微胶囊渗入量由 8.8g/m^3 增加至 111g/m^3，木材外部的微胶囊渗入量由 27.4g/m^3 增加至 85.4g/m^3。

近年来，伴随着纳米技术的迅速发展，有学者提出了“纳米微胶囊技术”的概念。纳米微胶囊，即具纳米尺寸的微胶囊，其颗粒足够小以至于能够渗入木材内部。其中，纳米防腐微胶囊正被应用于木质材料的保护处理领域。与微米级颗粒相比，微纳米粒子的粒径在 1～1000nm，其应用在木材中，具有更好的渗透性和抗流失性。Liu 等[4]成功地将防腐剂戊唑醇、百菌清分别掺入到中值粒径为 100～250nm 的聚乙烯基吡啶和聚乙烯基吡啶-苯乙烯共聚物聚合物纳米粒子中，使得防腐剂几乎定量地结合到纳米颗粒中。中值粒径随防腐剂和聚合物基质的含量变化而变化，但均低于 200nm。将防腐剂引入聚合物纳米颗粒中制备以水为载体的悬浮液，常规压力下浸渍处理木材，成功地将防腐剂引入实木中。在木材中，聚合物基质作为防腐剂的储存器，控制其在木材中的释放。当聚合物纳米粒子引入南方松时，百菌清和戊唑醇均显示出对木材褐腐菌(*Gloeophyllum trabeum*)的生物杀菌效果。当有效成分(AI)的载药率为 0.1kg/m^3 木材时，戊唑醇显示出杀菌作用，而当基质为聚乙烯基吡啶-苯乙烯，AI 的载药率为 0.5kg/m^3 木材时，百菌清显示出杀菌作用。木材防腐性能测试表明 AI 通过聚合物基质引入木材可能比通过溶液或液体-液体乳液引入木材时更有效，这可能是因为其优先递送到易于降解的木材内部，或者纳米颗粒仅发送较少的环境降解或浸出。在后续的研究中，通过改性基质聚合物，形成“自稳定”型乳液，能够代替添加型乳化剂，从而能够进一步减小纳米粒子的粒径，并延长悬浮液的储存期，由不足 1 个月延长至 6 个月[5]。

Salma 等[6]通过甲基丙烯酸甲酯聚合物(MMA)接枝明胶的双亲性共聚物制备含有防腐剂戊唑醇的核/壳纳米颗粒。纳米颗粒基质制剂是由质量比为 1∶1、1∶2 和 1∶3 的明胶和 MMA 构成，分别称为 G1M、G2M 和 G3M 的纳米颗粒，得到理论上越来越大的聚(甲基丙烯酸甲酯)(PMMA)芯。在基质质量为 1.5%～15%的水中进行接枝，得到中值粒径范围为 10～100nm 的核/壳纳米粒子。该纳米粒子的粒径范围受组成、制备工艺和后处理等因素决定。在这些条件下，最高固体含量是基质固体质量的 10%，在纳米颗粒尺寸和纳米颗粒产率之间达到平衡。通过 TEM(图 7-1)观察到粒径为 100nm 的纳米颗粒，该制剂具有防腐剂浸出显著减少，同时保留对褐腐菌的生物学功效等特点。在后续的研究中，通过用质量分数 2%的甲基丙烯酸 2-羟乙酯(HEMA)代替 MMA，即 1 份明胶、1.96 份 MMA 和 0.04 份 HEMA，改进了 G2M 配方，得到亲水性略好的核，该制剂被指定为 G2M-H。在 G2M-H 制剂中，将戊唑醇含量降低至纳米颗粒的理论质量的 21%。通过其他丙烯酸类单体如 HEMA 的共聚，可以便捷地改变体系配方，表明杀生物剂释放速率可以“调整”，从而能够将该方法应用于其他防腐剂。

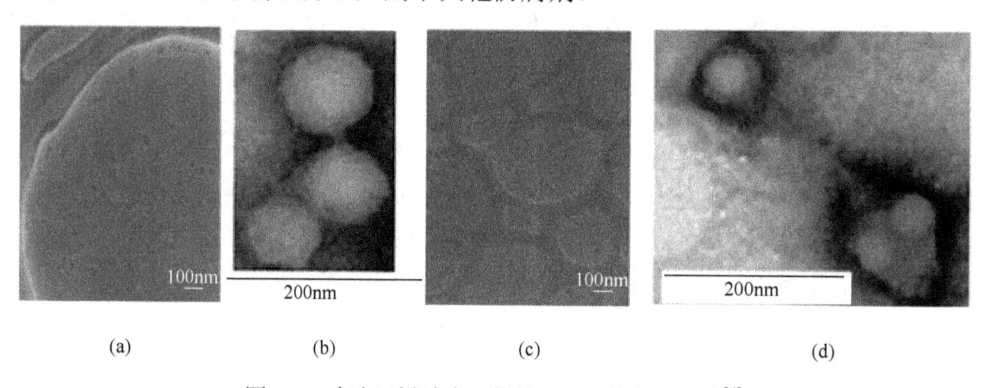

(a)　(b)　(c)　(d)

图 7-1　冷冻干燥纳米颗粒的透射电镜显微照片[6]

(a)质量分数 1.5%制成的 G1M；(b)质量分数 10%制备未冷冻干燥的 G1M；(c)质量分数 1.5%制备并冷冻干燥的 G2M；(d)质量分数 10%制备未冷冻干燥的 G2M

Ding 等[7]进一步使用一步法和一锅法合成具有两亲性的自组装壳聚糖-聚甲基丙烯酸甲酯(PMMA)微纳米粒子(粒径为 150～200nm)，该微纳米粒子含有质量分数为 25%～28%的防腐剂戊唑醇(捕获效率 82%～93%)。选择基质组合物主要是降低对环境的影响，而设定的纳米颗粒制备条件确保得到的纳米颗粒足够小，从而能够穿透实木的纹孔对。纳米颗粒在其制备过程中捕获了 93%的可用防腐剂，有效保护了边材。使用这些纳米颗粒浸渍南方松边材，防腐剂目标载药率分别为 0.2kg 戊唑醇/m^3 木材、0.4kg 戊唑醇/m^3 木材和 0.8kg 戊唑醇/m^3 木材。浸出研究证实，与防腐剂溶液处理的对照物相比，通过纳米颗粒载体浸渍南方松边材的防腐剂仅浸提了约 9%的防腐剂，而土壤罐测试显示，针对褐腐菌测试时，纳米颗粒处理的木块有效保护木材免受生物腐朽。结果表明，该方法可以有效地固定防腐剂，显著减少防腐剂浸出而不影响木材保存，并且核心组成容易改变，以使纳米颗粒适用于其他防腐剂。

第二节　释香微胶囊

一、释香微胶囊的特点

香精，是从香辛料中提炼出的一种挥发性精油的总称，又称为芳香油。香精是天然香料中的一大类，一般是以芳香植物不同部位的组织(如花蕾、果实、种子、根、茎、叶、皮等)或分泌物为原料，采用压榨、冷磨、萃取、水蒸气蒸馏、吸附等方法提取得到的混合物。

香精在一般条件下具有很高的挥发性，且具有独特的香气及较强的杀菌力和防腐力，但是不稳定，高温下容易变质。它的化学成分主要包括脂肪族、芳香族和萜类这三大类化合物及由它们构成的含氧衍生物如醇、醚、酮、醛、酸、酯、内酯等[8]。醇、醚、酮、醛、酸、酯等含氧化合物主要影响精油的香气和风味；萜类化合物则难溶于水，在空气中容易氧化变质。通常情况下，先采用减压蒸馏方法或溶剂提取除去萜烯，制成无单萜和倍半萜的香料使用。无萜香料的主要优点是香味浓度高，改善了稳定性和溶解性，节约了溶剂空间；缺点是丧失了一部分圆润的天然香气。

香精经微胶囊包覆处理后，表现出以下优势[9]：在香精的组成中，很多组分具有较高的挥发性，且不同组分其挥发程度也具有明显差异，微胶囊化能够抑制香精的挥发与散失，保证香气持久性，香精的使用稳定性也得到提高；香精中许多组分对光、氧气、温度、湿度、pH 等比较敏感，香精微胶囊化后能够大幅度保护其敏感组分，加强了其耐光、耐氧、耐热、耐酸的能力，增强了其在糖果、烘烤等食品中的稳定性；改变微胶囊化香精的壁材材料，能够控制香精释放效果，合成全封闭型和半封闭型两种香精微胶囊产品，满足酸性或碱性释放、高温释放及缓慢释放等不同的应用需求；微胶囊化处理能够保护香精中的某些活性成分，有效避免与其他外界物质反应，如避免香精中一些不饱和醛类成分和食品中的蛋白质反应，影响食品的风味和口感；香精香料形成微胶囊后，能从液体或半固体转变为“拟固态”的粉末，存储和使用时表现出固态的表观特征，有利于储存、运输和使用。

香精微胶囊化的常用方法包括喷雾干燥法、相凝聚法、原位聚合法、分子包络法、空气悬浮法和糖玻璃化法等[9]。与其他芯材的微胶囊化制备工艺相比，制备香精微胶囊的难度较大，这主要是由香精的组分决定。通常，香精是一种混合物，其含有几十种至上百种不同组分(如醇、酐、酯、酮等)。然而，这些组分在水和油中的溶解度各异，所以要将所有组分完全微胶囊化是十分困难的。此外，这些组分具有不同沸点，挥发性差异大。即使在 0℃以下，一些组分仍具有很强的挥发性，易挥发成分的损失将导致香型发生变化。香精中的许多组分比较敏感，合成过程中易受到加热、调节 pH 等工艺的影响，给香精微胶囊制备带来了一定的难度。

二、释香微胶囊在木质材料中的应用

释香型木质材料是一类新型的木质功能材料，其释放出来的芳香气味能够使人的心情愉悦。有些香精能够对周围环境中细菌的生长和发育产生抑制作用，如薰衣草香料还能够对人的精神和情绪状态产生调节作用，有利于减缓人的压力，更能缓解部分人的紧张烦躁的情绪，起到安神镇定作用，在一定程度上提高人的睡眠质量[10]。然而，香精暴露在空气中挥发速度快，难以实现持久留香。在制板过程中，直接施香，经高温高压热压成板后，起初一段时间内，香精释放过快，香味过于浓郁，以至于接下来的时间，板内释放的香味几乎散失殆尽。而微胶囊化处理成为提高其稳定性、延长其使用期限的常用途径[11,12]。

槐敏等[13]采用以薰衣草香精为芯材，脲醛树脂为壁材、阿拉伯树脂为乳化剂，通过原位聚合法制备出薰衣草香精微胶囊，将其加入胶黏剂中，按照普通胶合板生产工艺制备环保香型胶合板。系统研究了热压三要素(热压压力、热压温度、热压时间)及施香量等因素对环保香型胶合板胶合强度的影响，并进行了扫描电镜观测和气相色谱-质谱联用仪(GC-MS)成分检测。结果表明：施香量 5%(基于含水率 10%左右的单板的质量分数)，热压压力 1.0MPa，热压温度 105℃，热压时间 2.5min 条件下制得的环保香型胶合板，其表面胶合强度符合《人造板及饰面人造板理化性能》(GB/T 17657—1999)中规定的要求；GC-MS 检测分析表明添加薰衣草微胶囊制得的环保香型胶合板，香味不会因高温而短时间散失殆尽，更不会因胶黏剂的包裹而无法释放，初步证实了香型胶合板研制的可行性。

具体制备方法如下：

1) 薰衣草香精微胶囊的制备。以薰衣草香精为芯材，脲醛树脂预聚体为成壁材料，利用原位聚合法合成薰衣草香精微胶囊。其中芯壁比为 1∶1.5，脲醛树脂预聚体物质的量比(F/U)为 1.4，阿拉伯树胶添加量为质量分数 5%(去离子水溶解)，0.1mol/L 的盐酸作为酸性催化剂，实验搅拌速度为 800r/min。得到的反应产物经洗涤、60℃烘干，最终得到粉状薰衣草微胶囊，其粒径为 5～20μm。

2) 施香工艺。分别将占芯板质量 3%、5%、7%的粉状薰衣草微胶囊加入胶黏剂中，快速搅拌均匀混合，随后对单板进行施胶，压制成板。具体工艺如下：称取胶黏剂→加入适量面粉→快速搅拌→加入粉状香精微胶囊→快速搅拌→加适量氯化铵→香型胶黏剂→双面涂刷单板。

3) 制板工艺。以杨木单板为芯板，奥古曼薄板为表板，将芯板双面涂胶并与表板组坯后，热压成三层贴面胶合板。

图 7-2　香精微胶囊在刨花板中的分布[14]

随后，槐敏等[14]还利用自制的薰衣草精油微胶囊制备了香型刨花板。通过电子扫描显微镜观测薰衣草香精微胶囊保留情况：微胶囊在刨花板中的分布如图 7-2 所示，从图中可知热压过程中微胶囊基本完好无损，表明微胶囊具有较好的耐热性和力学强度。用气相色谱质谱联用仪检测香型刨花板释放香味的主要成分，计算其逸香率。结果表明：香型刨花板中薰衣草香精微胶囊部分保留较好，能释放香味气体，主要成分为芳樟醇、*D*-柠檬烯、二氢月桂烯醇等；优选香精微胶囊用量，施香量以4.5%为宜；香型刨花板具有缓慢释放香味的特性，放置60天后板材释放香味的半衰期为104天。

王进等[15]还利用同样工艺制备出薰衣草、茉莉花及迷迭香精油香精微胶囊，采用扫描电镜观察表面形貌并测定香精微胶囊的包埋率及100℃焙烘留香期，发现选用薰衣草精油制备的微胶囊呈现流动性均匀粉状，具有良好的形貌特征，有更高的包埋率和更长的留香期，较茉莉花及迷迭香更适合制备芳香型刨花板。确定制备薰衣草微胶囊刨花板的较优工艺参数为施香量4.5%、施胶量15%、热压温度170℃、热压时间11min，制备出具有缓释芳香气味特性的刨花板。结果表明，在较优工艺条件下，香型板材的主要物理力学性能满足GB/T 4897.3—2003《刨花板》规定要求。

第三节　相变储能微胶囊

一、相变储能微胶囊的特点

能源和环境是当今人类面临的两大问题。过去几个世纪的工业发展和人口繁荣导致能源需求大幅增长，年均增长率约为2.3%。此外，随着人们对热舒适需求的增加，供热、通风和空调系统的能源消耗仍然增加。在这种情况下，建筑节能潜力巨大的热能储存系统受到越来越多的关注。根据蓄热介质的不同，热储能一般可分为显热蓄热和潜热蓄热。在显热储存中，随着储存介质的温度变化，热量被储存或释放；而在潜热储存中，热量作为储存介质的相变过程中的熔化/凝固热量被储存或释放。通过对比发现，利用相变材料(phase change material，PCM)的相变潜热来蓄热表现出储热密度高、储热/放热时温度变化小及储热/放热过程易于控制等优点。

基于相变状态的不同，PCM主要分为三组：固-固PCM，固-液PCM和液-气PCM。其中液-气PCM的体积和压力变化大，实用性较差。固-固PCM在相变过程中，从一种晶型转变为另一种晶型，无过冷现象，无表观形态变化和泄漏，但是与其他材料混合较困难。因此，固-液PCM最适合储存热能，主要包括有机PCM(石蜡、脂肪酸等)，无机PCM(盐水混合物、金属等)和共晶(有机-有机、无机-有机、无机-无机)。表7-1列出了这些不同类型PCM之间的差异。固-液PCM虽具有低价、高相变焓、相变时体积变化小等优点，但是不经过包覆直接使用，其在热能存储过程中会向周围环境泄漏的情况[16]。

表7-1　不同类型PCM之间的差异[16]

分类	优点	缺点
有机PCM	大温度范围内可用，高熔化热，无过冷，化学稳定性和可回收性好，与其他材料兼容性好	低热导率[约0.2W/(m·K)]，相对较大的体积变化，易燃
无机PCM	高熔化热，高热导率[约0.5W/(m·K)]，体积变化小，低成本	过冷，腐蚀
共晶	熔融温度急剧，高容积热存储密度	当前缺乏热物理性质的测试手段

微/纳米胶囊化能够克服固-液PCM的许多缺点，其表面被聚合物或无机材料包覆，具有高比表面积，可以防止PCM向外界环境泄露、提高储存/释放热能效率，并且能够

维持相变过程中芯材体积的变化[17]。为了成为潜热储存系统的理想材料，需要满足以下标准：热力学、动力学、化学和经济性能，如表 7-2 所示[16]。

表 7-2 选择标准[16]

分类	标准
热力学性质	熔化温度在所需范围内；单位体积的高熔化潜热；高热导率；比热高，密度高；工作温度下相变体积变化小，蒸气压小，减少了封闭问题；一致融化
动力学性质	高成核速率以避免超冷却；晶体生长速度快；以满足储存系统热量回收的需求
化学性质	完全可逆的冷冻/融化循环；化学稳定性强；大量冷冻/融化循环后不降解；无腐蚀性；无毒，不易燃，不含易爆物品
经济属性	较低的成本；大规模的可用性

PCM 的微胶囊化技术取决于其物理和化学性质。PCM 微胶囊的制备有多种物理和化学方法。研究和生产中涉及的微胶囊化方法包括锅包衣法、空气悬浮包衣法、离心挤出法、振动喷出法、喷雾干燥法、溶剂蒸发法等物理法，界面聚合法、原位聚合法、乳液聚合法等化学法，以及离子凝聚法、复凝聚法、溶胶-凝胶法等物理化学法[18]。其中原位聚合法、界面聚合法、复凝聚法和喷雾干燥法是制备 PCM 微胶囊的主要方法，对这些方法的研究和相关报道也比较多。目前原位聚合法是其中应用最多的方法。三聚氰胺-甲醛、尿素-甲醛等氨基树脂是最常用的壁材，具有以下一些优点：合成工艺简单，力学性能优良，耐弱酸弱碱及油脂等介质，透明性好，价格较低，长期使用不变色，绝缘性和耐温性优良。

二、相变储能微胶囊在木质材料中的应用

木质材料广泛应用于家具、室内装饰装修、建筑和车船内饰等与人们生产生活直接相关的领域。通过在木质产品中添加相变微胶囊赋予其储能特性，有利于改善人们生活环境的温度舒适性，节约能源。由于木材的导热系数较小，相变微胶囊加入纤维板、刨花板等人造板材中，储能功效较低。目前，相变微胶囊主要在储能型木塑复合材料中得到了初步开发与应用。

依据专利中的报道[19]，将相变微胶囊、木质纤维类材料（木材纤维、植物纤维等）及热塑性聚合物进行混合塑炼，经模压成型制备出宽度可达 1220mm，厚度 6～50mm，调温相变点 16～26℃的相变储热调温聚合木板材。该相变储热聚合木板材可以实现在一定温度范围内对室内进行自动储能调温的功能，有望应用于建筑内墙体装饰板、吊顶板和地板等领域，达到建筑节能降耗的目的。有研究[20]选用市售相变材料合成储能微胶囊，采用模压法制备相变蓄热木塑板材，其相变潜热和热导率分别可达 51.53kJ/kg 和 0.378W/(m·K)。该材料具有一定的能量储存作用，并对外界温度变化的响应有一定的延迟，用作电地暖系统的蓄热层材料时可降低电加热能耗，提高室内环境的舒适性。还有研究[21]以正十二烷醇为芯材、聚乙二醇改性密胺树脂为壁材合成相变微胶囊，并将其应用于木粉/高密度聚乙烯复合材料中，制备了相变温度区间适宜、热稳定性良好、相变焓值较高的相变蓄热木塑复合材料。

第四节　中空微胶囊

一、中空微胶囊的特点

微胶囊是由成膜物质将内部空腔与外部环境分隔开来所形成的三维结构，其内部可以是填充的或中空的[22]。中空微胶囊是具有优越性能的充气球形颗粒，其具有低有效密度和高比表面积[23]。大多数情况下其尺寸大小在微米至毫米级，囊壁厚度为几百纳米至几百微米。由不同囊壁组成的中空微胶囊是一类特殊材料，为开发新型微反应器催化剂、研究光学或电化学结构带来了一系列新的机遇[24]。

近年来，已经报道了制备中空微胶囊的三种主要方法，喷雾干燥法，乳液/界面聚合法和牺牲芯材法[25]。以芯材(液滴或固体颗粒)为模板形成微胶囊，再通过溶解，蒸发或热解分解液体或固体芯材即可获得中空微胶囊。其中乳液聚合/界面聚合法通常是以采用乳液聚合得到的胶体粒子作为芯材单体，与交联剂混合进行二次聚合，从而在芯材微粒表面形成一层交联的聚合物膜。之后通过高温下的酸碱处理除去该芯材微粒，得到中空微胶囊[26,27]。该技术的不足之处在于：由于乳液聚合得到的胶体粒子或乳液大小不均一，所得胶囊结构呈现出较宽的尺寸分布，同时去除芯材微粒时苛刻的处理条件也可能对所得囊壁结构与性能产生不利影响。

鉴于乳液聚合/界面聚合法所得微胶囊尺寸分布较宽，研究人员进而采用在可去除芯材表面构建囊壁之后去除芯材制备微胶囊，该方法称为牺牲芯材法。其主要特点在于所得微胶囊的形状和尺寸的分散性很大程度上取决于模板的形状和模板尺寸的分散性[28,29]。

20世纪60年代，Iler率先提出了利用交替沉积法在固体基底表面制备自组装超薄多层膜的概念[30]。90年代初，Decher和Hong[31]提出在带电固体基质表面，利用水溶液稀释的聚电解质分子间的静电吸引作用，通过层层自组装(layer-by-layer self-assembly，LbL)法连续沉积聚电解质以制备多层超薄有机膜。该技术利用聚阴离子和聚阳离子之间的静电引力和复合物形成聚电解质的超分子多层组件，能够设计与选择所制得的多层膜成分，在纳米尺度上精确控制膜的结构与厚度，能够引入功能组分来赋予多层膜智能响应性。作为该技术的延伸，通过另一种相同电荷的物质代替聚电解质从而将多种材料(如生物大分子、表面活性剂、磷脂、纳米颗粒、无机晶体和多价染料)成功地结合到聚电解质膜中，制造复合聚电解质多层膜。在保持了传统静电LbL多层膜的优点的基础上，这些超薄多层膜在不同驱动力作用下具有不同的特点而呈现出许多独特的性质，作为超薄聚合物膜及表面修饰的手段在许多领域得到了广泛的应用。

将这种基于LbL法制备的超薄聚合物多层膜构建在可移除的模板粒子表面，则能够将这种构建聚合物膜的方法转化为构建中空微胶囊囊壁的方法。在1998年，Donath等[32]率先在胶体颗粒模板表面利用LbL法连续聚电解质吸附构建囊壁，随后分解胶体模板，得到一类全新的中空微胶囊结构(图7-3)。初始步骤(a)～(d)涉及通过将胶体芯材循环往复暴露于具有交替电荷的聚电解质中，逐步形成膜。在下一层沉积之前，通过循环离心和洗涤去除过量的聚电解质。在沉积所需数量的聚电解质层之后，将涂覆的颗粒暴露于100mmol/L盐酸中(e)。通过观察最初混浊的液体几秒钟内变得基本透明的事实证明胶体芯材能够立即分解。用 100mmol/L 盐酸再洗三次确保去除溶解的三聚氰胺树脂寡聚体，可获得游离的聚电解质空心壳的悬浮液(f)。该方法兼具模板法制备微胶囊与 LbL 法制备超薄多层膜的优势，所制备的聚电解质壳的最重要的新颖特征是：①壳的组成和厚度可控；②具有可控的物理和化学性质；③提供用于微米和纳米间隔的材料。此外，与脂质体结构不同，制备的壳体很容易被直径小的极性分子(d=1～2nm)渗透，并且对化学和物理影响极其稳定。不同的物种可以并入至壳结构中，赋予它们独特的定制特性，且具有广阔的应用空间。

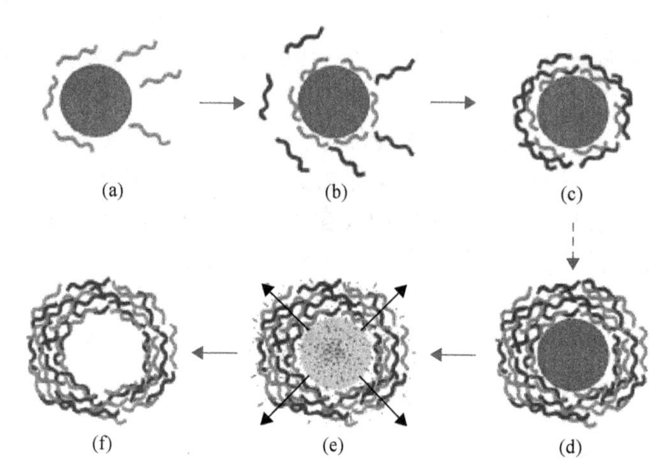

图 7-3　聚电解质沉积过程和胶体芯材分解的示意图[32]

二、中空微胶囊的研究进展

为有目的地制造具有不同囊壁组成的中空微胶囊，基于牺牲芯材法的 LbL 法被广泛使用，LbL 法是一种简单易用的多层膜设计方法，也可用于聚合物器件表面的修饰[33]。在这种方法中，固体带电基材浸入带相反电荷的聚电解质溶液中，并且聚离子通过静电吸引被吸附。每层聚电解质的吸附是由于电荷过度补偿导致表面电荷逆转，调节吸附过程并形成带相反电荷的聚电解质层。这种交替吸附带相反电荷的聚电解质的循环重复过程促进了薄层多层结构的形成。在分层结构中，已成功利用各种合成的聚电解质、生物聚合物、脂质和无机粒子制造材料，利用材料之间的静电相互作用逐步吸附水溶液。通过将带相反电荷的聚电解质逐步吸附到部分交联的三聚氰胺-甲醛胶体颗粒上来制备具有受控厚度和组成的聚电解质壳，随后在尽可能不影响囊壁完整性与结构的前提下，除去模板粒子以得到中空胶囊结构。所得的空心胶囊呈球形，尺寸分布窄[34]。

由于聚电解质分子在模板表面交替沉积过程中可能会造成粒子表面电荷反转，zeta 电位法成为跟踪多层膜在模板粒子表面交替增长的最常见方法[35]。此外，利用透射电镜也能监测模板粒子表面沉积层的厚度变化[36]；利用流式细胞仪跟踪荧光标记物质在模板表面交替沉积所造成的荧光强度增加[37]；单粒子光散射技术也是有力的研究手段[38]。

(一)模板

在整个 LbL 法制备中空微胶囊的过程中，芯材模板的选取起着至关重要的作用。所得中空微胶囊的尺寸及其分布在很大程度上取决于芯材模板，更重要的是，芯材模板的具体种类决定着构建完囊壁后模板粒子的去除方式，该步骤直接决定着中空微胶囊的最终性质。通常情况下，理想的中空微胶囊模板粒子应满足以下要求：①在 LbL 过程中，芯材模板保持稳定；②去除芯材模板时，不会对中空微胶囊的囊壁结构产生不良影响；③去芯后，中空微胶囊内的芯材模板几乎无残留。此外，芯材模板粒子的粒径范围较大，使用时应能够根据不同尺寸筛选出所需粒径。截至目前，尚无哪种芯材模板粒子能够同时并且较好地满足以上所有要求，因此应根据不同实验条件和需求来选择芯材模板粒子。

常用的模板粒子主要包括轻度交联的三聚氰胺-甲醛树脂（MF）粒子、碳酸镉（$CdCO_3$）粒子、碳酸钙（$CaCO_3$）粒子、碳酸锰（$MnCO_3$）粒子、二氧化硅（SiO_2）粒子、聚苯乙烯（PS）粒子。在早期 LbL 微胶囊的研究中，MF 模板运用较多，其具有许多优点，如尺寸在 500～5000nm，能够稳定存在于 pH=5 以上，可作为中空微胶囊组装的芯材模板，且能够在 0.1mol/L 盐酸溶液中几秒钟内分解为质子化的 MF 低聚体[39]。其缺点在于芯材模板 MF 低聚体因分子量较大，不能顺利扩散出去，从而出现囊内渗透压过大，中空微胶囊膨胀甚至破裂。此外，MF 在中空微胶囊内也会出现不同程度的残留[40]。同为有机模板粒子的 PS 粒子在去核过程中也存在此类问题。虽然四氢呋喃（THF）能够溶解 PS 粒子，但是 PS 粒子的分子量较大，导致囊内渗透压升高，容易引起中空微胶囊囊壁的破损[41]。而无机模板粒子 SiO_2 已实现产业化，其具有较大的粒径范围、粒子之间高度分散，且用 1mol/L 氢氟酸（HF）去核时的残余物$[SiF_6]^{2-}$能够快速扩散出囊壁，且不会对中空微胶囊造成影响。但 HF 操作难度较大，危险性较高，同时所得胶囊极易团聚是使用该模板粒子的弊端[42]。相比之下，以无机晶体粒子（如 $CdCO_3$、$CaCO_3$、$MnCO_3$ 等）作为芯材模板粒子制备工艺简单，去芯条件比较温和，同时去芯得到的产物多为小分子或离子，能够快速地扩散出囊壁而不易影响中空微胶囊的囊壁性质[43]。但是与前几种芯材模板粒子比较而言，无机晶体粒子单体的分散性较差，而且部分粒子存在多孔结构，这使聚电解质分子不仅能够在其表面组装，而且还能够进入到无机晶体粒子内部，引起制备产物的结构复杂化。此外，由于 Cd^{2+}具有一定毒性，$CaCO_3$[44]与 $MnCO_3$[45]更常用一些。三种无机晶体粒子的扫描电镜图片如图 7-4 所示。

图 7-4 $CaCO_3$（a）、$MnCO_3$（b）、$CdCO_3$（c）的扫描电镜图片[43]

(二) 组装驱动力

中空微胶囊制备中最经典的LbL组装驱动力为聚电解质带电基团之间的不同电荷静电相互作用，如带有正电荷的氨基、季铵盐基团与带有负电荷的羧基、磺酸基之间的作用。LbL法中常用到的聚电解质分子主要包含聚烯丙基胺盐酸盐、聚苯乙烯磺酸钠、聚丙烯酸、聚二烯丙基二甲基胺盐酸盐、聚乙烯亚胺等。在中空微胶囊的制备过程中，通常会优先考虑强-强聚电解质或强-弱聚电解质的组合，而弱-弱聚电解质组合则需要较为苛刻的制备条件。此外，为了提高中空微胶囊的生物兼容性，也可以利用侧链含有带电基团的生物大分子(如壳聚糖、硫酸软骨素、海藻酸钠、透明质酸等)来构建囊壁[46,47]。LbL过程的驱动力也由传统的静电作用进一步发展到共价作用、氢键作用、疏水作用、范德华力、主客体相互作用、电荷转移作用及生物特异识别作用等[48,49]。

利用氢键之间的相互作用构建中空微胶囊，其对外界刺激同样具有响应性，因此得到广泛关注[50]。目前此类微胶囊大多以羧基和酚羟基作为氢键给体，电中性的含氧原子聚合物作为受体，通过LbL法制备而成。Zhang等[51]以SiO_2为模板表面，聚乙烯基吡咯烷酮(PVP)和*m*-甲基苯酚-甲醛树脂(MPR)分别作为氢键的给体和受体，利用氢键作用构建出微胶囊，并通过傅里叶红外光谱证明氢键作用确实为微胶囊的组装驱动力。Kozlovskaya等[52]以碳酸镉($CdCO_3$)为模板，利用聚甲基丙烯酸(PMAA)和聚乙烯基吡咯烷酮(PVP)及聚氧化乙烯(PEO)之间的氢键作用，在pH=3.5条件下分别制备了PMAA/PVP和PMAA/PEO微胶囊；随后通过碳二亚胺(EDAC)活化，利用乙二胺来交联囊壁中的羧基，能够较大地改善该微胶囊稳定性，即使在较高的pH条件仍能保持稳定。

LbL法也可以通过共价键作为驱动力制备微胶囊，并赋予其优异的稳定性，但大多会明显减弱其环境响应性，甚至失去响应性[53-55]。Zhang等[51]利用*N*-甲基-2-硝基-二苯胺-4-重氮树脂(NDR)和*m*-甲基苯酚-甲醛树脂(MPR)之间原位形成共价键的反应构建了共价微胶囊。该微胶囊在强极性溶剂二甲基甲酰胺(DMF)处理40h后未出现明显变化，比静电或氢键LbL法制备的微胶囊具有更高的稳定性。此外，也有关于范德华力[56]与主客体相互作用[57]构建微胶囊的报道，其弱相互作用的本质导致其呈现出某些独特的性质，但其普及程度略差一些。

(三) 可控沉积法制备中空微胶囊

利用LbL法所制备的中空微胶囊具有结构成分可控、智能响应等优点，但其制备工艺烦琐费时。考虑到LbL法具有潜在的应用前景，有必要对其进行改善，以达到更加方便快捷。在中空微胶囊的制备过程中，无论采用哪种组装作用力，其囊壁归根结底都是在模板粒子表面形成聚合物络合物层。LbL过程主要是先在模板粒子表面吸附两种组分，随后进行络合，最终形成聚合物络合物层。同样，也可以先在溶液中形成络合物，随后将其沉积到模板粒子表面，最终形成聚合物囊壁。鉴于此，研究人员们提出了可控沉积的概念，即事先将模板粒子分散在预先配置好的成膜物质溶液中，随后逐渐降低该成膜物质的溶解度，使其缓慢沉积到模板粒子表面，最后形成核/壳粒子。若能选取适宜的实验条件，便能够得到具备足够机械强度的沉积层，移除模板粒子，便可得到中空微胶囊。

根据中空微胶囊实际用途不同，此法并不仅仅局限于聚合物的沉积，沉积的位置可以是模板表面，也可以是多孔粒子或中空微胶囊的内部。

在制备核壳粒子方面，Radtchenko 等[58]使用巯基乙酸稳定的具有带负电荷的表面发光碲化镉(CdTe)纳米晶体悬浮液涂覆直径为 468nm 的带负电的磺酸基稳定的聚苯乙烯(PS)球(电荷密度 $2.2\times10^{-6}C/cm^2$)，随后乳胶球被静电吸附的带正电荷的聚烯丙胺盐酸盐(PAH)单层所覆盖，这一步与普通 LbL 方法中使用的相似。为了产生更厚的 CdTe 纳米晶体壳，在剧烈振荡下将乙醇逐滴滴加到悬浮液中，从而得到内外性质不同、外层可发荧光的核/壳胶体微粒。此类复合胶体颗粒(核壳结构)在涂料、电子、光子学和催化等领域有着良好的应用前景。

在中空微胶囊制备方面，Voigt 等[59]先将聚(苯乙烯磺酸钠)(PSS^{500})或聚(乙烯基苄基三甲基氯化铵)(PVBTAC)在膜过滤设备中交替循环洗涤数次。考虑到三聚氰胺(MF)乳胶(直径为 10μm)携带正电荷，从 PSS^{500} 开始吸附。当吸附 10 层 PSS 或者 PSS^{500} 和 PVBTAC 各 5 层后，收集 MF 乳胶并与 pH=1 的盐酸(HCl)溶液混合。由于 MF 乳胶核心在酸性 HCl 中分解，几秒钟之内混合悬浮液变得透明。随后通过膜过滤进一步洗涤，最后得到用于逐层沉积的微胶囊。随后将 PSS^{500}(3g/L)/PVBTAC(1g/L)溶于由水(60wt%)/丙酮(20wt%)/溴化钠(20wt%)组成的混合溶剂中，进而在 20℃下持续 2h 缓慢蒸发丙酮或者缓慢加入水，使该混合溶剂对 PSS^{500}/PVBTAC 体系的溶解性变差，收集悬浮液，得到中空微胶囊。此类微胶囊对于小分子极性荧光探针分子是通透的。

此外，可控沉积技术还可用于物质在中空微胶囊内腔的包埋。Sukhorukov 等[60]利用可控沉积法，以人血红细胞为模板，9 个 4-聚(苯乙烯磺酸钠盐)(PSS，M_w=70 000g/mol)和聚(烯丙胺盐酸盐)(PAH，M_w=11 000g/mol)交替层组成胶囊壳，随后在次氯酸钠水溶液中氧化分解红细胞，并通过多次循环离心和洗涤移除红细胞模板，最终构建出内部装载荧光染料的微胶囊。在 PAH/PSS 空胶囊的存在下，通过逐滴添加 10^{-3}mol/L 盐酸，从碱性溶液($C_{6\text{-}CF}=10^{-3}$mol/L，pH=10.5)中直到在 pH=6 发生过饱和，沉淀出 6-羧甲基荧光素(6-CF)。结果显示，由于去核残余物氨基酸与囊壁 PSS 形成的络合物的静电吸引作用，导致 6-CF 优先沉积在聚电解质胶囊内部，胶囊壁阻止了 6-CF 沉淀物的进一步生长。同理，将该微胶囊分散在罗丹明 6G(Rd-6G)饱和溶液中进而将溶液 pH 慢慢升至 8～10，由于过饱和而析出的 Rd-6G 亦会因与胶囊内氨基酸/PSS 络合物之间的静电作用而优先沉积于胶囊内。

Radtchenko 等[61]提出了利用可控沉积法来制备微/纳米胶囊的新方法。这种方法包括两个阶段：①首先将掺入的聚合物沉积在胶体颗粒的表面上，这可以通过聚电解质与多价离子的络合或通过加入可混溶的非溶剂来完成，随后形成稳定的 LbL 组装聚电解质壳；②分解模板粒子后，内部聚合物分子通过囊壁排除，而芯材物质被囊壁捕获并漂浮在胶囊内部。例如，PSS 作为聚阴离子，PAH 作为聚阳离子和作为不带电荷的水溶性聚合物的葡聚糖的实例中，证明了包覆大量带电和不带电聚合物的可能性。许多不同的材料，如各种聚电解质、蛋白质、DNA、多糖和无机颗粒可以首先沉淀在胶体颗粒表面，然后被胶囊包覆。这些胶囊的大小和形状由初始模板定义，具有可预测特性的微观和纳米结构。由于 Donnan 电位，在胶囊壁上能够建立 pH 梯度，从而实现聚电解质的包覆。胶囊中的 pH 应接近包封聚合物的解离常数(pK)值。这种改性的胶囊也可以作为微容器和反应器，进行化学反应。

Dudnik 等[62]在理论方面，借鉴 Smoluchowski 解决方案提出了一种胶体颗粒上聚合物沉积的理论模型，用于控制不可逆扩散凝固。该理论为实现平滑的覆盖提供了适当的颗粒和聚合物浓度范围。由实验确定得到最佳浓度范围，并与理论计算结果一致。尽管可控沉积技术已经得到了一定的关注与发展，但是总体来看，利用可控沉积法制备中空微胶囊的报道很少，研究空间较大。

第五节　光致发光微胶囊

一、光致发光微胶囊的特点

随着微胶囊应用领域的不断扩大，对微胶囊的其他特定功能也有所需求。微胶囊与无机材料相互作用也许会开辟一条新途径。众所周知，许多无机材料具有功能多样性的特征，因此当指定的无机材料制成微胶囊壳时，能将一些特征功能引入微胶囊中。光致发光微胶囊主要包含两部分，其中一部分为芯材，另一部分为具有荧光性能的壁材。许多金属氧化物具有荧光性能，就目前相关研究来看，氧化锆(ZrO_2)粉体、ZrO_2 结晶体及其他 ZrO_2 材料均具有光致发光性能[63]。ZrO_2 作为一种重要的陶瓷化合物，不仅具有硬度高、热稳定性和化学稳定性好、热膨胀系数低等突出的物理性能，而且具有催化活性、生物相容性、半导体及光电转换特性。它既能够作为功能材料，如光学材料基质、催化剂及催化剂基质等；也可以作为结构材料，如陶瓷机械材料、牙齿、骨骼等。此外，ZrO_2 具有独特的光、电、热、力、化学等方面的性能，其中比较突出的是其光学特性，结晶态的 ZrO_2 在紫外和近红外有强烈的吸收，在可见光波段无吸收，即 ZrO_2 在可见光波段透光性非常好。同时，结晶态 ZrO_2 还具有光致发光特性，在 240～380nm 的波长的光激发后，在 500～600nm 有可见光发射峰；复合掺杂的结晶态 ZrO_2，在 980nm 的近红外光激发下亦产生 600～700nm 波段的可见光。显然，采用结晶态 ZrO_2 来包覆有机相变储能材料，不但可有效地保护其相变储能材料，还能赋予其特殊的物理化学功效[64]。

二、光致发光微胶囊的研究进展

Zhang 等[65]采用溶胶-凝胶原位缩聚法，以正丙醇锆(NPZ)为 ZrO_2 前驱体用来合成 ZrO_2 壳，采用以甲酰胺为溶剂的非水乳液模板体系，不同质量比的核壳为原料原位缩聚合成了以正二十烷和 ZrO_2 为壳的微胶囊样品，得到的微胶囊具有多种功能，主要表现为热性能和荧光性能，反应机理如图 7-5 所示。

在合成结晶 / 非晶 ZrO_2 包覆正二十烷微胶囊相变材料的过程中，以添加氟化钠(NaF)和未添加 NaF 作为微胶囊对照组，并制备了不同核壳质量比(50/50、40/60)的正二十烷 / NPZ 微胶囊相变材料。研究发现，与未添加 NaF 的微胶囊相比，NaF 的添加能够解决一般水热体系中只能得到无定形 ZrO_2 的问题，在氟离子的诱导作用下能够得到主要以单

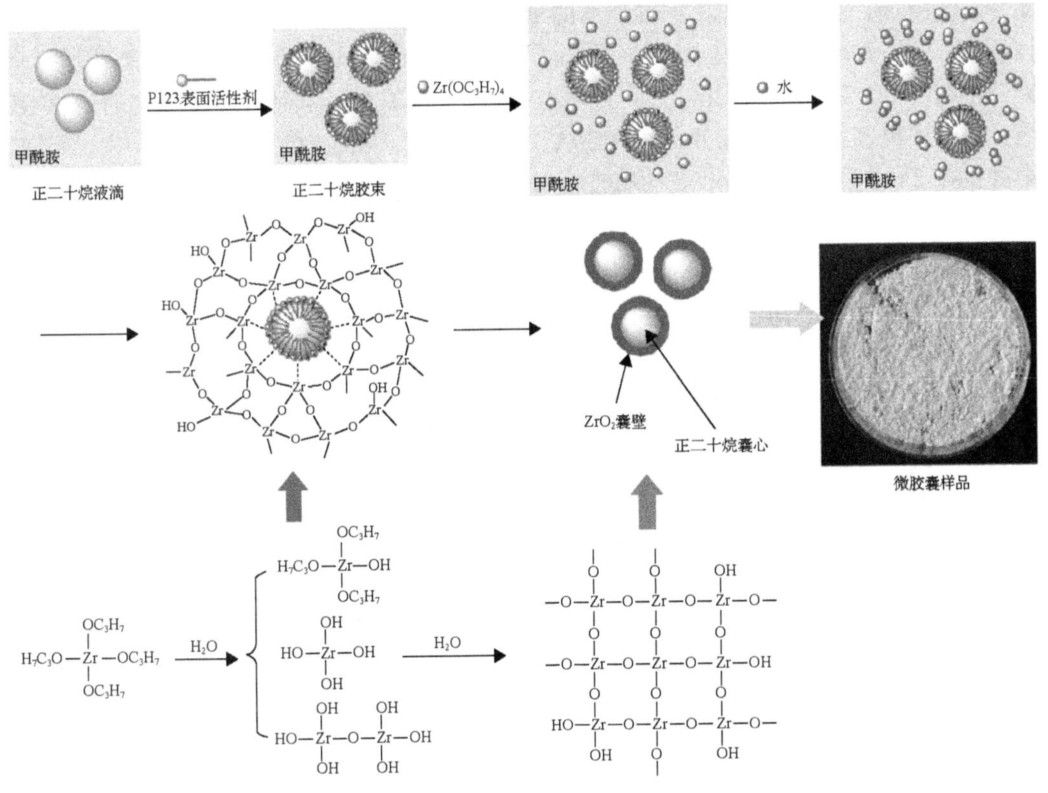

图 7-5　含有正二十烷核和 ZrO_2 壳的双功能微胶囊的反应机理示意图[65]

斜相和四方相混合晶型的结晶型 ZrO_2。通过扫描电镜和透射电镜图片可以观察到微胶囊的核壳结构及粒径大小，实验中得到的 ZrO_2 微胶囊具有明显的核壳结构且均呈球形，尺寸分布均匀，粒径为 1.5～2μm，壳厚度为 0.15～0.2μm，并且添加 NaF 的微胶囊表面相对光滑、平整。通过 X 射线衍射表征，数据中显示添加 NaF 能诱导结晶型氧化锆的形成，主要晶型为单斜相和四方相的混合晶型。微胶囊外壳的光致发光特性研究表明，结晶态和非晶态 ZrO_2 在可见光无吸收，在 205nm 的紫外线处有很强的吸收；具有晶体 ZrO_2 壳的微胶囊经波长 296nm 的紫外线激发后，能产生紫色和绿色的发光，而具有无定形 ZrO_2 壳的微胶囊激发后只有紫色发光。非晶态 ZrO_2 微胶囊在 340～400nm 段有最强发射峰，结晶 ZrO_2 微胶囊在 340～400nm 和 490～550nm 两个范围段有发射峰强。最重要的是，通过差示扫描量热法和热重分析仪表征结晶态和非晶态 ZrO_2 微胶囊相变材料的相转变性能时发现，不论是结晶态还是非晶态 ZrO_2 合成的双功能微胶囊具有良好的相变性能，同时由于 ZrO_2 壳的致密性，具有较好的热稳定性和较高的储热能力。

随后，Zhang 等[66]仍采用上述方法，进一步研究以铒离子(Er^{3+})、钐离子(Sm^{3+})、镱离子(Yb^{3+})三种稀土元素离子掺杂 ZrO_2 包覆正二十二烷微胶囊相变材料，主要是对双功能化的 ZrO_2 微胶囊相变材料进行深入探讨。具体制备方法如下：在 55℃温度下，通过 NPZ 的水解进行合成反应，随后在水存在的情况下缩聚。在典型的工艺制备过程中，向配备有温度计、滴液漏斗和机械搅拌器的 500mL 三颈圆底烧瓶中加入 240mL 甲酰胺，12g 正十二烷和 1.2g 聚氧化烯-聚氧丙烯-聚氧乙烯(P123)乳化剂。将所得混合物加热至 55℃，在 500r/min 下搅拌 2h，直到其从半透明变为乳白色，表明形成了稳定的 O/W 乳液，其中甲酰胺和正十二烷分别作为连续相和分散相。接着，将 12g NPZ 加入所得乳液中并搅拌 2h，然后将含有 60mL 甲酰胺、60mL 去离子水和 0.6g 稀土硝酸盐的溶液滴加到烧瓶中搅动 2h。将反应物溶液保持在 55℃的水浴中搅拌 5h，产生一些白色沉淀。将得到的悬浮液在 70℃下直接陈化 16h，得到最终产物。最终通过过滤，得到白色微胶囊粉末。将收集的粉末用无水乙醇和去离子水洗涤数次以除去残留的化学物质，然后在 40℃下干燥过夜以进一步表征和测试。反应机理图如图 7-6 所示。

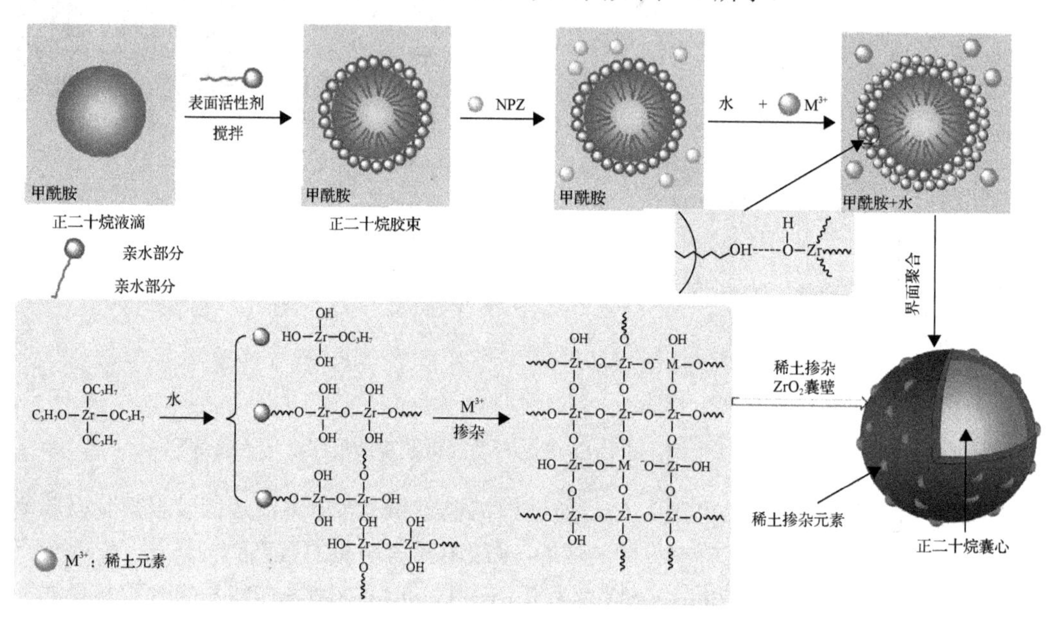

图 7-6　正十二烷核和稀土掺杂 ZrO_2 壳组成的双功能微胶囊的反应机理[66]

扫描电镜观察表明，所得微胶囊呈现规则球体，粒径分布均匀，但是表面粗糙，呈现颗粒状。透射电镜显示这些微胶囊具有明确的核壳结构。傅里叶变换红外光谱表征了所得微胶囊的化学组成，并通过能谱和 X 射线光电子能谱证实了掺杂在 ZrO_2 壳内的稀土元素。所得到的微胶囊具有良好的热调节能力和高封装率，而且热储存潜力大，均达到了 97%以上。在光学试验中发现，掺杂后的 ZrO_2 微胶囊在 205nm 处的紫外吸收更强，相当于未掺杂的 3 倍；拍摄的荧光显微照片也能说明，三种元素中 Sm^{3+}的发射光最强，Er^{3+}、Yb^{3+}稍弱，未掺杂的 ZrO_2 微胶囊最弱。最重要的是，光致发光特性表明，这些稀土掺杂微胶囊在 850nm 和 280nm 波长的辐射激发下，分别实现了青色上转换和紫色下转换荧光的发射强度的显著增强。这种光致发光特征归因于非晶 ZrO_2 主体上的稀土掺杂效应。发射强度的增强程度随稀土种类的不同而不同，主要取决于 ZrO_2 主体固溶体中稀土离子与氧的键长。掺杂后的 ZrO_2 能改善相变材料的过冷度，增强 ZrO_2 的发光强度，这为微胶囊相变材料的应用开辟了道路。随着光致发光性能的提高，双功能微胶囊可以从传统的潜热储存应用扩展到热敏和光敏传感器、高级光学和电子设备、智能信息存储元素等应用。

参考文献

[1] Goodell B, Nicholas D D, Schultz T P. Wood deterioration and preservation: advances in our changing world[M]. Washington DC: American Chemical Society, 2003.

[2] Chen G C, Rowell R M. Approaches to the improvement of biological resistance of wood through controlled release technology[J]. Am. Paint Coat. J, 1987, 72(16): 37-41.

[3] Hayward P J, Rae W J, Black J M. Encapsulated wood preservatives[P]: US, US 20110008610 A1. 2011.

[4] Liu Y, Yan L, Heiden P, et al. Use of nanoparticles for controlled release of biocides in solid wood[J]. Journal of Applied Polymer Science, 2001, 79(3): 458-465.

[5] Liu Y, Laks P, Heiden P. Controlled release of biocides in solid wood. III. Preparation and characterization of surfactant-free nanoparticles[J]. Journal of Applied Polymer Science, 2002, 86(3): 615-621.

[6] Salma U, Chen N, Richter D L, et al. Amphiphilic core/shell nanoparticles to reduce biocide leaching from treated wood, 1–leaching and biological efficacy[J]. Macromolecular Materials and Engineering, 2010, 295(5): 442-450.

[7] Ding X, Richter D L, Matuana L M, et al. Efficient one-pot synthesis and loading of self-assembled amphiphilic chitosan nanoparticles for low-leaching wood preservation[J]. Carbohydrate Polymers, 2011, 86(1): 58-64.

[8] 王全杰, 高龙, 许长通, 等. 香精油微胶囊化的途径及其在制革中的应用进展[J]. 西部皮革, 2010, (9): 35-38.

[9] 孟宏昌, 秦明利, 樊军浩, 等. 微胶囊粉末香精[J]. 食品工业科技, 2003, 24(8): 84-86.

[10] 杨少馀, 冯丽娇, 罗志刚. 薰衣草精油的提取及成分鉴定[J]. 广东化工, 2007, 34(9): 109-112.

[11] Biswas D, Chakrabarti S K, Saha S G, et al. Durable fragrance finishing on jute blended home-textiles by microencapsulated aroma oil[J]. Fibers & Polymers, 2015, 16(9): 1882-1889.

[12] Carvalho I T, Estevinho B N, Santos L. Application of microencapsulated essential oils in cosmetic and personal healthcare products—a review[J]. International Journal of Cosmetic Science, 2016, 38(2): 109.

[13] 槐敏, 金春德, 张文标, 等. 微囊化薰衣草香型环保胶合板的研制[J]. 林业科技开发, 2013, 27(5): 108-111.

[14] 槐敏, 王进, 王喆, 等. 含香精微胶囊刨花板的微观构造及释香特性[J]. 东北林业大学学报, 2014, 42(12): 126-129.

[15] 王进, 槐敏, 王喆, 等. 微胶囊技术在缓释香味刨花板制备中的应用[J]. 林产工业, 2015, (2): 18-22.

[16] Zhou D, Zhao C Y, Tian Y. Review on thermal energy storage with phase change materials (PCMs) in building applications[J]. Applied Energy, 2012, 92(4): 593-605.

[17] 梁书恩. 纳米胶囊化相变材料的制备及应用研究[D]. 中国科学技术大学博士学位论文, 2015.

[18] Jamekhorshid A, Sadrameli S M, Farid M. A review of microencapsulation methods of phase change materials (PCMs) as a thermal energy storage (TES) medium[J]. Renewable & Sustainable Energy Reviews, 2014, 31(2): 531-542.

[19] 薛平, 孙国林, 韩晋民, 等. 相变储热调温聚合木板材[P]: 中国, CN101085550. 2007.

[20] 张苗. 相变微胶囊及板材的制备与在电加热地板辐射采暖系统中的应用研究[D]. 北京化工大学硕士学位论文, 2010.

[21] 郭玺, 曹金珍, 王佳敏. 聚乙二醇改性相变微胶囊-木粉/高密度聚乙烯复合材料的制备与热性能[J]. 复合材料学报, 2017, 34(6): 1185-1190.

[22] 王安河. 基于层层吸附技术制备多层复合膜及中空微胶囊[D]. 山东师范大学硕士学位论文, 2007.

[23] Ding S X, Yan C Y, Min Z R, et al. Hollow polymeric microcapsules: preparation, characterization and application in holding boron trifluoride diethyl etherate[J]. Polymer, 2009, 50(2): 560-568.

[24] Ren N, Wang B, Yang Y, et al. General method for the fabrication of hollow microcapsules with adjustable shell compositions[J]. Chemistry of materials, 2005, 17(10): 2582-2587.

[25] Caruso F. Engineering of core-shell particles and hollow capsules[A]//Rosoff M. Nano-surface chemistry[M]. New York: Marcel Dekker, 2002: 505-525.

[26] Kim J W, Ko J Y, Jun J B, et al. Multihollow polymer microcapsules by water-in-oil-in-water emulsion polymerization: morphological study and entrapment characteristics[J]. Colloid & Polymer Science, 2003, 281(2): 157-163.

[27] Gao Q, Wang C, Liu H, et al. Suspension polymerization based on inverse Pickering emulsion droplets for thermo-sensitive hybrid microcapsules with tunable supracolloidal structures[J]. Polymer, 2009, 50 (12): 2587-2594.

[28] Mandal T K, Fleming M S, Walt D R. Production of hollow polymeric microspheres by surface-confined living radical polymerization on silica templates[J]. Chemistry of Materials, 2000, 12 (11): 3481-3487.

[29] Bamnolker H, Nitzan B, Gura S, et al. New solid and hollow, magnetic and non-magnetic, organic-inorganic monodispersed hybrid microspheres: synthesis and characterization[J]. Journal of Materials Science Letters, 1997, 16 (16): 1412-1415.

[30] Iler R K. Multilayers of colloidal particles[J]. Journal of Colloid and Interface Science, 1966, 21 (6): 569-594.

[31] Decher G, Hong J D. Buildup of ultrathin multilayer films by a self-assembly process, 1 consecutive adsorption of anionic and cationic bipolar amphiphiles on charged surfaces[C]//Macromolecular Symposia. Hüthig & Wepf Verlag, 1991, 46 (1): 321-327.

[32] Donath E, Sukhorukov G B, Caruso F, et al. Novel hollow polymer shells by colloid-templated assembly of polyelectrolytes[J]. Angewandte Chemie International Edition, 1998, 37 (16): 2201-2205.

[33] 朱一. 复合胶束结构的中空微胶囊的制备与性能研究[D]. 浙江大学博士学位论文, 2010.

[34] Manju S, Sreenivasan K. Hollow microcapsules built by layer by layer assembly for the encapsulation and sustained release of curcumin[J]. Colloids and Surfaces B: Biointerfaces, 2011, 82 (2): 588-593.

[35] Zhu H, McShane M J. Macromolecule encapsulation in diazoresin-based hollow polyelectrolyte microcapsules[J]. Langmuir, 2005, 21 (1): 424-430.

[36] Feng Z, Wang Z, Gao C, et al. Template polymerization to fabricate hydrogen-bonded poly (acrylic acid)/poly (vinylpyrrolidone) hollow microcapsules with a pH-mediated swelling-deswelling property[J]. Chemistry of Materials, 2007, 19 (19): 4648-4657.

[37] Johnston A P R, Zelikin A N, Lee L, et al. Approaches to quantifying and visualizing polyelectrolyte multilayer film formation on particles[J]. Analytical Chemistry, 2006, 78 (16): 5913-5919.

[38] Pastoriza-Santos I, Scholer B, Caruso F. Core-shell colloids and hollow polyelectrolyte capsules based on diazoresins[J]. Advanced Functional Materials, 2001, 11 (2): 122-128.

[39] Gao C, Moya S, Lichtenfeld H, et al. The decomposition process of melamine formaldehyde cores: the key step in the fabrication of ultrathin polyelectrolyte multilayer capsules[J]. Macromolecular Materials and Engineering, 2001, 286 (6): 355-361.

[40] Moya S, Dähne L, Voigt A, et al. Polyelectrolyte multilayer capsules templated on biological cells: core oxidation influences layer chemistry[J]. Colloids and Surfaces A: Physicochemical and Engineering Aspects, 2001, 183: 27-40.

[41] Park M K, Xia C, Advincula R C, et al. Cross-linked, luminescent spherical colloidal and hollow-shell particles[J]. Langmuir, 2001, 17 (24): 7670-7674.

[42] Zelikin A N, Becker A L, Johnston A P R, et al. A general approach for DNA encapsulation in degradable polymer microcapsules[J]. ACS Nano, 2007, 1 (1): 63-69.

[43] Antipov A A, Shchukin D, Fedutik Y, et al. Carbonate microparticles for hollow polyelectrolyte capsules fabrication[J]. Colloids and Surfaces A: Physicochemical and Engineering Aspects, 2003, 224 (1): 175-183.

[44] Volodkin D V, Petrov A I, Prevot M, et al. Matrix polyelectrolyte microcapsules: new system for macromolecule encapsulation[J]. Langmuir, 2004, 20 (8): 3398-3406.

[45] Zhu H, Stein E W, Lu Z, et al. Synthesis of size-controlled monodisperse manganese carbonate microparticles as templates for uniform polyelectrolyte microcapsule formation[J]. Chemistry of Materials, 2005, 17 (9): 2323-2328.

[46] Berth G, Voigt A, Dautzenberg H, et al. Polyelectrolyte complexes and layer-by-layer capsules from chitosan/chitosan sulfate[J]. Biomacromolecules, 2002, 3 (3): 579-590.

[47] Tiourina O P, Sukhorukov G B. Multilayer alginate/protamine microsized capsules: encapsulation of α-chymotrypsin and controlled release study[J]. International Journal of Pharmaceutics, 2002, 242 (1): 155-161.

[48] Hammond P T. Form and function in multilayer assembly: new applications at the nanoscale[J]. Advanced Materials, 2004, 16(15): 1271-1293.

[49] Jiang C, Tsukruk V V. Freestanding nanostructures via layer-by-layer assembly[J]. Advanced Materials, 2006, 18(7): 829-840.

[50] Zhang Y, Guan Y, Yang S, et al. Fabrication of hollow capsules based on hydrogen bonding[J]. Advanced Materials, 2003, 15(10): 832-835.

[51] Zhang Y, Yang S, Guan Y, et al. Fabrication of stable hollow capsules by covalent layer-by-layer self-assembly[J]. Macromolecules, 2003, 36(11): 4238-4240.

[52] Kozlovskaya V, Ok S, Sousa A, et al. Hydrogen-bonded polymer capsules formed by layer-by-layer self-assembly[J]. Macromolecules, 2003, 36(23): 8590-8592.

[53] Feng Z, Wang Z, Gao C, et al. Direct covalent assembly to fabricate microcapsules with ultrathin walls and high mechanical strength[J]. Advanced Materials, 2007, 19(21): 3687-3691.

[54] Duan L, He Q, Yan X, et al. Hemoglobin protein hollow shells fabricated through covalent layer-by-layer technique[J]. Biochemical and Biophysical Research Communications, 2007, 354(2): 357-362.

[55] Ochs C J, Such G K, Städler B, et al. Low-fouling, biofunctionalized, and biodegradable click capsules[J]. Biomacromolecules, 2008, 9(12): 3389-3396.

[56] Kida T, Mouri M, Akashi M. Fabrication of hollow capsules composed of poly(methyl methacrylate) stereocomplex films[J]. Angewandte Chemie, 2006, 45(45): 7534.

[57] Wang Z, Feng Z, Gao C. Stepwise assembly of the same polyelectrolytes using host-guest interaction to obtain microcapsules with multiresponsive properties[J]. Chemistry of Materials, 2008, 20(13): 4194-4199.

[58] Radtchenko I L, Sukhorukov G B, Gaponik N, et al. Core-shell structures formed by the solvent-controlled precipitation of luminescent CdTe nanocrystals on latex spheres[J]. Advanced Materials, 2001, 13(22): 1684-1687.

[59] Voigt A, Donath E, Möhwald H. Preparation of microcapsules of strong polyelectrolyte couples by one-step complex surface precipitation[J]. Macromolecular Materials & Engineering, 2015, 282(1): 13-16.

[60] Sukhorukov G, Dähne L, Hartmann J, et al. Controlled precipitation of dyes into hollow polyelectrolyte capsules based on colloids and biocolloids[J]. Advanced Materials, 2000, 12(12): 112-115.

[61] Radtchenko I L, Sukhorukov G B, Möhwald H. Incorporation of macromolecules into polyelectrolyte micro- and nanocapsules via surface controlled precipitation on colloidal particles[J]. Colloids & Surfaces A Physicochemical & Engineering Aspects, 2002, 202(2-3): 127-133.

[62] Dudnik V, Sukhorukov G B, Radtchenko I L, et al. Coating of colloidal particles by controlled precipitation of polymers[J]. Macromolecules, 2001, 34(7): 2329-2334.

[63] 欧阳静, 宋幸泠, 林明跃, 等. 氧空位对多孔氧化锆光学性质的影响[J]. 物理化学学报, 2011, 12: 028.

[64] 汪晓东, 张莹, 武德珍. 一种具有光致发光特性的微胶囊相变储能材料及其制备方法[P]: 中国, CN 103980864 B. 2016.

[65] Zhang Y, Wang X, Wu D. Design and fabrication of dual-functional microcapsules containing phase change material core and zirconium oxide shell with fluorescent characteristics[J]. Solar Energy Materials and Solar Cells, 2015, 133: 56-68.

[66] Zhang Y, Wang X, Wu D. Microencapsulation of n-dodecane into zirconia shell doped with rare earth: design and synthesis of bifunctional microcapsules for photoluminescence enhancement and thermal energy storage[J]. Energy, 2016, 97: 113-126.

结　　语

作为一种与人们生产生活密切相关的天然生物质绿色材料，传统的木质材料在新世纪材料科学蓬勃发展的过程中，应该广泛借鉴、汲取、融合其他领域的先进技术和方法，创新研究并开发出具备更多功能特征、更加绿色友好的木质功能材料及制品，以适应人们日益增长的消费需求，开拓木材工业的新增长点，促进整个行业健康、良性地可持续性发展。随着市场需求对木质材料性能要求的提高及其他材料竞争的加剧，木质材料的功能化已成为拓宽木质产品使用范围、提高产品社会经济附加值和促进产业转型升级的重要途径。

微胶囊技术是一门蓬勃发展的交叉性技术，以其特有的物质粉末化成型、阻隔、降低挥发性、提高物质稳定性和控制释放等特点，在实现功能单元控制释放和改善功能单元稳定性等方面表现出极大的应用潜力，有望为木质功能材料的发展提供一个全新的平台。通过微胶囊化这一平台技术，可以将诸如电学、磁学、光学、声学、热学、力学、化学及生物医学等具有特殊功能特性的材料或物质，通过粉末化包覆形成结构稳定的微小粒子单元，不但使原有功能材料的比表面积得以提高，更显著增强了其功能效应。按照木质功能材料及其制品对单一或复合功能特性的特定需求，将这些微小粒子单元均匀有效地导入木质材料内部或涂装于其表面，可以明显降低功能材料的消耗量，制备出效能持久的新型木质功能材料。

围绕防腐、阻燃、释香及变色等木质功能材料，国内外学者在功能微胶囊的制备工艺优化、微胶囊引入对木基复合材料物理力学性能的影响及其功能特性评价等方面取得了一定成果。在木材防腐处理中，微胶囊技术能够有效降低防腐剂对环境和人体健康的危害，实现防腐剂的缓慢可控释放。在阻燃木质材料领域，微胶囊技术可以显著降低阻燃剂的吸湿性，减少阻燃剂对复合材料胶合性能和力学性能产生的不利影响，并实现不同阻燃成分之间的高效协同复合。在木质材料留香处理时，微胶囊技术非常适用于提高香精的稳定性、延长其使用期限，开发具有持久留香特性的木质功能产品。在可逆温致变色木质材料的开发中，利用微胶囊技术包覆多元变色组分形成变色微粒，是提高其变色稳定性及持久性的有效途径。此外，利用微胶囊技术制备的热敏/压敏型多功能微粒，在应用于木质材料时表现出储存期长、使用方便及用量小等优势。微胶囊技术还被用于合成缓释型甲醛捕捉剂，在木质材料使用过程中发挥长效的降醛作用。

尽管微胶囊技术为木质功能材料的发展注入了新活力，但目前仍处于起步阶段，有关微胶囊的均匀导入技术、微胶囊与木质材料的界面结合机理、微胶囊自身的耐久性评价等研究尚为浅显。如何更大限度地发挥微胶囊技术的平台效应，开拓基于微胶囊技术的木质功能新材料和新方法，提高此类木质功能材料的功能特性的稳定性和持久性是下一步需要研究解决的课题。具体而言，今后的研究应该围绕以下几个方面展开。

1）通过微胶囊制备技术不断革新，可制备粒径在 1μm 至 1nm 的微胶囊，在纳米范围的微胶囊被称为纳米胶囊。由于纳米胶囊粒径尺寸微小，易于分散和悬浮在水中或其他溶剂中形成均匀稳定的胶体溶液，具有普通微胶囊无法比拟的性质，目前在生物医药、工程塑料、相变材料等研究领域有了探索性的应用。作为微胶囊化技术的延伸，加快纳米胶囊技术的开发和应用，朝着粒径小、分布窄、分散性好、选择性高、应用范围广等方面发展，将具有更为宽广的应用前景。

2) 为了获得基于微胶囊技术的木质功能材料，需要深入探讨微胶囊与木质材料如何实现更好的结合。因此，详细研究微胶囊质量分数、粒径、表面性质及处理条件对其在木材中渗透性能的影响机制，全面表征和分析微胶囊与木质单元、胶合单元的界面特性，有望实现微胶囊功能体在木材中的快速导入和稳定结合。

3) 微胶囊的加入，对传统人造板制备工艺产生一定影响。因此，需系统研究热压、饰面等特定生产工序对微胶囊形态、物理力学性能及功能特性的影响，以及光、热等外界条件作用下微胶囊的耐久性，为微胶囊的应用提供更多理论依据。

4) 充分利用微胶囊特有的阻隔、降低挥发性、提高物质稳定性和基体相容性等优势，利用微胶囊技术分别包覆相容性欠佳的多种功能单元，提高其稳定性，避免不同单元之间相互作用而削弱功能效应，开发性能优良的多功能木质材料。

5) 大力推广阻燃、防腐、温致变色、释香等微胶囊在现有木质材料中的应用范围，同时深入开展相变储能、自修复、pH 响应型、磁响应型及光电响应型等智能微胶囊的应用研究，赋予木质材料对环境中光、电、磁、热及湿度等条件的自动响应特性，进一步提升木质材料使用价值，为现代智能化家居的发展注入活力。

6) 开展功能微胶囊及其在木质材料中应用的相关标准化的研究，规范功能微胶囊形貌、结构、功能特性及耐久性等性能的评价方法，确定功能微胶囊应用于不同木质材料时的性能要求，引领功能微胶囊技术在木质材料领域健康、有序地发展。